U0179386

金传达文集

三 江淮晴雨

金传达 著

气象出版社
China Meteorological Press

内容简介

本书收录了金传达先生多年来创作的天文历法、气象地理等诸多方面的各类科普作品，主要内容包括星云万象、地球上的风、江淮晴雨、梦幻天空、自然地理、传世贤文、民间寿庆文化等，详细介绍了历法和气象基础知识、各种天气现象的成因和分类、有趣的天气现象、江淮地区天气气候、节气物候和民俗文化等相关知识，内容丰富，通俗易懂，具有很强的可读性，表现了作者对科普传播工作孜孜以求的探索精神和对祖国大好河山、优秀传统文化的热爱之情。

图书在版编目（ＣＩＰ）数据

金传达文集 / 金传达著. -- 北京 ：气象出版社，2022.5
ISBN 978-7-5029-7710-8

Ⅰ．①金… Ⅱ．①金… Ⅲ．①古历法－中国－文集②气象学－中国－文集 Ⅳ．①P194.3-53②P4-53

中国版本图书馆CIP数据核字(2022)第076380号

金传达文集（三）：江淮晴雨
Jin Chuanda Wenji（san）：Jianghuai Qingyu

出版发行：气象出版社

地　　址： 北京市海淀区中关村南大街 46 号		**邮政编码：** 100081	
电　　话： 010-68407112（总编室）　 010-68408042（发行部）			
网　　址： http://www.qxcbs.com		**E-mail：** qxcbs@cma.gov.cn	
责任编辑： 杨　辉　高菁蕾		**终　　审：** 吴晓鹏	
责任校对： 张硕杰		**责任技编：** 赵相宁	
封面设计： 艺点设计			
印　　刷： 北京建宏印刷有限公司			
开　　本： 710 mm×1000 mm　1/16		**本卷印张：** 20	
本卷字数： 330 千字			
版　　次： 2022 年 5 月第 1 版		**印　　次：** 2022 年 5 月第 1 次印刷	
定　　价： 298.00 元			

目　录

一

缤纷四季

（一）有关春天的诗词中的科学 ①

"春江水暖鸭先知"，这是宋代诗人苏东坡为画家惠崇所作的画《春江晚景》题诗中的名句。

春天回来了，竹林之外有两三枝桃花绽放开了，喜水的鸭子最先跳入江水里游起来。江水已经变暖，人们还没觉察到，可是鸭子已经感觉到了。

奇怪，"春江水暖"为什么"鸭先知"呢？

动物学家发现，鸭子在 -30℃ 的气温下，活动于冰天雪地之中，脚掌的温度虽降到 -2℃ 了，可它的体温却仍维持在 40℃ 左右。

鸭子之所以特别不怕冷，是因为它的体内流向脚掌的血液，在到达脚掌之前，必须流经腿部的一组细密的血管网，这样血液到达脚掌时温度就很低了，可以防止气温从脚掌散失掉。另外，鸭子身上长满了浓密的羽毛，皮肤下又积蓄着一层厚厚的脂肪，这些都能防止体内热量的散失。正因为鸭子有这样的耐寒本领，所以江河刚一解冻，它们就迫不及待地下到水中去了。自然，水温回升的每一点变化，鸭子是最先感觉到的。

由此可见，鸭子真可谓春天的信使！

1. 春来江水绿如蓝

"春来江水绿如蓝"，这是唐代大诗人白居易的词《忆江南》中的句子，显示了诗人观赏自然景物的细致，无意中涉及一些科学道理。

这里所说的科学道理在哪儿呢？

你看，太阳光投射到水中，和组成水的无数细小的分子相碰撞，那波长较长的红、黄色光的能量较小，穿过水面在到达浅水层以后，立即变弱而散失。只有那波长较短的蓝、绿色光能进入深水层，和水分子相碰击，被水分子撞击得向各方散射，而折回到水面时，我们才看到它的蓝、绿色。水越深，水分子散射的蓝光就越浓；当水分子和泥沙小颗粒同时散射光线时，绿光占了优势，水就呈现绿色。

---

① 本节以及本章（二）至（四）节主要写于 1999 年。

随着春江水温的升高，水中浮游微生物也繁殖起来了，浮游微生物虽然微小得连肉眼都看不见，但比起水的分子来要大得多，也具有散射光的特性。某些浮游植物如小球藻之类，能在水里接受阳光制造的叶绿素，使水直接变绿。当水中的浮游生物大量增加时，水色会被"染"得更绿。

2. 漏泄春光有柳条

"五九六九，沿河看柳"。柳树是万木中抽青最早的。杜甫有诗云："漏泄春光有柳条。"当大自然里的绝大部分树木还处在冬眠状态时，柳树枝头却已在寒风中泛出了点点新绿，给人们送来春天的信息了。

柳是春天的标志。"闺中少妇不知愁，春日凝妆上翠楼。忽见陌头杨柳色，悔教夫婿觅封侯。"唐代诗人王昌龄的这首《闺怨》诗，吟出了夫妇两地相思之苦，情感由于风和日丽的景致所触发，而这春色全在一瞥田间杨柳。

自古以来，许多文人墨客以柳为题，不知赋予了它多少美丽动人的诗情画意。两千多年前的《诗经》里有"杨柳依依"的佳句。唐代贺知章的《咏柳》诗："碧玉妆成一树高，万条垂下绿丝绦。不知细叶谁裁出，二月春风似剪刀。"把柳树的风姿描绘得惟妙惟肖，情景动人。艺术大师吴承恩写的《西游记》中，也有涉及柳的颇为耐人寻味的奇句："粉蝶乍沾飞絮雪，燕泥已尽落花尘。系

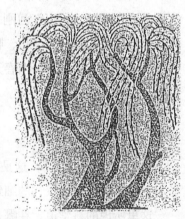

柳树

春情短柳丝长，隔花人远天涯近。"就把"情"（感情）这个无形之物，运用诗意形象地融入这个以柳为中心的"景"（画面）之中。大诗人白居易的《杨柳枝》词："依依袅袅复青青，勾引春风无限情。白雪花繁空扑地，绿条丝弱不胜莺。"更是情景交融，诗情画意，描绘出一幅使人目迷魂飞的春景。毛泽东主席的"春风杨柳万千条"则不仅写出了春天的自然景色，而且生动地表现了人民生活中的春天。

柳，一向被人们普遍栽植于庭院里、道路旁、堤岸上，跟人们关系密切。古人有以"柳"为姓名或名号的。春秋时有柳下惠，这个"柳下"氏后

又衍化为柳姓。晋代陶渊明在宅边种了五棵柳树，曾自号"五柳先生"。清代蒲松龄在柳泉旁设茶亭，招徕过客，收集素材，写作《聊斋志异》，自号柳泉居士。

古代有很多春日的节令也与柳有联系。如清明前有寒食节，家家户户都有插柳的风俗。宋代清明节，城里人到郊外踏青，轿子就用柳枝杂花装饰。这一天，男男女女的头上也都要戴柳，说是"清明不戴柳，红颜成皓首"。瞧，戴柳表示春色长留，青春永驻，这是多么良好的祝愿！

古时送客还有折柳枝以为赠别的习俗。"坝桥上长安东，跨水筑桥，汉人送客至此桥，折柳赠别。"《三辅黄图》（汉代文物）上这段话是折柳赠别较早的记载。《折杨柳歌》传说是古代一支广为流传的送行曲。大诗人李白侨居洛阳时，一个春夜里，听到《折杨柳歌》的旋律，不由得乡思大发，写下了《春夜洛城闻笛》这样一首传诵千古的诗篇："谁家玉笛暗飞声，散入春风满洛城。此夜曲中闻折柳，何人不起故园情？"青年时代的周恩来写过《春日偶成》一诗："樱花红陌上，柳叶绿池边。燕子声声里，相思又一年。"由柳条春色而引发思国之情。

有关柳的趣话还很多。楚国有一个射手名叫养由基，经过刻苦练习，能"柳叶百步而射之，百发而百中"。这就是所谓"百步穿杨"的故事。汉文帝时太尉周亚夫驻军细柳（今陕西咸阳西南），军营里栽有许多柳树，以至后世对军营也泛称"柳营"。晋代陶侃镇守武昌时，诸营也遍植柳树，某都尉盗柳树私栽在自己庭院里。一次陶侃经过，责问道："这是武昌西门柳，何因来此？"都尉惶怖谢罪。以后，柳树又有了"官柳"之说。公元605年，由开封到扬州的汴河开道，河堤上栽了千万棵垂柳，隋炀帝姓杨，便御笔一挥，书赐垂柳姓"杨"，告示民间每种活柳树一棵，奖细绢一匹，于是，柳得宠一时了。

很多人将柳和杨混为一谈，这也是有些道理的，就"血统"来说，它们确是比较相近，同属杨柳科这个大"家族"，明代李时珍在《本草纲目》里，对此做了科学解释："杨枝硬而扬起，故叫杨；柳枝弱而垂流，故称柳，盖一类二种也。"而从叶片来看，其差异也甚分明：杨叶扁圆，柳叶则细长

赏柳

似眉。

柳树的家庭成员繁多，我国约有二百多种。常见的有枝条垂下似流苏的垂柳、枝条直展或斜上的翠柳、枝条丛生或扭曲向上的杞柳等。这三种柳均于早春末萌柳芽时即已扬花。花序古称"荑"，现在植物学上叫柔荑花序。原来，柳花里有蜜腺，本是一种虫媒植物，花谢后，结出蒴果，果实成熟后裂开，散出细小的种子，种子上带有白色细长的绒毛，这就是柳絮。柳絮轻飘，凌空飞舞，似雪非雪，如纱如带，滚成棉团，又非棉团。《红楼梦》第二十七回中"埋香冢飞燕泣残红"，描写黛玉葬花时低吟着"花谢花飞花满天，红消香断有谁怜；游丝软系飘春榭，落絮轻沾扑秀帘"。这里用的飞絮、落花，是形容匆匆春归去，到达暮春的时刻了。

俗语"有意栽花花不发，无心插柳柳成荫"。这话表明，柳既是很容易扦插的树种，又是极容易长大的速生树种。其实不光是扦插，就是用插条、压条、埋条和播种的方法也都能成活。一旦成活，就会抽发新枝，几年之后便贡献绿荫一片了。你看，那夹峙路旁、环抱村屋的是柳，那守护江河堤坝的是柳，那生长在盐碱荒滩上的也是柳。城里呢？那马路旁、广场中心、公园栽植的还有柳……唐代诗人王之涣出关见不到柳树，只不过从笛声中听到《折杨柳》的曲子，就写出"羌笛何须怨杨柳，春风不度玉门关"的诗句。李益随军去荒凉的戈壁路上，在山西滹沱河边看到绿柳婆娑，猛然得知春天已经到来，而有"漠南春色到滹沱，碧柳青青塞马多"的佳句。就在拉萨，今天还可见到"唐柳"！那是与松赞干布结亲的文成公主进西藏时捎去的柳树的后代。啊，岭南漠北，沿海内地，平原山区，河边湖畔，哪里都有柳的踪影！

水来了，一棵柳，一架抽水机，尽量多地吸收，把地上多余的水散布到天空；

风来了，柳丛里伸出万千枝条，把风挡在茅屋草舍、苗圃农田之外；

酷暑里，柳树站地头，冠大如盖，撷取一席荫凉，锄地的农人，行路的男男女女，歇息片刻，树下再有一清泉，喝一口，去热解暑，比城里冷食店冰镇酸梅汤还甘甜润口……

柳，还是监测环境的能手。据科学家分析说：1公顷柳林每天可吸收1000千克二氧化碳，同时放出900千克氧气；它还能吸收氟化氢，当空气中含氟量达7.33毫克/立方米时，柳叶只有少数老叶脱落，而且很快萌发出新叶；在距二氧化硫污染源 700 米处，只有少数柳叶的尖端出现伤斑；柳树对水银气体也很敏感，称为"监测汞气的标兵"。在城市街道、公路两旁、厂矿周围和庭院内，多种些柳树，还有调节气温、吸收粉尘、清洁空气、防止噪音、防止空气污染的作用。

柳把自身的一切都贡献给了人类。

不是明明白白的事实摆着么：柳木轻软，色泽褐红，纹理细致、顺直，是火柴、纸张、人造纤维等工业原料，也是矿柱、凿井、建筑、制造车辆和家具的材料。柳树皮含有单宁，提取后可以制鞣革。柳条纤细柔韧，用其编织的柳簸箕、柳筐、柳篮、柳条箱子、柳斗、柳帽等用具，美观大方，经久耐用。柳叶可以做饲料和养蚕。柳芽含有丰富的蛋白质，晒干后用豆油一炸是喷香的菜肴。柳芽和茶一起泡成的"柳叶茶"，清香可口。

柳和医药也早就结了缘。春秋战国时的扁鹊，知道用柳叶熬制成膏来治疗疮和痈肿。三国时，华佗用柳枝接骨，颇有良效。明代李时珍在《本草纲目》中更是详细地记载了柳的药用。柳叶、柳枝、柳根、柳皮均可入药，有除痰、明目、清热、防风、解毒、消肿等功效，就连那飘飘扬扬的柳絮也能疗疮止血。

此外，由于柳树的枝干坚韧，耐水湿，所以它还是固堤护岸的理想树种。营造农田防护林常选用柳树，这是由于它发芽早、落叶迟、枝叶稠密、挡风力很强的缘故。

3. 春回大地是何时

每年 2 月 4 日前后为立春节气。

"春打六九头""春打五九尾"，这些群众经验都对。"冬至"起九，过了四十五天才到"立春"，恰巧是五九尾、六九头，正当严寒将逝，春天快要来临的时节。

那么，究竟何时是春回大地的日子呢？这要先搞清四季是怎样划分的。四季的划分，大概有这么三种方法。

第一种是从历法的安排方便出发，把全年十二个月作四等分，每季三个月，农历正、二、三月为春季，四、五、六月为夏季，七、八、九月为秋季，十、十一、十二月为冬季。欧洲则以公历 1、2、3 月为第一季。

第二种是以季节的天文因素为依据，按照太阳和地球在空间的位置关系来划分的。

我们知道，地球的公转轨道是一个椭圆，这样，它和太阳的距离就有远有近，地球公转的速度也就有快有慢。每年 1 月 3 日前后，地球通过近日点，这时太阳与地球的距离最近（只有 1.4708 亿千米），而地球公转的速度却最大（约每秒 30.3 千米）；每年 7 月 4 日前后，地球通过远日点，这时太阳与地球的距离最远（为 1.5192 亿千米），地球公转的速度都最小（约每秒 29.3 千米）。也就是说，地球公转的速度是冬季快、夏季慢。地球从冬至点公转到春分点，大约只需 89 天，而从夏至点公转到秋分点，大约需要 94 天。因而出现了四季不等长的现象：春季（春点至夏至点）约 92 天，夏季（夏至点至秋分点）约 94 天，秋季（秋分点至冬至点）约 90 天，冬季（冬至点至春分点）约 89 天。所以，欧洲就以春分、夏至、秋分、冬至作为四季的开始。在我国，农历（又称夏历）则以立春、立夏、立秋、立冬作为四季开始，这比欧洲划分的方法更切合实际。

四季的划分

阳历		节令		夏历	
四季	每季时间	春分	立春	四季	每季时间
			立夏		
		夏至	立秋		
		秋分	立冬	春	共 90 日 17 时
春	共 92 日 19 时	冬至	立春	夏	共 94 日 1 时
夏	共 93 日 15.2 时	春分		秋	共 91 日 21 时
秋	共 89 日 19.6 时			冬	共 88 日 15 时
冬	共 89 日 0.2 时				
（365 日 6 时）				（365 日 6 时）	

第三种是以月份为基础的，既考虑季节的天文情况，又考虑季节的气候情况。通常以阳历 3—5 月为春季，6—8 月为夏季，9—11 月为秋季，12—2 月为冬季。这样划分的季节，能大致反映一定特征的天气气候情况，在进行气候资料的统计、整理方面，也较方便简单，而且统一。

以上这些划分四季的方法，虽然简单易记，但是都不能够真实地表示出各个地区的气候情况。我国幅员辽阔，南方和北方的气候有着很大差别。在 2 月初（立春），华南已经花红柳绿了，而华北仍会大雪纷飞；到了 3 月中（春分），合肥、南京、上海一带虽然春意正浓，北京、天津却在寒潮威胁之下，再往北去，黑龙江水还冻着冰呢！这样看来，无论是用立春、用春分，或者用其他的任何一天，作为春天的开始，就都是不可靠的了。

因此，在气候学上，人们都利用候平均温度也就是连续 5 天的平均气温来划分季节。当候平均气温达到 10℃以上而低于 22℃时，就算作春天；候平均气温大于 22℃算作夏天，22℃至 10℃之间算作秋季，小于 10℃算作冬天。

这种气候上的四季，由于以温度为标准，能和每一个地方的具体情况相符合，因而与人们的生产活动和日常生活的关系密切。它虽然随时间不同而有变化，但总的来说，受纬度和地形的影响最大。我国南北相隔 5500 多千米，地形复杂，因而气候多样：南海诸岛，终年皆夏；广东、广西、福建、台湾和云南南部，长夏无冬，秋去春至；黑龙江省、内蒙古自治区和长白山区、天山、阿尔泰山山地以及青藏高原外围地区，长冬无夏，春秋相连；西藏羌塘高原一带，常年皆冬；其余大部分地方是冬冷夏热，四季分明。

就安徽来说，根据候平均温来划分四季的标准，淮北各地冬夏各约 4 个月，但冬长于夏；江南冬季约 3 个月，夏季约 5 个月，春秋两季较短，各约 2 个月。每年开春的时间各地不一。一般南方早、北方迟，由南向北逐渐推迟。江南的春天始于 3 月 16—20 日，沿江及江北为 3 月 26—31 日；结束时间都在 5 月 21—25 日。各地春天的长短也不相同。一般说来，除江南春天可达 3 个月外，其他地区只有 2 个月，因此春光宝贵，必须珍惜。

说来说去，归结为一句话，立春并不是春天的开始。农谚说的"立春三日，水热三分""春到三分暖"，是说立春以后，天气逐渐回暖，农业生产的大忙季节就要到来了。

4. 安徽的春天

春天，是农业生产上的关键季节。"一年之计在于春"，春播作物要在这个季节耕地下种，秋播作物也已经返青，生长加快，需要加强田间管理。这时期天气的好坏，对全年农业的收成影响很大。安徽春天气候的特点是：气温回升快，雨水增多，天气变化多端，灾害性天气也常有发生。

春天是一个由冬季过渡到夏季的季节。安徽又位居全国适中的近海地区，正当来自南方暖空气和来自北方冷空气的"前哨阵地"，是它们经常

"交锋"的地带。因此，在春天，风云变幻，时寒时暖，忽雨忽晴，气象万千。所谓"春天面，孩子脸，日三变"，正是这种天气的写照。

春天气温回升快，这是总的趋势。3月下旬到4月上旬，安徽各地日平均气温都稳定通过10℃，4月份平均气温已升到14～15℃，沿江的安庆地区和皖南屯溪16℃。到了5月中下旬，全省大部分地区已升到20℃以上，只是大别山、黄山地区少数地方，气温升高缓慢，一般不超过20℃。

春天，南方的暖空气和北方的冷空气活动都很频繁，你退我进，你进我退，互相来回拉锯。当暖空气占优势并控制时，气温开始迅速回升，云消雨散，出现春光明媚的天气。当冷空气占优势并控制时，气温急剧下降，又变成"春寒"的天气。每次"春寒"以后，天气又由寒变暖，同时又孕育着下一次冷空气的到来。所以春天常常是乍暖乍寒，冷五六天，暖五六天。

春天雨水增多，也是冷暖空气不断交锋造成的。因为立春以后，北方冷空气虽然开始减弱，但仍有一定强度。南方暖空气不断增强，但还不稳定。如果冷空气常常以一小股一小股的形式不断扩散南下，跟南方的暖空气相遇，二者时进时退，相持不下，造成一个接一个的阴沉多雨的天气。这就是谚语说的"春寒多雨水"。如果冷空气势力更强，还会形成雪或雪珠。如果暖空气突然增强，沿着冷空气的斜坡剧烈上升，又会形成雷雨。"一声春雷动，遍地起蛰虫"，万物苏醒，大地萌动了。

春三四月，来自太平洋上的暖湿空气向北挺进，偏南风直向北吹，正是春暖花开的好时光。可是，这时北方的冷空气还在频频南下，常和暖空气在安徽省江淮地区"交锋"。"清明时节雨纷纷"，就是这个道理。

安徽春天的降水量，一般可达200毫米以上，但南部多于北部。江南从5月上旬开始已进入雨季，降水普遍增多，徽州地区的祁门、屯溪等地4月份的平均降水量已达200毫米，3—5月的降水总量超过600毫米，占全年降水量的30%～40%。江淮之间除大别山区在400毫米外，其他各地不足300毫米，占全年降水量的20%～30%。淮北地区3—5月的降水总量更不足200毫米，仅占全年降水量的20%～24%。俗话说："春雨贵如油。"春雨连绵，强度不大，容易渗入土壤，这时又正是庄稼需要大量水分的季节，所以对农业生产很是有利。但是，由于冷暖空气势力的强弱及它们交锋的场所不同，所以春雨的多少和到来的早迟，每年并不相同。有些地区有的年份还常有春旱现象发生。

春天，和其他季节一样，对于农业生产有着有利的一面，也有着不利的一面。安徽春天出现的灾害性天气，不仅种类全、次数多，而且来势猛，危害大。春天，由于北方冷空气频繁活动入侵，常常带来低温连阴雨天气，每次大约持续 3～5 天（长的可持续 5 天以上）。这种天气，对安徽省在春分到谷雨期间水稻、棉花、玉米、高粱等播种和育秧极为不利，掌握不好，就有大面积烂种烂秧的危险。因此要抓住"冷尾暖头"，抢晴播种。当北方冷空气规模暴发，南下时，又会引起偏北大风。每次冷空气入侵后，在风静天晴的夜间常会发生霜冻。冰雹也是在春天不可忽视的一种灾害性天气。其他如淮北的春旱、江南的暴雨，以及龙卷等灾害性天气，春天也常有发生。

因此，在春天，不但要抓紧时机进行春耕下种和田间管理，而且必须注意防御自然灾害的影响，才能确保全年农业的大丰收。

5. 蚌埠上空的"三个太阳"

事情发生在 1979 年 3 月 4 日 8 时 15 分左右，安徽省蚌埠市南郊的田野里，社员们正在辛勤地劳动，公路上，来往的车辆川流不息，行人熙熙攘攘。

"啊！你们看，那是什么呀？"有人突然像发疯一样地狂叫起来。大家应声仰望天空。

在东南方的天空中，太阳两侧各有一个"太阳"，真假三个太阳周围都有光圈，还有一些光弧。它们相互辉映，五彩缤纷，极其壮观。历时约有10 分钟。

面对这一奇景的出现，人们议论纷纷，不知道究竟是怎么一回事，便向报社、气象台投去一封又一封的询问信。

其实，它不过是气象学上常说的晕的一种，是一种自然现象罢了。

也许你平时注意过：当天空中浮动着轻纱般的流云，在太阳或月亮的周围，往往会出现一个或两个以上淡淡的彩色或白色光圈。这种光圈，气象学上就称之为晕。发生在太阳周围的叫"日晕"，发生在月亮周围的叫"月晕"。

晕的形成原因和虹差不多，但促成虹发生的是低空里许多水滴，而晕的形成，则是飘在高空中的卷层云在"作怪"。大气高层（离地面 5～10 千米），温度常在摄氏零下二三十度，甚至更低。在那里，往往凝结有许多六角柱体或正六角柱体的小冰晶。由这些小冰晶组成的一种云，有时像一团团的乱丝，有时像一层层的薄纱，大部分是白色半透明的，那就是卷层云。光线透过卷层云中的小冰晶时，由于这些小冰晶的形状不同，排列方式各异，光线透射的角度不一，各种颜色光线的折射和反射程度有大有小，于是改变了射入光线的方向，形成了晕。

人们熟悉的是 22° 晕。它就是以太阳或月亮为中心的光圈，观察者所看到它的半径视角大约 22°。阳光通过游移在空中的正六角柱体小冰晶，发生折射和反射，有一些光线会"跑"到我们眼里来。不过，这些光线已经与原来的光线发生一个 20° 或 40° 的交角，所以，在我们看起来，好像有一部分光线是从太阳外围"跑"来的，这就形成了 22° 晕。晕圈的近太阳一边呈红色，向外渐次转变为橙、黄、绿、红、紫等色。

比较少见的是另一种晕：它的半径视角等于 46°。由于空中倾斜排列着正六角柱体冰晶，阳光在相互成 90° 角的正六角柱体冰晶体面间折射，便形成了这种 46° 晕。这种晕很大，一般只能看到它的上面部分。它的颜色分布和 22° 晕相同，不过色泽淡弱。

更少见的是，有时在太阳两侧会出现假日。它也是晕的家庭里的一员。当大气里有像钉子那样的正六角柱体冰晶时，这种冰晶体的上面有一个帽顶，下面是尖削的，它们竖直地飘忽在空中，经太阳投射发生折射和反射，就形成假日。它往往和晕圈同时出现。在彩色的晕弧衬托下，真假三个太阳相映成趣。

奇怪的是，有时在太阳或月亮周围，既出现光圈，也出现其他的光弧和光点，构成一种美妙多姿的晕。蚌埠上空出现的幻影正是这种怪晕。

你看：S 为太阳光盘。BH 为环绕太阳的一个 22° 晕，光度强，色序内红外紫。S_1 与 S_2 是分别位于太阳光盘两侧的

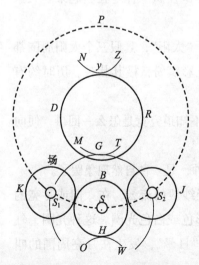

1979 年 3 月 4 日上午出现在蚌埠市东南方上空的怪晕示意图

假日，亮度都不比真的太阳差。和假日同时出现的，还有其周围的假日环K、J。GS_1S 是 46° 晕，很大，位于 22° 晕的外围。yRD 也是假日环，全圆可见。PS_1SS_2 是当时天空中最大的假日环，通过太阳与地平圈相平行，白色，隐约可见。OHW 为 22° 晕环的下珥，光度弱。MGT 与 NyZ 是日载，前者亮度弱，后者则红光灿烂。

现象是本质的显露。晕的出现往往是当地天气变化的预兆。因为产生晕的卷层云，多半是暖锋云系的前部。卷层云的后面，跟着移来的就是高积云和高层云，使天空由少云变多云。再发展成雨层云，就会有大范围的雨（雪）降落了。

6. 大自然的春之歌

一串串黄澄澄的迎春花，在春寒料峭中绽放。似曾相识的燕子，又复南归，呢喃于梁檐之下，仿佛在告诉人们：春天来了。

春天的大自然不仅是一个绚丽多彩的画库，也是一个美妙动人的音乐世界。

你听！那高亢悦耳的"喳喳"声，是喜鹊在振奋歌喉；那执着清亮、绵延反复的"嘎嘎嘎咕"声，是杜鹃在啼叫；那悠扬婉转的"叽叽决决"声，是柳莺在独鸣；那圆润优美、变化万千的"吱吱嘟嘟"声，是黄雀在吟唱；那轻快悠长的"嘘——滴溜溜"是白头翁的喧叫声；那一高一低的"嘿，嘿，嘿，嘎——嘎——"声，是鹧鸪在啁啾……

有些鸟儿还有模仿别的鸟类鸣声的技能，像百灵鸟（又名云雀）既能学多种鸟叫，又能模仿猫叫和婴儿啼哭等声音。有人还听到一只画眉学猫叫，另一只学狗叫，还有一只学鸽子、鹧鸪叫。据说，热带森林里的野生长尾鸟，与虎、豹、象作伴，因此有的就能学猛兽怒吼。在泰国，有人每天播放一段录好的音乐给鸟听，于是鸟就能唱"玫瑰玫瑰我爱你"的歌。尤其是八哥，不但会学别种鸟的叫声，还会学青蛙、鹤、小马的叫声以及口哨声和汽车的喇叭声。在人工驯养后，还会"学舌"，说些简单的音节："客来！请进！"

这些鸟儿在分类学上都属于雀形目。动物学家通常又称它们为鸣禽类。它们要见面时就一起合唱，一只鸟开始鸣叫，第二只、第三只、第四只紧跟，互相比赛，每一只鸟都想一鸣惊人。它们共同鸣奏出旋律优美的大自然交响乐。

鸟儿的歌声启迪了音乐家和诗人的灵感。据说俄国大作曲家格林卡有一天黄昏在郊外散步，看到一群时而低空飞翔、时而窜入云霄的百灵鸟，那歌声一会儿在湖面上缭绕，一会儿又在云空荡漾，悠扬而婉转的鸣声，拨动了作曲家的心弦，使他创作出有名的抒情歌曲《百灵鸟》。德国舒伯特的《鸟儿四重奏》以4件乐器模仿枝头群鸟鸣声，优美动人。贝多芬的《夜莺之歌》《田园交响曲》也是模仿鸟鸣的不朽名作。

我国音乐家创作的《空山鸟语》《百鸟朝凤》《鹧鸪飞》《鸟投林》等，都是深受人们喜爱的乐曲。

许多诗人都喜欢把鸟的叫声巧妙地写入诗里。"关关雎鸠，在河之洲。"这是《诗经》开篇《关雎》的首句，"关关"二字便是水鸟雎鸠的鸣声。"打起黄莺儿，莫教枝上啼。啼时惊妾梦，不得到辽西。"这是一首唐诗，写得情真意切。"等是有家归未得，杜鹃休向耳边啼！"（唐无名氏《杂诗》）"子规半夜犹啼血，不信东风唤不回！"（王逢原《送春》）都是借用鸟啼鸟语倾吐了心中的酸甜苦辣。"掷柳乔迁太有情，交交时作弄机声。"这是宋朝诗人刘克庄在《莺梭》一诗里，对黄莺鸣声所作惟妙惟肖的描绘。杜甫的《绝句》一开头就是"两个黄鹂鸣翠柳"。白居易也曾用"间关莺语花底滑"（《琵琶行》）来形容琵琶优美的旋律。

当然，这些鸟儿并不是为了启发音乐家和诗人们的灵感，也不是为了表现它们自己的音乐才能而歌唱，它们的发音是在生活上和生理上的某种需要。据鸟专家统计，世界上各种鸟类的鸣声大约有2700多种，但归纳起来不外两种，即"啭鸣"和"叙鸣"。"啭鸣"多开始于繁殖期，大多以雄鸟为限。早春季节，雄鸟划地筑巢，它用歌声通知同类"闲人免进！"同时也以歌声招引雌鸟，唱一曲求偶的"情歌"。那被郭沫若称誉为"林间音乐师"的黄山八音鸟，音调清脆婉转多变，八个音节抑扬顿挫，阶律分明，如摇铃弹瑟，急旋耐听，就是为了寻求佳偶。那廊檐下的麻雀，"吱吱喳喳"地叫个不停，正是为了争夺雌雀。那林中的啄木鸟发出"嘶嘶嘶……"的声音，是在警告"情敌"："不许过来！"在生儿育女期间，很多平时不大作声的鸟，从早到晚都在唱，歌声婉转动听。小鸟孵化出来以后，大鸟啭鸣的强度逐渐减弱；等到小鸟羽毛丰满，大鸟的歌唱就减少了，或者根本不唱了，因为这时候，双亲们都在忙着喂养和抚育雏鸟呢。

"叙鸣"是鸟类日常生活的一般鸣声。一只离群的鸟儿，会用不断的鸣叫来寻找同伴。当鸟儿碰到危险时，会发出特殊的叫声，告诉同伴："快逃！"当鸟儿受到不同外界条件刺激时，也会发出疑虑、警戒、恐怖和求援等鸣声。许多集群的鸟，常靠鸣声呼应来诱攻猎物，或作为保护迁徙的联系，或提醒同伴及时防御敌害。

所以，不同种类的鸟，鸣声有区别；同一种鸟中，雌鸟与雄鸟、老鸟和幼鸟的歌声也不一样。另外，同一种鸣禽的歌声，由于栖息的地方不同，音调也有区别，即使在同一地区，也是大同小异。有人把一大群小新雀，分成几小群生活，后来，它们就各唱各的调，形成好几种"方言"了。

鸟类也有"外语"。有人发现许多乌鸦和海鸥虽能听懂它们同类的"乡音"，但对异国"语言"却是一窍不通。美国乌鸦发出的特别警告声，当地乌鸦听到后就会逃之夭夭。如果用录音磁带录下来，然后对法国乌鸦播放出来，它们听了不但不飞走，反而飞拢来，或者毫无反应。同样，法国海鸥对美国海鸥的叫声也无动于衷。

了解鸟类发声的器官是有意思的。人类和其他动物（如哺乳类）的发声器，都是长在呼吸器官的上端。而鸟却不同。它们的发声器都长在气管和支气管交界处，叫作"鸣管"，鸣管壁很薄，又叫"鸣膜"，由于气流的震动而发出声音。鸣膜外侧的一圈肌肉叫"鸣肌"，能够自由伸缩，这种伸缩可以改变鸣管壁的形状和它的紧张程度，从而发出悦耳的声音来。

更为有趣的是，鸟儿在呼气和吸气时都可以振动鸣管，发声说话，纵情歌唱，而不同于一般其他陆栖动物（如哺乳类等），只能在呼气时才能发出声音，吸气时却不能发声。这样，鸟儿说话和唱起歌来，其他动物是比不了的。

不过，"鹦鹉能言，不离飞禽"（《礼记》）。鸟类只能是依赖中枢神经系统的调节，凭着鸣管所附有的"鸣肌"的收缩作用而发出一定的声音。它的鸣声只不过是在生活过程中建立起来的一种简单的"条件反射"罢了。但是鸟类具有这种条件，使人们得到启发：能不能利用鸟鸣来为人类服务呢？回答是肯定的。

明代李时珍在《本草纲目》里曾这样记载："朝莺叫晴，暮莺叫雨"，白鹤"仰天号鸣，必主有雨"，斑鸠"雄呼晴，雌呼雨"。这说明听鸟鸣可以预告天气。有人观察，黄鹂在潮湿多雨的天气鸣叫的次数比在晴朗的天气里减少3/4；苇莺一到刮大风的时候就不叫了；垦莺在阴沉的天气里开始唱起自己的歌，一唱起来就没完没了。美国生态学家伊·培培尔贝格驯育一只非洲灰鹦鹉，当它哼施特劳斯的作品时，必是山雨欲来；它一哼起"桑巴"，预兆暴雨即将来临；它反复哼唱雄壮的进行曲时，当地人就要预防飓风的袭击了。拉丁美洲危地马拉的热带森林里有一种"恰乐卡达"鸟，它猛烈狂叫，风雨来临；叫声刺耳，暴雨倾盆，叫声和缓，风和日丽。

鸟鸣还起着指示农时农事的作用。宋代陆游《鸟啼》诗写道："野人无历日，鸟啼知四时。二月闻子规，春耕不可迟。三月闻黄鹂，幼妇悯蚕饥。四月鸣布谷，家家蚕上簇。五月鸣雅舅，苗稚忧草茂。"这是古人以鸟鸣预告农时的真实记录。江淮流域一带民间流传有"阿公阿婆，割麦插禾"的农谚，这是用布谷鸟叫来指示收麦插秧时间的。

不过由人自己去学会鸟语毕竟很困难，而且受到人的声音频率的限制，能学的鸟语也是不多的。现在有些鸟类专家对鸟的各种语言进行研究，编成了一本《鸟类语言辞典》，并且还掌握了用仪器发出鸟语来为人类服务的方法。

目前，国外有的飞机场还设立了鸟语广播站，播出鸟类的惊恐鸣叫声，以驱散机场上空成群的飞鸟，使飞机安全起落。

不仅如此，几乎所有鸟类都有求偶声，而这种声音，也是对它们的异性同类最有力的吸引。

诚然，随着专家们对鸟类鸣声的深入研究，并进而用人工方法加以模仿，人们是可以用不同的音响同鸟儿"谈话"，或同鸟儿一道"歌唱"的。

爱护鸟类

7. 燕兮，燕兮

仲春之月，风和日丽，柳绿花红，燕子又从南方飞回老家来了。"燕兮，燕兮！"大家都喜欢它。

这是有道理的。杜甫描写燕子，说："细雨鱼儿出，微风燕子斜。"有了燕子穿插其间，中华春光图才更有生气。史达祖吟咏："过春社了，度帘幕中间，去年尘冷。差池欲住，试入旧巢相并，还相雕梁藻井，又软语商量不定，飘然快拂花梢，翠尾分开红影。芳径。芹泥雨润。爱贴地争飞，竞夸轻俊。"燕子的模样多俊美，歌喉多甜润！另外，你听，唐朝戴叔伦的"燕子不归春事晚，一汀烟雨杏花寒"，何等含蓄而隽美；北宋晏殊的"无可奈何花落去，似曾相识燕归来"，真令人思绪万千；而清代吴藻的"燕子未随春去，飞到绣帘深处"，更是耐人寻味，颇有情趣。

燕子，它似乎与杨柳也有不解之缘：不但在诗歌中习见，也是国画中常用的题材。这大概是柳色总是一种静景，而翩翩的飞燕可以增添几分生气的缘故吧。其实，人们还会想到：那依依袅袅的柳枝和那轻捷的燕子，不仅节令相当，而且风韵也非常近似哩。无怪乎李商隐写出"将泥红蓼岸，得草绿杨村。记取丹山凤，今为百鸟尊"的诗歌了。

"燕子来巢，吉祥之兆。"每到春天，燕子双双，飞回到离别了一年的屋檐下的旧巢。它们站在旧巢边上，显出一副欢欢喜喜的样子，用悦耳的声音向屋主道起吉祥来。同时，又立刻忙碌于修补或重建新巢的工作，匆匆地出发去野外，去寻觅泥土、草屑和羽毛等建筑材料。这时，你可以看到，它们大多落在塘边、田边、地埂等湿泞的泥土上，啄一口混着杂草根的湿泥马上飞回。在返回的路上，湿泥混合着唾液，使泥更黏稠，吐出一个个泥丸，粘在屋檐下。这泥丸被风一吹，很快变得坚硬而结实。就这样，雌、雄燕子上百次地飞来飞去，很快地，这个"家"就修补好或者新筑好了。

燕巢很像半个饭碗，上面的口敞着，巢里面铺着柔软的羽毛、软草、松针，还有细软的杂屑等物。雌燕在巢内产卵育雏。每次产卵四五枚，孵化期约需 14～15 天。"梁上有双燕，翩翩雄与雌。衔泥两椽间，一巢生四儿；四儿日夜长，索食声孜孜。青虫不易捕，黄口无饱期。觜爪儿欲敝，心力不知疲；须臾千来往，犹恐巢中饥。辛勤三十日，母瘦雏渐肥。"（白居易）一对燕子每年可育雏两次，那时的母燕倍加辛苦。一窠小燕孵出后，父母合作喂养，一小时至少喂 15 次，每天得喂 180 次，平均每天捉害虫 450～500 条，加上它们自己吃的，总共在 600 条以上。有人统计过，一对燕子和它们的两窠雏燕，从 4 月到 9 月，180 天就能吃掉 50 万～100 万条昆虫，这是多么惊人的数目！燕子吃掉的害虫中主要是蚊蝇，还有蝗虫、盲蝽象、螟蛾、蝼蛄等农业害虫。据说，一只小燕子，一天能吃掉蝗虫 540 只，一只燕子一个夏天吃掉的害虫，头尾相接排列起来，足足有 1 千米长！可谓自然界的"捕虫大师"！

燕子大量灭虫，对农业生产是一大贡献。一亩（1 亩 =1/15 公顷，下同）玉米以 5000 株计算，如果平均每株玉米上有一条虫子，那么一对家燕与它们的雏鸟，就能除掉 200 ～ 400 亩玉米田里的虫子。也就是说，一窠家燕的灭虫本领相当于 20 ～ 40 个农民喷药治虫的效果。值得一掉的是，药物治虫会造成环境污染，不利于人、畜健康，尤其农村养蚕、养蜂更不相宜。目前世界各国提倡充分利用生物治虫，利用燕子就是一种很有效的生物治虫方法。

你也许感到迷惑不解，燕子每年能捕食那么多的有害昆虫，但平时怎不见它停落在什么物体上啄食呢？

原来燕子是在空中飞行过程中捕食的。

燕子脚小而纤细，仅适于抓住电线或树枝，除衔泥啄草外，很少下到地面行走。像它的尾呈叉形，两翼强健而尖长，体态轻盈而矫健，飞行迅速而灵巧，可以较长时间在空中回翔不停落，再加上呈三角形宽而扁的嘴裂，只要在飞翔时扩张其口，就能不费力气地随时兜捕到飞虫。将要下雨时，燕子为了捕虫，常常飞得很低，因为这时昆虫大多在离地面不远的地方飞舞。

不少诗词说，"燕子来时新社"，这"新社"即春分前后。王安石曰："处处定知秋后别，年年常向社前逢。行藏自欲追时节，岂是人间不见容。"秋深了，燕子集群南飞，到南洋群岛，到东南亚去越冬。"秋风一夜惊桐叶，不恋雕梁万里归。"它们还要归来的。"年去年来来去忙。"这不是它们已经回来了。

8. 黄鹂

"两个黄鹂鸣翠柳，一行白鹭上青天。"这是唐代大诗人杜甫住四川成都西郊居所所写的《绝句》中的名句，历来被人们广为传诵。其意思是，一个风和日丽的春天，杜甫在草堂前抬头一看，只见近边的翠柳之中，黄鹂双双飞舞，互相唱和，远处，一行白鹭飞向蔚蓝的天际去了。

黄鹂古时叫黄莺，又名黄栗留、黄伯劳；《诗经》"黄鸟于飞，集于灌木，其鸣喈喈""仓庚喈喈，采蘩祁祁"句中的黄鸟和仓庚指的也是黄鹂。黄鹂的全名叫黑枕黄鹂，属雀形目黄鹂科。成鸟身材匀称，体长23～25厘米。雄鸟遍体金黄色，背部稍有绿辉，头部自嘴基向后通过眼周直达枕部，有一道宽带状黑纹，翅羽大部分黑色而发亮，尾长而稍圆，两侧和尖端为黄色，中间为黑色。嘴喙粉红色，脚和趾灰蓝色。雌鸟背部呈浅黄绿色，下体有黑色纵纹。黄鹂因其羽毛金黄艳丽，被古人誉为"金衣公子"。

黄鹂不但外表华丽，更出名的是其美妙的歌声。平时只是"gā—gā—gā"的单调音节，而5—8月从筑巢至育雏的繁殖季节，从清晨到傍晚，歌声雄浑嘹亮，音韵多变，如西洋乐器的黑管音，故被人称为"黑管吹奏手"。这时它们可发出几种音节的鸣声如六音节的"oǔ—lì—ou—oǔ—lì—ou"，五音节的"ou—de—dì—ou—oǔ/dì—oū—oū—dì—oū"，三音节的"oū—dì—où/ou—dì—la/dì—oū—le"。自古以来，诗人们为黄鹂吟唱出了许多动人的诗篇。

梅尧臣有《黄鹂》诗曰："最好声音最好听，似调歌舌更叮咛。高枝抛过低枝立，金羽修眉墨染翎。"

李东阳作《黄鹂》诗为："柳花如雪满春城，始听东风第一声。梦里江南旧时路，隔溪烟雨未分明。"

呵，"二月黄鹂飞上林"。春天来了，在印度和南洋等地越冬的黄鹂又重返北方了。这时在我国东部各省、华中、华北等地常可见到它们的身影。它们栖息在丘陵平原区的树丛里，以及公园、村庄附近的大树或疏林之中。它们喜欢集群活动，有时一伙黄鹂从草丛木丛中"呼"地腾空而起，犹如黄色礼花般四散飘飞。它们那金黄的羽体，平时往来穿梭万绿丛中，忽上忽下，作波浪式的飞行，成双成对，且飞且鸣。"两个黄鹂鸣翠柳"，恰当地描绘了它们的生活习性。

黄鹂还是灵巧的建筑师。它们在梨、杏等树梢上，用棉丝、麻丝、碎纸和草茎等做巢，里面铺松叶、鬃毛等，像一个吊篮似的挂在高高的树上，随风摇曳，十分安全。一对黄鹂花4天时间就能把巢做好。做好巢后，隔天雌鸟就产卵。每窝产卵2～4枚！半月孵出雏鸟。雌雄两鸟每天喂雏鸟80～90次。在十六七天育雏期间所喂食物的95%是害虫，如梨星虫、松毛虫、青虫、土蝗、天蛾幼虫、蝽象等，给农林果园带来很大益处。

人类应该积极保护黄鹂，让它们在大好春光里飞鸣吧。

9. 风调雨顺话森林

"山光光，年荒荒；光光山，年年旱""高山密林云遮天，风调雨顺少灾年"。这两句话，一是说光山秃岭的害处，一是说植树造林的好处。说明哪里有森林，哪里往往是风调雨顺的年景。为什么林区风调雨顺呢？原来，森林有调节气候的独特本领。

林区气候冬暖夏凉。这是因为，那些树冠密集在一起，像一把把张开的绿色大伞，太阳光照在上面，一部分被它吸收了，一部分被树叶表面反射了出去。所以夏天，林地上空 500 米范围内的气温要比无林地区低 $2 \sim 3$℃。人们常说"大树底下好乘凉"，就是这个道理。冬天，由于森林能阻截冷风，树冠又能拦滞热量的扩散，林内气温也要比林外高半度到一度半。同时，由于森林里冬暖夏凉，有林区就不会因为大气暴冷或骤热而发生冰雹和霜冻了。

不仅如此，有森林的地方又常常是云多，雾多，雨雪多。树木就像一架自动抽水机，一刻不停地从地下吸收水分，然后通过叶子蒸发到空中去。一亩杉木林，在每年生长季节，可蒸发 107 立方米水，一亩云杉林，一年竟会蒸发 280 立方米水。森林比同一纬度相同面积的海洋蒸发水分还多 50%。在正常情况下，森林上空和附近的湿度比没有森林的地方高 $15\% \sim 25\%$。

土壤耕作层的含水量也明显增长。林区湿度较大，温度较低，空气中的水汽就容易凝雾，结云，造雨。有林地区的雨量比无林地区要多 $15\% \sim 20\%$。所以人们说森林是"大自然的造雨机""有林泉不干，天旱雨淋山"。即使在旱季，林地附近的庄稼也不会感到缺水。

森林还能涵养水源，保持水土。当雨水落到森林上面时，林冠就将雨水截留大约 $15\% \sim 40\%$，针叶树截留少，阔叶树截留多。余下的雨水沿着树枝和树干徐徐流下，有 $5\% \sim 10\%$ 到了地面也被蒸发了，还有 $50\% \sim 60\%$ 的雨水，被林地上枯枝落叶层"吃掉"，并慢慢渗入土壤里。一般林地最大的稳定渗水速度每昼可达 2800 多毫米，基本上能把可能发生的暴雨拦蓄起来，避免了无林地区那种常见的水土流失现象。据测定，每亩林地约可比无林地多蓄水 20 立方米，5 万亩森林所含蓄的水量就相当于一座 100 立方米的水库。这样看来，"一片森林就是一座绿色水库"了。

森林对于防风固沙也很有效能。俗话说"寸草可以遮丈风"。不用说，那成行成片的林带（又名林网），挡风的威力就更大了。当风吹向森林时，遇到了林边成排树木的阻挡，一部分穿过林带，一部分爬过林网，然后就在林带的背风面再汇合起来前进，这时由于各股风速的不同，就会产生大小不同的涡旋，这些涡旋的气流，可以消除一部分流动着的动能，因而使风速降低，同时，冲进林网里的风，由于和枝叶及树干的碰撞、摩擦作用，力量就会互相抵消不少。这样风速就很快降低了。一般说来，林带的防风范围，在迎风面约可达到林带高度的 3 ～ 5 倍处，背面可达林带高度的 25 倍远处，在这段距离内，风速约可降低百分之三四十。同时，沙子经过林带时，也因树木的阻挡而固定下来。因此，林带附近的庄稼可以免受风沙危害。根据宿州林业局和气象局对农田林网防御干热风的观测试验，在发生小麦干热风期间，林网内平均风速比林外减小 32.9%，日平均气温比林外低 1.4℃，日平均相对湿度提高 20.5%，蒸发强度比林网外减小 27.4%。因此，农田林网减轻了干热风对小麦的危害。

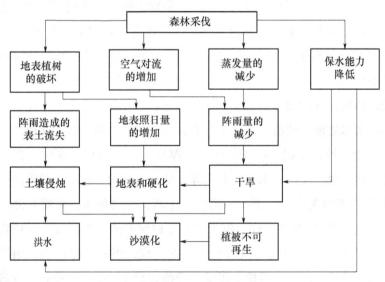

大量砍伐森林的后果

关于森林的有益作用，现在还流传着一种动人的说法，认为一个国家或地区，如果森林面积占到 30%，而且分布比较合理的话，就可以大大减少水、旱、风、沙等自然灾害，常年会是风调雨顺、五谷丰登。

然而，人类步入现代社会以来，对自然资源的索取成倍增长，大片的林木遭到肆意砍伐。大量森林的消失，造成了环境的严重恶化，水土流失、土地沙漠化、雾霾漫天……人类一步一步尝到了私欲膨胀的后果。森林对人类很无私，而人类对森林的依赖程度很深。为了我们的未来，人类对森林，对整个自然界应有敬畏之心，悉心保护，合理利用，也只有这样，这个世界才会绿意盎然，充满生机与活力。

10. 大地回春话造林

树木，以它葱绿的新芽和幼嫩的枝条，报知春天的来临。而每当春天来临之时，我们又想到造林了。

我国人民十分重视造林。春秋时代，晋国音乐家师旷说："欲知五谷，先占五木。""五谷"和"五木"泛指庄稼和森林。他用歌咏的形式告诉人们：要想预料庄稼的丰歉，先得看看森林长得好坏。到公元6世纪，北魏学者贾思勰在《齐民要术》中，又以"五木者，五谷之先""欲知五谷，但视五木"等语，作了发展和总结。今天，我们常说的"林茂粮丰"就是这个意思。明代科学家徐光启在《农政全书》中，也有"木奴千，无凶年"的话，进一步阐明林木多了（"木奴千"），就有可能抗御旱、涝、病、虫等自然灾害，从而赢得农业的年年丰收，不致发生遭受减产的"凶年"。

我国植树造林活动历史较早。据史书记载，公元前212年，在秦代国都咸阳附近渭水之南，建造了一座上林苑，周围长三百里，苑中栽植的树木有橘、柑、橙、榛、枇杷、柿子、李子、厚朴、枣、杨梅、樱桃、葡萄、棠梨、栎、楮、枫、茨栌、木兰、女贞等。从秦代开始，城镇的马路两旁也植树绿化了："秦为驰道于天下……道广五十步，三丈而树，厚筑其外，隐以金椎，植以青松。"到了汉代，对于需要室内培养的亚热带或温带植物，还专门建宫栽植，如葡萄宫、扶荔宫等。据记载，当时已将菖蒲、山姜、桂花、龙眼、荔枝、槟榔、橄榄、柑橘之类都移栽在扶荔宫。还有远方进献的各种名果奇树达三千余种。

我国最早的字典《说文解字》，全书分列540部，共收字9353个，其中以"木"为部首的字达445个，以"艹"为部首的达464个，以"竹"为部首的达151个。从收入书中"木""艹""竹"部的字数之多，便不难看出树木花草、果药茶竹在古代人民的政治、经济、军事和文化生活中的地位了。

几千年来，人类与树木和森林休戚与共。原始人"钻木取火""构木为巢"，说明森林养育了人类，促进了文明。然而，正是由此开始，人们一直在盲目地掠夺天然树林资源。挥刀抢斧，放火围猎，毁林垦牧，直到大自然无情地罚罪下来，人们才渐渐地清醒过来。

人类生存和树木息息相关，所以人类很早就重视树木，以至在自己的生活中特意安排一个盛大的植树节。最早的植树节可以追溯到上古时代。我国在两千多年前西周时就有"不树者无椁"的传统。近代植树节起源于美国，1872年内布拉斯加州首先定4月10日为植树节。爱尔兰在3月17日，意大利和古巴分别在11月和10月的某一天，新加坡在3月7日。有些国家的植树节并非只有一天，如日本植树节是4月1日—7日。菲律宾规定凡10岁以上的国民，在连续5年内平均每年至少要植一棵树。

我国古代还在国家机构中设立了保护森林和开展植树造林的组织和官职，并制定了有关规章制度。例如，周代设有"山虞"，掌管林政。设"林衡"，专管林区巡查保护工作。汉代设立了东园主章的官职，专门领导农民种树。有的朝代还规定农民必须要种一定数目的树。东晋规定每户种桑树220棵。唐代规定一亩耕地种2棵桑树，并制订了奖励办法。宋朝以免交旧租的办法来鼓励农民种树，并提出为了抗御洪水灾害，每户多则种树100棵，少则20棵，还规定是沿黄河、汴河两岸种榆树和柳树。明太祖朱元璋下令有田五亩到十亩的人，必须种桑树、木棉各半亩，田越多，种树越多，不种的要受罚，还叫安徽凤阳、滁州等地人民，每户种桑、枣、柿各2棵。

1979年2月，我国五届人大常委会第六次会议通过决议，将3月12日定为中国植树节。这一天，是中国革命先驱孙中山先生逝世纪念日。从时间上考虑，3月12日前后，在中原大部分地区，正是春季植树造林的适宜季节，这时，春回大地，冰雪消融，全国由南而北可以循序开始造林绿化了。

林学家告诉我们，树木在寒秋落叶（也有的不落叶）之前，体内储存了充足的"粮食"，像糖、淀粉等，以备来春应用。当大地回春，树木就开始苏醒了。这时储存在树木体内由单矿所组成的结构复杂的双糖和多糖（即淀粉），只有被一种生物催化剂——酶"切割"而成一个个的单糖，才能供应其生长活动需要。树木"将醒未醒"时，酶是"切割"得十分卖力的，所以这时它体内已积蓄了许多随时可以提供应用的单糖（如葡萄糖、果糖）。生长时只需要再在酶的帮助下，把这些单糖做进一步的变化，便可取得能量和有关物质，供应生长需要。所以这时种植的树木，只待苗木稍稍适应新的环境，就能随着气温的回升而迅速抽梢放叶，昂"首"伸"腰"，冲天上长。

可是，当树木新叶已经开放、枝条已经抽生时栽种，就不太相宜了。因为树苗叶片放大时，叶子接触阳光和空气的面积变大，而新根还没有在土壤里"落户"，没有开始生长根，不能很好地吸收和输送水分，以供应叶片蒸发的需要，这样就打乱了它的正常生活规律。农民在这方面更积累了不少经验，农谚说，"沙杨泥柳，旱枣涝梨"（华北），"山前梓椤（麻栎）山后松，栽上没有不成功"（山东），"松树干死不下水，柳树淹死不上山"（华东、中南），"向阳（油）茶树背阴木（杉）"（安徽），等等，都很科学，很是适用。

不过要把树种活，还必须了解树木的生理特性，各种树木根系，都是树木从土壤中吸收水分、养分和把树木牢靠地固着在土壤上的器官。根系愈发达，对树木的生长愈有利。所谓"根深叶茂"，就是这个道理。除了吸收器官外，树木还要利用叶片进行光合作用和呼吸作用，制造有机物质，使植物个体不断长大，以及提供植物进行生命活动所需的能量。同时，树木由根系从土壤中不断吸收水分，又从地上部分将多余的水分蒸腾出去，二者只有达到平衡状态时，树木才能出现旺盛的生命活动。水分，也是细胞原生质的重要成分和新陈代谢不可缺少的物质，它能使树木的根系自由自在地吸取各种营养元素。所以说，根系和叶子是树木生活中的两大工厂，水分则是它们的最重要的原料。在植树造林中，必须注意保护好苗木的根系，保护树苗体内的水分，才能把树种活。

由于我国地跨寒、温、热三带，南北气候条件相差很大，所以，各地都选择最适宜的时间，因地制宜，多植树，多造林，给大地穿上更美丽的服装，给国家建设提供更多的粮食、木材、原料……

11. 呵，种子

一到春播时节，人们总会想起种子。

种子与人类的关系大极了，人们一日三餐，餐餐吃的馒头或米饭，不就是小麦、水稻的种子加工做成的吗？你身上穿的衣服也离不开种子。棉布，就大多是用棉花种子表皮上的毛（即纤维）织成的。此外，像食用油和工业用油的原料，如大豆、芝麻、花生、棉子和蓖麻子，你爱吃的干果如核桃、松子和香榧子，你爱喝的咖啡、可可以及医生治病用的中药，如马钱子、葶苈子、车前子、冬葵子等，都是植物的种子。

世界上到底有多少种子？植物学家统计过，植物王国里能形成种子的植物，大约有 30 万种。这类植物叫种子植物。它们占植物总数的 1/3 以上。呵，种子真是一个了不起的大家庭！

这个家庭里的成员奇形怪状，有圆圆的、扁扁的，有长而方的，像个盒子，也有的像一个肾，有的双面凸起，而有的却是三角形和多角形。多数种子表面油光发亮，也有的种子表面非常粗糙，有的种子外表上有着各种花纹，有的种子上面长着钩刺、小瘤、小孔穴或棱脊，甚至还长着茸毛和翅膀。

不仅如此，种子"皮肤"也是异彩纷呈。红、橙、黄、绿、青、蓝、紫、黑、白、棕，自然界存在的这些颜色，在种子身上都可以找到。大概有一半以上的种子皮肤是黑色和棕色的吧。有的种子披着美丽的花纹外表，它们是由两种以上颜色镶嵌而成的，"白谷若银""黄谷赛金""红谷如血""紫谷像染""黑谷似炭""花谷斑斓"这些词，都是人们用来形容谷类皮肤颜色的。这说明，不光是不同植物种子的颜色不一样，即使是同一种植物不同品种，其种子颜色也不相同。

不少植物的种子，因其色彩斑斓而成为丰富人们生活的装饰品。比如，含羞草科的孔雀豆，种子鲜红可爱，就是一种著名的装饰品。蝶形花科中的红豆树的种子美如珠宝，它在我国，自古以来不仅被作为一种珍贵的妇女头饰，而且还被青年男女当作忠贞爱情的信物，或者作为赠送友人的礼品。唐代诗人王维道："红豆生南国，春来发几枝，愿君多采撷，此物最相思。"唐朝韩偓也写有"中有兰膏渍红豆，每回拈著长相忆"的隽句，鲜红的海红豆，除了用来表达相互爱慕和怀念之心外，还被广泛用在首饰、项链，头饰等名贵的装饰品上，美似珠宝，光彩夺目。

种子的形形色色令人眼花缭乱，而种子的大小、轻重……其差异之大，也使人惊诧不已。

非洲西印度洋中的塞舌耳群岛上，生长着一种复椰子树，需要十多年才能结出来的种子，一粒有 15 千克重，加上外壳可以达到 25 千克以上，可谓种子家庭里的"巨人"。而四季海棠的种子都是"侏儒"，把 1 万粒这样的

种子一起称，才只有 0.5 克重。兰科中斑叶兰的种子，更是微不足道，200
万粒这样的种子才能凑足 1 克重。这个小不点儿，长仅 0.5 毫米，只有在显
微镜下才能看得清楚。不过，植物王国里的大多数种子长度为 1 ～ 10 毫米，
千粒重为 0.1 ～ 10 克。

种子的重量和大小，直接或间接地受生长环境和栽培条件的影响，即使
同一品种，在不同地区和不同年龄树木上长的种子也不尽相同。可是，在地
中海沿岸有一种角豆树，无论在哪里生长，也无论母树年龄或种子结在什么
部位，其形状、大小和重量几乎都是一样的。所以，那里的人们常以此作为
测定重量的砝码。后来，它还成了计算黄金、钻石等贵重物品的重量单位，
名字叫"克拉"。每一克拉相当于 200 毫克。

世界上寿命最短的种子是生长在沙漠地带的"梭梭树"种子，只能活几
个小时，但是它的生命力很强，只要得到一点儿水，在两三小时内就会生根
发芽。

世界上寿命最长的种子是北极羽扇豆的种子，这是 1967 年在加拿大一
个鼠洞中发现的，据测定，这些种子已经存活 1 万多年。1951 年，我国辽
宁省普兰店附近泡子屯村地下的泥炭层里发现的一些古莲子，经放射性碳测
定，它们在地下已经沉睡了 1000 多年，后来拿到北京植物园培植，仍结出
了碧绿的幼苗，开出了清香丽质的荷花，后来还结出了饱满的果实。

1915 年有一日本种子工作者，把刚采收回来的苜蓿种子放在发芽皿内，
并保持一定的湿度、空气和温度条件，但时间一天天地过去了，发芽皿内的
种子都毫无动静，一直到 1927 年，这些种子才开始新的生活，长出嫩芽和
绿叶。这一觉整整睡了 12 个年头，才苏醒过来。

2010 年 2 月 10 日，英国《新科学家》周刊网报道：生命的种子能在月
球冰冷的地方萌发。

一般植物的种子，一旦被踏过就难以萌芽复生。可是生长在印度洋的毛
里求斯岛上的一种属于山榄科植物的大颅榄树的种子，就是踏上"一万只
脚"也不破碎。

人们熟悉的山核桃，其外壳是够坚硬的了，但在 50 千克的压力下，它
就要"粉身碎骨"。而大颅榄的种子，在压力不超过 590 千克的情况下，却
能"稳如泰山"！

世界上还有许多会飞行的种子呢。例如，杨树的种子、蒲公英种子、婆

罗门参的果实，都长着成束的羽毛，就像降落伞一样刮风时可以在空中"续航"几小时甚至几天，航程达几千米。即使在无风的晴天，由于地面空气受热产生上升气流，也足以托住这些种子的"降落伞"，使它们在那些人们不注意的地方——山坡或高地着陆。有些种子的降落伞还具有自动脱落的结构，平常它们随伞飞行，一旦碰到障碍物，种子就自动和伞脱离，自己落下去安家了。还有一种种子像滑翔机一样，靠翅膀在空中滑翔，如白桦树的种子有两片轻巧的翅膀，枫树的种子有一对桨叶，就像螺旋桨一样，在风的作用下会很快转起来，如同直升机一般。有些种子甚至还带有"自动稳定装置"，它们像不倒翁一样保持在空中飞行的稳定性。素馨的种子倒过来，使凸起的部分向上，一到空中它就会自动翻过来，即使碰到障碍也不会失去平衡，而跌倒，总是那样缓缓地滑下来。桉树的果实长满了"羽毛"，在强风作用下会沿地面滑跑，就像飞机在跑道上起飞和降落一样。

世界上会"游泳"的种子有椰子树、核桃树、睡莲等种子。其中，核桃种子穿着一身又牢又轻的"游泳衣"，泡在水里很久也不会腐烂，睡莲的种子套着"救生圈"，可以把种子浮在水面上，"救生圈"腐烂了，种子就沉入水底生根发芽。

世界上会喷射的种子有凤仙花、喷瓜的种子。凤仙花的果实成熟时，人手一碰，它立即卷起果皮，把种子弹射出去。非洲北部与欧洲南部生长着一种喷瓜，当它成熟时，只要轻轻一碰，里面的种子就会像连珠炮一样喷射出来，射程可达 6 米。而美洲热带沼泽中的木犀草，果实成熟时能自己开裂，像手枪一样发出射击声，射程可达 14 米！

打滚和翻转，也是种子传播的方式。一种叫生长草的植物，它有一个绿色的"莲座"，当新茎上长出小"莲座"时它们就分开了。小莲座受到风吹雨打或碰撞而落地后，有时会底部朝天而不能扎根繁殖，这时它会慢慢地翻转身体，让底部着地，在土里扎根。美国西部草原上有一种滚草，成熟后，整个植株会被大风连根拔起，风把它卷成球状，并带着它在地上或低空打滚。它能随风滚上几千米，在滚动中碰撞到障碍物时便撒落一些种子。这样，它一路滚动，就一路播撒种子。

世界上会爬行的种子有蓝矢车菊、跳草的种子。蓝矢车菊的种子上有很硬的冠毛，像只羽毛球，落地后遇晴天，冠毛会张开，像弹簧那样把种子撑起，向前移动，下雨时，被雨水滴湿后，冠毛缩拢。这样一晴一雨，种子就不断"前进"，离开了原地。跳草的种子也能随气候变化而一伸一缩地爬行，但是它不向前爬，而是向土里钻。

世界上会伤人的种子有南美洲的名叫"恶魔之角"的种子，连狮子、老虎都怕它。它上面生着又密又硬的针，动物一不小心碰着它，就别想拔出来。如刺在动物鼻孔或胸膛上，动物就会疼得死去。蓖麻籽里含有蓖麻毒素，其毒性是氰化物的 6000 倍，动物一旦误食蓖麻籽就会中毒死亡。

然而，不管世界上的种子是怎样的五花八门，要是按其内部结构来分，大体是可以分为三大"家"的。头一家的成员最多，约有 16 万种，如常见的大豆、棉子、白菜子、梨树子、柳树子、蓖麻子和油桐子都是。它们体内的胚，即储藏食物的食库，都有两枚子叶，这就是我们常说的双子叶植物。第二家成员较少，约有 6 万种，与人类关系密切的水稻、小麦、玉米、大麦、洋葱的种子都是，它们体内的胚只具有一片子叶，所以称为单子叶植物。这两家种子的身体外面都有果皮（子房）包裹，"血统"关系较接近。当植物受精后，种子在子房里发育，子房则发育成果实。在植物学上，这两家又合称为被子植物。第三家成员最少，只有 700 多种，它们身体裸露而坚硬，体内的胚具有二枚、甚至十六枚子叶（如红松）。这一家称为裸子植物，如水杉、冷杉、落叶杉、柏树、银杏和松树等种子都是。

植物繁育种子的数量差异很大。少的只有几粒、几十粒，多的有上千粒、上万粒。谷打三千粒，是丰收的标志。可是一株杂草结的种子往往在 10000 粒到 100000 粒之间。一棵画眉草能结出 15000 粒种子，一棵狐尾草可结上 80000 粒种子。

为了防止很多植物永远灭绝，英国生物学家罗杰·D·史密斯于公元 2000 年建造的千年种子库中，已储存 2.6 万种植物干种子，可以在 –20℃的温度下保存数千年。

2014 年 5 月 26 日世界种子大会在北京召开，来自美国、荷兰等 60 个国家和地区的 1452 名国际种业代表齐聚于此。这是世界种子大会首次在中国召开。

有种子就有希望。地球上的一切植物都是靠种子来传宗接代的。农业要有种子才能进行生产。"春种一粒子，秋收万担粮"。有经验的种田人都要特别注意选秧育种。

（二）有关夏天的诗词中的科学

1. 点水蜻蜓款款飞

这是唐代大诗人杜甫《曲江二首》诗中的名句。

夏天到了，天气热起来了。那三五成群的蜻蜓在水面上缓缓地飞舞着，还不停地用尾巴轻轻点水。

蜻蜓为什么喜欢在水面上飞，又为什么要"点水"呢？

我们先来观察一下蜻蜓的躯体结构吧。

蜻蜓的头部光而圆，前进时能减少空气的阻力；胸部的肌肉发达，长着两对云母般的金色翅膀；腹部细长，脚短小，飞行时缩在胸部的下面。这些构造都适于飞行生活。蜻蜓都是飞行健将，大蜻蜓每秒钟最快能飞40米。有一种赤褐色的小蜻蜓，能从赤道地区飞到日本；海员们常常在离澳大利亚大陆500多千米的海域上空发现飞翔的蜻蜓，往返的里程就是1000多千米！

蜻蜓头部的一双大眼睛，是由20000～38000只小眼睛组合成的，所以叫复眼。复眼的上半部专管看远，下半部专管看近，七八米以内、100米以外飞动的小昆虫，它都可以看到。蜻蜓捕捉时，6只足向前伸开，合拢成一只"笼子"，把小昆虫"关住"，然后立即用口器嚼食起来。它每小时能捕食40只苍蝇或840只蚊子。

至于蜻蜓"点水"，那是雌蜻蜓在向水中产卵。雌蜻蜓选好了有水的河边、池塘、湖滨，便一边飞，一边去做一次"点水"，把卵产在水中。有时，雄蜻蜓还要帮助雌蜻蜓产卵，它在雌蜻蜓的上方，用尾尖钩住雌蜻蜓的背部，拖着雌蜻蜓在水面上飞呀飞，飞近水面时，用力一压，将雌蜻蜓的腹部末端压到水面，雌蜻蜓乘机把卵产入水中。可见产卵是个很费劲的事。

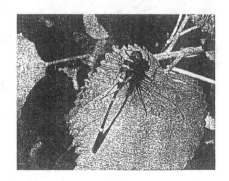

蜻蜓

这时蜻蜓不能高飞，也不能快飞，只能缓缓地飞，就是杜甫诗中所说的"款款飞"。

蜻蜓的幼虫叫水蛋（chái），在水中生活。幼虫爬到离开水面的草枝上，脱皮，便成为蜻蜓。从幼虫到成虫，都以捕捉蚊、蝇等昆虫为食，对人类有益。

不仅如此，蜻蜓还是小小的天气预报员。晴朗的夏日要转成阴雨天气之前，气压下降，空气湿度升高，水汽很容易在蜻蜓翅膀上凝结起来，就迫使它们贴近地面飞行了。所以人们常说："蜻蜓下屋檐，风雨在眼前。"

2. 映日荷花别样红

这是南宋著名诗人杨万里《晓出净慈寺送林子方》中的诗句。

时入夏令，莲花开得正茂盛。你看，那清水池塘又是一片"接天莲叶无穷碧，映日荷花别样红"了。

荷花，属睡莲科，多年生草本植物。早在3000多年前，《诗经》中就有"隰（xí）有荷华"的诗句。现在，荷花可分3类，40余种。在长江流域、珠江流域栽植较多，黄河流域也有分布。

那么，映日荷花为什么会有特别的色彩呢？

荷花

这是因为，荷花瓣上生有许多毛茸茸的红色的小突起，它对阳光中的红色光反射最强，而对其余的色光反射却很弱，除了红色光，大多数色光被它所吸收。这样，到达人们眼里的，主要就是红光了。所以阳光下的荷花显得特别鲜红、醒目、动人。

很自然，荷花之艳丽，还因为有"无穷碧"的荷叶衬托。翠绿荷叶进行着光合作用制造有机养料，荷花才开得出鲜丽的花朵。荷叶表面有蜡质白粉，也有无数细毛，保护着叶面上的气孔，不让雨水和尘埃玷污侵入。雨点打在荷叶上，由于内聚力的关系，它总是保持着球状，恰似一颗颗水晶珠子，在绿玉盘似的荷叶上不停地滚动，十分悦目清心。由于有绿叶相衬，荷花显得更加娇美，难怪它被古人誉为"翠盖佳人"了。

荷花之可贵，不只是在它风华正茂时供人观赏，还在于它有广泛的用途。莲藕可以生食，也可以熟食，还可制成藕粉、蜜饯、糖藕片等；莲子、莲须、莲心、荷叶、荷蒂、荷花等，分别有益脾养心、清凉解毒、通气宽胸、清淤止血等药用功能。说它全身都是宝，是不算夸张的。

3. 东边日出西边雨

这是唐代诗人刘禹锡《竹枝词》中的名句。"东边日出西边雨，道是无晴却有晴"句中的"晴"字与"情"谐音，诗人的本意是写初恋的少女对情郎情意绵绵而又羞涩的心情。把"情"字变成"晴"字，就由写人的感情变成写自然景色了。

夏天常会出现局部降雨的天气。人们有时会看到，这个村子下雨，不远的邻村却出大太阳。甚至近在咫尺也会有那边下雨这边晴的现象。

原来，在夏天，特别是午后阳光强烈，局部地方温度迅速上升，空气对流十分强烈。大量湿热空气猛烈地向上抬升，到达 1～2 千米上空以后，空气中水汽遇冷凝结成小水滴、小冰晶而成为云。这种云的形状好像一朵朵棉花球，气象学上叫作积云。随着湿热空气不停地上升，积云会继续加厚和扩大，看上去宛如一座底部平坦的大山，这叫浓积云。浓积云继续向上发展，可以升到 7～9 千米以上的高空，云的顶部温度在 0℃ 以下，水滴变成了冰晶。这时云顶出现一层白色丝状像铁砧一样的帽子，这种云叫积雨云。

在积雨云里，有些小水滴和冰晶随着云体的发展而增大，当它们下降到气温较高的下部云层时，大水滴变成雨滴，大的冰晶变成的雪珠也融化成为雨滴，当上升气流托不住它们时，它们就降落下来，形成降雨了。

局部热力对流所造成的积雨云里，气流上下翻腾得很厉害，常会产生闪电鸣雷现象。而且积雨云里上升气流时强时弱，所以雨量时大时小，变化很大，又是一阵阵的，所以称为雷阵雨，又称雷雨。有雷雨的积雨云叫作雷雨云。

一般积雨云云体面积较小，在它移动和产生降雨时，只能形成一个范围狭小的雨区，就会出现"东边日出西边雨"的天气现象。对于这种现象，民间又有"夏雨隔牛背"的说法。当然，大面积的积雨云布满天空时，这边下雨那边晴的现象就看不到了。

4. 安徽的夏季气候

安徽夏季的气候，一般说来，是温度高，雨量丰沛、集中，同时，天气变化大，灾害性天气种类也不少。

由于安徽省位居北温带南部，地势偏低，离海不远，中间又无大山阻隔，无论来自西北内陆的冷干气流（即冬季风），或者来自南方海洋的暖湿气流（即夏季风），它们都可以对全省发生影响。安徽气候的季节变化，主要是这两种冷暖空气的相互交替的结果。

冷暖空气的来回进退，中间有一个交锋带（即锋面），它是造成安徽省大量降水的主要原因。初夏，锋面徘徊在南岭附近。到了6月上旬和7月中，锋面随着暖湿空气的加强并北上，相当稳定地停留在长江淮河流域，便形成长江中下游（安徽省在内）的梅雨季节。7月中旬以后，锋面随着暖湿空气的深入，迅速移往华北和东北。7—8月，安徽省完全被暖湿空气所盘踞，进入了盛夏季节。盛夏，由于阳光强烈，近地面的气层受热过多，生成猛烈的对流运动，空气迅速上升，水汽大量凝云致雨。这种雨下得很急，但下的时间不长，大都是一阵一阵的，范围也比较小，所以有"夏雨隔牛背"的说法。安徽全年雨量都相对地集中在夏季，6、7、8这三个月的降雨沿淮、淮北及皖东地区要占全年雨量的50%左右，其他地区要占35%～40%。

各种作物在夏季需要大量的水分，安徽省降雨集中在这个季节，正是安徽省气候的最大优点。

安徽省夏季气候的另一优点，是温度高，南北温差小。暖湿空气吹拂，太阳光强烈，长时间的昼长夜短，所以天气热，南北气温都高。小暑和大暑节令，也与此很符合。这时，除黄山月平均气温在10℃以下外，一般都为24～29℃（如涡阳7月平均气温为27.7℃，歙县为28℃），差别很小。沿江各地，特别是安庆一带，因多圩田、湖泊，水面广阔，吸收和蓄积的热量大，加上离海稍远，地形又较闭塞，热气不易消散，所以成为安徽省夏季的高温中心。这时，安徽省的绝大多数地方，极端最高温度达40℃以上。此外，平原地区的昼夜温差很小；在山区，一般是午后酷热，只有早晚才比较凉爽。如以候平均气温 22℃以上作为夏季的标准，则安徽省从 5 月下旬至 9 月中旬到下旬的 4 个月都是夏季。

高温多雨，是安徽省夏季气候有利的一面，它有利于水稻、棉花等作物的生长发育。雨量年际变动大，经常出现暴雨、干旱和冰雹等灾害。它会给农业生产带来很大的威胁，又是不利的一面。雨量年际变动大，可以从雨量最多年和雨量最少年的情况看出来。例如，蚌埠 7 月的雨量最多年是 1954 年，达 516 毫米，而最少年的 1932 年只有 27 毫米，相差达 19 倍之多。由于雨量年际变动大，往往造成安徽省夏季的旱涝灾害。由于天气变化多端，每年冬夏季风强弱的程度不同，因而造成雨区及其停留时间的长短也不一样。

5. 夏日说汗

一到盛夏时节，人动不动就会出汗。其实在数九寒天，人体也在不断地出汗，只是汗量较少，不为我们明显感知罢了。

出汗是人体散热和排泄废物的高级本能。

汗是从汗腺来的。人体皮肤上的那些"汗毛孔"，就是汗腺向外排汗的开口，这些汗腺位于真皮和皮下组织内，成年人约有 200 万～ 500 万个。头面、胸背、手脚等处汗腺分布最为密集，所以这些部位较易出汗。不过不同人的汗腺数量有差异，就形成了有人爱出汗，有人不爱出汗。年老的人汗腺作用衰退，出汗也就变少了。胖的人在活动时，要比瘦的人多花费力气，所以比较容易出汗。

汗的主要成分是水分（大约占 97.7%～ 99.7%），所以看起来同水一样。汗的味道是咸的，因为占汗液的 0.3%～ 0.8% 的水分中，氯化钠（盐）含量最多。每 100 毫升汗液含氯化钠 100 ～ 500 毫克。此外，还含有钙、钾、镁以及乳酸、尿素等有机物，共达 100 多种。这些物质大都是身体代谢产生的废物。

出汗同排尿一样，能够把人体内的代谢废物排泄出去，汗腺与肾脏有协作关系，夏天出汗多，排尿就少，冬天出汗少，排尿就多。一旦肾功能发生障碍，汗腺功能就会活跃起来，把体内更多的水分和废物排出去，补偿肾功能的不足。这样，有些人因肾功能衰竭而引起的尿毒症状，就可以减轻。汗液还能软化角质层，维护皮肤表面的酸度，不利于病菌的生长和侵入。

尤其重要的是，出汗可以调节体温，在夏季，人体内的近80%的热量，都是由汗水带走的。据测定，每毫升汗水从皮肤上蒸发时，可带走约2.42千焦的热量。外界的气温时时在波动着，而人体正常体温都恒定在37℃左右。出汗正是为了维持人体正常体温的需要。医生给发烧病人投用发汗解表药，就是利用发汗能散热的原理。曾经烧伤过的人，由于汗腺遭到破坏，因此他们虽可应付寒冷的环境，但却难以适应高温的环境。

出汗不仅与气温有关，而且与体温高低、衣着多少、肌肉的运动，以及精神因素有关，是受自主神经系统支配的。气温高，活动多，饱餐后，或吃了辣椒、生姜等食品，出汗会自然增多，在焦急、恐惧时也会出汗。就是俗话所说的"急得直冒汗""吓出一身冷汗""手心捏把汗"。因体温上升、血流增加而出起汗来，皮肤往往发红发烧，这种汗叫"热汗"。因精神紧张、血管收缩而出的汗，皮肤往往变白变冷，这种汗叫"冷汗"。过于饥饿时，由于血液里含糖分太少，也会出冷汗。这些都是正常的出汗。

也有无缘无故地出汗。有人热天爱出汗，冷天也爱出汗，稍微动一下就是一身汗，甚至连睡觉时也把衣服被子汗湿了。如果汗腺特别发达，汗多一点是正常的。但另一可能是掌管出汗的自主神经系统受到了不正常刺激，如患肺结核一类慢性病的人，由于受到病菌毒素刺激而常常夜里出汗。这种汗淡而无味，称为"虚汗"或"盗汗"，需要请医生治理。

一般说来，正常人在夏天的出汗量，一昼夜可达600毫升左右。在高温环境下作业，或在烈日当头的田间劳动，每一小时出汗量可达1000毫升以上。生理学家曾在20世纪30年代记录到一个出汗最多的正常英国煤矿工人，他尽可能不休息地拼命劳动，每小时出汗约五磅（4.5斤，相当于2.25千克），一天竟出汗15000毫升（15千克重）!

值得注意的是，人在烈日或高温中从事剧烈劳动，大量出汗会失去很多的水分和盐分，引起胃口不好、消化不良等变化，因此，在热天应多喝些淡盐开水作为补充。而在高温环境下，大量出汗还不能维持体热平衡而大量蓄积余热时，就会发生中暑。如有头昏、疲乏、胸闷、口渴、恶心、注意力不集中等表现，就是中暑的先兆。如果发热超过38.5℃，面色潮红，皮肤干热无汗，或面色苍白，皮肤湿冷，脉搏细速，都是中暑的表现，这时应立即送病人到阴凉和通风的地方去休息，头部略垫高，喝些含盐清凉饮料，并可口服仁丹、十滴水、辟瘟丹、藿香正气丸或涂清油。体温升高的可用冷水或冰水敷擦加扇风等。一般经过安静休息和对症治疗便可痊愈。如病情严重，应送医院治疗。

这里还应当提一提"腋臭"。它由大汗腺分泌（通常的汗都由小汗腺分泌）而发出的一种难闻的气味。这种汗腺在两个胳肢窝分布得特别多，所以腋臭往往发生在这里。要想去除腋臭，重要的是注意清洁卫生，还可适当敷擦氧化铝药水或粉末。微波治疗破坏大汗腺，腋臭就可以根除了。

6. 炎夏话冷饮

炎炎夏日，骄阳似火，大汗淋漓。这时，如果你喝上一杯汽水，或者吃顿冰淇淋，该是多么舒心爽快啊！汽水、冰淇淋，还有冰棍等冷饮品，为人们夏季必不可少的生活需要了。

冷饮是我国发明的。《诗经·豳风·七月》载："二之日凿冰冲冲，三之日纳于凌阴。"说明远在3000多年前的商代，奴隶们冬日凿冰储藏，以供贵族们夏季使用。到了周代专门设有专管取冰用冰的官员，称为"凌人"。《周礼·天宫·凌人》中载有"六清"饮料，其中有一种由醋、梅浆和粥调成的"酏"，十分清凉可口。《楚辞·招魂》里还有"挫糟冻饮，酎清凉些"的诗句，意思是米酒冰冻，喝起来香甜清凉。

元世祖忽必烈执政时，开始生产冰淇淋，并赦令保守制作工艺的秘密，只允许王室才可以制造，直到13世纪意大利旅行家马可·波罗离开中国时，才把我国冰淇淋的制作方法带到意大利，以后又传到法国和英国。马可·波罗在《东方见闻录》一书中说："东方的黄金国里，居民也喜欢吃奶冰。"后来，英国商人将冰淇淋改制成雪糕。

1768年，英国著名化学家普利斯特列发现将碳酸气（二氧化碳）直接溶解在水里，喝起来清凉爽快，就像天然矿泉水一样。1820年德国药剂师史密鲁夫试制人造矿泉水成功，并建厂生产。其后又在人造矿泉水中加进碳酸气、有机酸、香料和糖分，才有了真正的汽水。100年以后，就是到了1920年，美国一名商人又研制成功了冰棍。从此，冰棍便成为全世界人民炎夏消暑的佳品。现代冷饮品的制造，已经发展到使用电子程序控制、高效能冷冻机和全自动包装机械等先进技术和设备了。制造出来的清凉饮料，以及冰棍、雪糕、冰淇淋、冰点心等冷饮品种，数不胜数。

我国冷饮品生产发展很快，随着人民生活水平的改善，我国的冷饮产业必将迅速地达到更新的水平。

7.绿树荫浓人欢畅

袅娜多姿的垂柳，婷婷而立的梧桐，粗壮笔挺的白杨……蕴含着多少诗情画意啊！

绿树在哪里落户、成长，便使哪里披上了美丽的新装。

它们在城市里，列队于马路两旁，嵌成翡翠般的绿线。许多绿线又交织成一个宜人的绿网。这个网，又把城市划分成许多绿环翠盖、姹紫黛绿的宁静的小区，连那些车水马龙的繁闹景象，也隐没在这绿线之下了。

几千年前，就有秦始皇"治道立木"和蔡襄公"夹道树松"之说。几千年后的今天，林荫道已在人民城市的绿化、美化中普遍出现了。

有趣的是，这个与市民广泛打交道的林荫道，不仅装饰着整个城市，还在默默地为城市人民的健康服务。

在人口集中的城市里，人们每天需要吸收多少氧气、吐出多少二氧化碳？单说一个成人吧，一天呼出的二氧化碳就是 0.9 千克，吸入的氧气则是 0.75 千克。而林荫道上的一棵棵树木却是一座座吸碳放氧的"绿色工厂"。一般城市居民每人只要有 10 平方米树木，就可供给所需的氧气和吸收掉呼出的二氧化碳。

林荫道又是工厂、街道排放扬起的大量烟尘和有毒气体的天然"过滤器"。有人做过实验，1 千克柳杉叶，每月可吸收 3 克二氧化硫；1 平方米的榆树叶面上，一昼夜就能滞留 3.39 克灰尘。有些树木，还能分泌出一种挥发油，消灭空气中的病菌。据检验，1 立方米空气中的病菌的含量，在百货公司内有 400 万个，在林荫大道上只有 58 万个。

夏天的防暑降温也与林荫道有关。树木能散发出大量的水汽，滋润着来往行人，调和着城市空气。一棵大杨树，在夏季每天要通过叶面向空气中蒸腾出约 50 千克水，能使周围空气的湿度增加 20% 左右。由于水分蒸发吸收热量，空气会变得温润、凉爽，树枝树叶又能把太阳光反射回去 13%，吸收

70%，只有不到 10% 能透过，所以当露天气温高达 35℃ 时，树荫下却只有 22℃ 左右。同时枝叶还可以把声音反射回去。据说，没有树木的街道，噪音要比林荫道多 5 倍。因此，当你夏天在林荫下漫步时，会感到格外幽静、清凉、舒畅。

兴建林荫道是一项具有艺术性的工程，要求树种有一定的经济价值，应该容易生长，定期落叶，少有病虫害，而且，还必须具有色、香和立体的美感。法国梧桐、白杨和洋槐等一向为广大市民所喜爱。中国自然条件优越，适用树种很多，有很多美丽壮观的各式林荫道，为人们提供了美好的工作和生活环境。

8. 空气负氧离子

在电闪雷鸣的雨后，在山林海滨地带或在山涧泻落的瀑布旁边，每个人都会感到空气格外清新，呼吸舒畅，精神振奋，这些地方为什么能给人以这样的感受呢？想来，这是空气在电离作用下，产生了大量的负氧离子的缘故。

负氧离子，人们看不到，摸不着，但它无时无刻不"飘浮"在我们身边，它是一种显负电的粒子，空气由无数分子组成，这些空气分子在太阳的紫外线、地壳里的放射性元素的射线、宇宙空间的宇宙射线、天空中的闪电雷鸣、暴雨骤雨、江河湖海的巨浪以及人工放电等作用下，就会释放出电子而发生电离现象，空气分子电离生成离子空气。这时，组成空气的各种分子的原子，有的失去一个电子而带正电荷，这是"阳离子"；有的则获得一个电子，而带负电荷，这是"阴离子"（又称负离子）。在通常的大气压下，带上负电荷的电子很快和空气中的中性分子结合便形成负离子。当电子被空气中的氧分子"俘获"，二者结合，形成带负电的氧分子，这就是所谓的"负氧离子"。

近代科学研究表明，空气中负氧离子不断产生，不断消失，其寿命在清洁的空气中只有几分钟，在灰尘多的地方仅有几秒钟。负氧离子与空气中的灰尘、细菌、雾滴、烟粒等结合成较重的粒子而逐渐沉降到地面。因此，空气负氧离子有消毒、杀菌、除尘、净化空气的作用。当空气中负氧离子浓度达到每立方厘米 700 个以上时，就会对人体有保健作用，而每平方厘米空气中含有 10000 个以上的负氧离子时，会有镇痛止咳、止痉、止汗、利尿的功效。能促进身体氧化组织还原过程，使血液中红细胞和血红蛋白增加，还能促进骨骼的生长，对高血压、流感、支气管哮喘、肺结核、烧伤烫伤等也有辅助疗效。因此，人们赞誉负氧离子是"空气中的维生素"。

负氧离子在自然空间的分布极不均匀。一般情况下，空气负氧离子的浓度晴天比阴天多，夏天比冬天多，上午比下午多。有人统计，在大城市的房间里，每立方厘米空气里的负氧离子浓度只有 50 个左右，一些办公室的负氧离子浓度甚至会低至每立方厘米 40 ～ 50 个。街头绿化带每立方厘米可有 100 ～ 200 个；公园中可增加到 400 ～ 1000 个；郊外旷野、田野里能达到 700 ～ 1000 以上；在高山或是海滨更能达到 5000 ～ 10000 个；而在森林里或是瀑布旁负氧离子含量更高，能达到 10000 ～ 20000 个。所以，疗养院、别墅、夏令营都选择在山水秀丽的旷野天地。

我国出产的数种负氧离子发生器，在医院、工厂、学校和机关广泛使用，受到欢迎。家用型负氧离子发生器，能使 20 平方米房间里的负氧离子的平均浓度高达 20000 个。这样，人们在家里就可呼吸到类似疗养地区的清洁空气了。

9. 让更多的阳光变成粮食

绿叶为什么要捕捉阳光?

这是叶绿素制造有机养料的需要。

原来，在植物叶子的细胞里，有一些叫作叶绿体的椭圆形的微小绿色颗粒，这些叶绿体中，又有一些包含着叶绿素分子的更小的颗粒。如果你捻碎一片叶子，手指上就留下一块绿色的东西，这里就有叶绿素。人们常用"绿色的海洋"来形容地球上植物的繁茂景象。这正是叶绿素的"杰作"。

当金灿灿的阳光倾泻到叶子上时，叶绿素分子很快就变得活跃起来了：它把植物用根从土壤中吸收来的水分子一个个抓住，并且把它们拆开成为带正电荷的氢离子和带负电荷的氢氧根离子。两个氢氧根离子结合起来，在一种叫作酶的物质作用下，放出氧以后，又变成了水。叶绿素抓住了氢离子，又拉住从叶子气孔中进来的二氧化碳分子，经过一系列的转化过程，生产出了最简单的有机养料——碳水化合物。到这时，叶绿素分子立即恢复到开始那种状态，又去捕捉阳光……

越来越多的最简单的碳水化合物形成了，在酶的作用下，它们又进一步合成了比较复杂的碳水化合物，像小麦和大米中的淀粉，甘蔗和甜菜中的葡萄糖，大豆和芝麻中的脂肪、蛋白质，亚麻和棉花中的纤维，各种水果和蔬菜中的维生素，等等。碳水化合物也是人类赖以生存的物质。

所以，叶绿素可以说是利用太阳光能制造碳水化合物的"绿色工厂"。叶绿素只有在太阳光的照射下，才能把二氧化碳和水转化成碳水化合物，同时放出氧气。这个变化过程叫作"光合作用"，也就是农业生产最基本的作用。

地面上的那些绿色植物，虽然都在尽力争得阳光，但它们利用阳光的能力还是低得可怜。就拿我国华北地区和长江流域来说，小麦、水稻生长盛期每天每平方米土地上（叶面积）亩产干物质达 70 克以上，阳光利用率可达5% 左右。但在苗期、衰老成熟期仅利用阳光 1% 以下，因此，整个生育期平均利用阳光只有 1% ～ 2%。阳光到哪儿去了？有的没有照在叶子上，浪费了；照到叶子上的，在进行光合作用时，一时又用不了，不是透过去，就是被反射出去，这又大大打了个折扣。

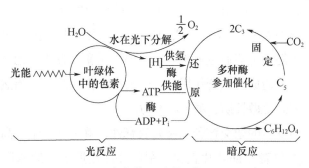

光合作用过程图解

在暗反应阶段中，一些三碳化合物经过复杂的变化，形成葡萄糖；另一些三碳化合物经过重新组合，又形成五碳化合物，从而使暗反应不断地进行下去。

这就很明显，要想使农业产量提高，除了大搞农田基本建设，改进农业技术，实现农业现代化，在施肥、灌水、耕地、防治虫害等方面满足作物的需要外，还得想办法让植物的叶子更多地接受阳光。

增加农作物叶面积，是提高阳光利用率、增多粮食的一个办法。例如合理密植，可以增加每亩的株数，株数多了叶子总面积就多，受到的阳光自然也跟着增加。由于有更多的阳光对绿叶释放能量，充分进行光合作用，作物生产的物质就更多了。可是，过分密植，叶子挤在一起会互相遮荫，有些叶子照不到阳光，不但不能进行光合作用，制造碳水化合物，反而因为要维持呼吸作用而消耗养分。据试验，一般作物的总叶面积以不超过地面积的 4 倍为适宜。我国南方实行一年两熟或三熟制，北方用间套作的方法进行复种，使田间始终有充分阳光利用效率的旺盛群体，是重要的增产途径。

提高作物叶片的光合作用能力，是促进农业增产的另一个办法。对一般农作物的计算结果是，每平方米的叶子每天可以产生的物质净重 12 克，假如把这个生产能力再提高几倍，那么产量也就跟着上升了。

人们注意到：水稻、小麦、棉花的"绿色工厂"在进行生产的同时，还有一种叫作"光呼吸"的过程在消耗着光合作用的产物。光呼吸在光合作用形成碳水化合物的中间阶段，就将碳夺过来氧化，变成二氧化碳。这就好比一方面在装配一种产品，而另一方面却又把一部分还没有完全装好的产品拆掉一样。据测定，这种光呼吸竟然要消耗光合作用形成的中间产物的 1/4 ～ 1/3！同时，水稻等作物又怕强光、高温，温度超过 15 ～ 25℃时，光合作用能力就差了。这也限制了光合作用能力的充分发挥。

我国已经选育出光呼吸比较低的稻种。这稻种出叶快，叶色绿，谷粒重。这说明，人们有可能通过人工杂交、辐射诱变等方法，把光合作用能力低的作物品种，改造成为光合作用能力强的高产作物品种。当然，要完全实现这个目标，还需要做长期、艰苦的努力。

目前，蓬勃发展的杂交育种和高光效育种，就是选育个体高光能利用率的品种。精选和培育上部叶片直立、中部叶片接近水平的株形紧凑的矮秆植株，就能充分利用空间发展叶面积，又能尽量减少互相遮阴，叶子的光合生产能力就大大增强了。可是怎样才能让叶子按我们的意愿生长，提高大田农作物的光能利用率呢？这是植物学家正在研究的一个新课题——"群体生理"。

发展有良好生态条件的"水面庄稼"，也是提高阳光利用率，创造高产的一个好办法。其他，如进行农田空气施肥，增加温室或农田二氧化碳浓度、喷洒化学药剂刺激作物生长等，都是值得研究的提高阳光利用效率的增产措施。

不过，让更多的阳光变成粮食，仍是靠天吃饭。那么，能不能利用人工的方法合成叶绿素进行粮食生产呢？答案是：能。人工合成的叶绿素，也能利用阳光把二氧化碳和水制成碳水化合物，光合作用在强烈的灯光中也照样进行。所以，人们可以利用灯光，在房子里用人工合成的叶绿素，昼夜不停地制造有机养料，也就是达到了人们设想中的"农业工厂化"。

10. 漫话蔬菜

1519 年，葡萄牙航海家麦哲伦率领的远洋船队，从南美洲的东岸向太平洋进发。航行了 3 个月，很多船员生病了。有的躺倒站不起来，有的浑身无力，有的流鼻血不止，有的牙床也破了，也有的还生了其他的传染病。结果有 200 多名船员死亡，最后只剩下 35 人。原来，这次严重的死亡事件是因为船员们长期吃不到新鲜蔬菜而造成的。

有趣的是：1734 年，在开往格陵兰岛途中的海船上，有一个船员得了严重的坏血病而昏迷了，别的船员们怕这个"瘟神"死在船上，把他抬到一个海岛上，吃野菜充饥。奇怪，吃了几天野菜，他的坏血病竟痊愈了。当时科学不发达，不知道绿色植物里有维生素 C，能够治疗坏血病。

后来经科学家研究，发现许多蔬菜中含有维生素 C，如辣椒、菜花、雪里蕻、青萝卜、甘蓝、油菜、青蒜、冬瓜、番茄等，有的蔬菜中维生素 C 含量甚至比水果还多，如菜花、甘蓝中就比橘子中含量约多 1 倍，比西瓜多 10 倍左右。维生素 C 能增强血管壁的韧性和弹性，防止血管壁破裂出血。有些人经常牙龈出血和鼻孔出血，就是缺乏维生素 C 造成的。

辣椒，不论是辣椒、小辣椒、青辣椒、红辣椒、尖辣椒、柿子椒、它们的维生素 C 含量在所有蔬菜中都名列前茅。一只辣椒或柿子椒约含维生素 C 300 毫克，如果辣椒是新鲜的，加工过程中又不损失的话，那么，一只辣椒所含的维生素 C，除满足一个人一天的需要之外还绰绰有余。

蔬菜中除含维生素 C 外，还含有维生素 A、B、D、E、K、U 等，可以说是人体内各种维生素的主要来源。

胡萝卜是所有蔬菜中含胡萝卜素最多的。胡萝卜素在身体里能够转变成维生素 A。用油炒胡萝卜，可以使胡萝卜素的吸收率提高 3～4 倍。另外，胡萝卜素包含在由无法消化的赛璐珞体构成的细胞壁之内，胡萝卜素不能溶于水，无法自己跑到细胞外边来，只有把细胞壁弄破，它才能出来。所以，吃胡萝卜时，细嚼慢咽可以使胡萝卜素的吸收率增加 5～9 倍。

菠菜、韭菜、荠菜、香菜、雪里蕻、太古菜、莴笋叶、金针菜、南瓜、番茄等蔬菜中，也富含胡萝卜素。胡萝卜素在人体内转化成维生素 A，它有促进人体生长发育、维持上皮细胞代谢，参与视网膜内视紫质的形成等作用，缺乏时又能导致夜盲、上皮组织角化、小儿发育缓慢、抵抗力降低，以及干夜症等眼部疾患。

维生素 B 类在不少蔬菜中也都含有。花生、豌豆、蚕豆和毛豆中，就含有较多的维生素 B_1。维生素 B_1 参与人体糖代谢和末梢神经传导的正常进行，缺乏时引起糖代谢障碍以及多发性神经炎、脚气病等。在绿色蔬菜、五谷外皮和幼芽（如豆芽菜）里含有维生素 B_2（又称核黄素），它是人体许多重要酶类的组成部分，参与细胞呼吸的氧化还原过程，缺乏时易患者舌炎、皮炎等。

不少蔬菜还含量有维生素 P（路丁），如紫茄子、豇豆、扁豆、绿豆芽、油菜、圆白菜、菠菜等。此外，小白菜有维生素 D，绿色菜如莴笋等含有维生素 E、菠菜、菜花、苜蓿、番茄、花生米中含有维生素 K。这些维生素都是人体不可缺少的，例如维生素 D 主要调节体内无机盐的代谢，促进钙和磷吸收，与骨的钙化、牙齿的正常发育有密切关系，缺乏时儿童易得佝偻病，成人易致骨软化症；维生素 E 可能对生育有帮助，故又称"生育酚"；维生素 K 可治疗因凝血酶原减少而致的出血等。

蔬菜，不光是多种维生素的主要来源，而且富含我们需要的无机盐。例如，韭菜、芹菜、苋菜、雪里蕻、油菜和菠菜中，就含有铁；雪里蕻、苋菜、油菜、芹菜、鲜毛豆、大白菜中含有钙和磷；洋葱中含有碘；冬瓜等含有钾；葱中除含钙、铁，还有适量的镁……无机盐同样也是构成机体组织和调节生理机能的重要成分。

蔬菜中还含有大量的纤维素。纤维素有刺激肠管蠕动、帮助消化、促进排便的功用。据研究，发现以食肉为主的地区，结肠癌发病率显著高于食纤维素较高的地区，认为多吃蔬菜、水果等含较多纤维素的食物有助于预防结肠癌，可能是由于纤维素增加能缩短食物残渣在肠中停留时间的缘故；此外，伴随粪便量增多对毒素也起了一定稀释作用。

的确，蔬菜的好多作用，是其他食物所无法代替的。两千多年前的《黄帝内经》中，曾提到："五谷为养，五果为助，五畜为益，五菜为充，气味合而服之，以补益精气。"把蔬菜作为五谷的补充和辅助食品，并且指出只有谷、肉、果、菜四者互相调剂配合，才能达到补益精气的作用。那时所指的"五菜"，据后来王冰注释为"葵、藿、薤、葱、韭"，是当时比较流行的几种。目前我国蔬菜的品种已不只百余种了，其中栽培普遍的也有六七十种之多。

这些蔬菜品种归纳起来，不外五大类：一是叶菜类如白菜、菠菜等；二是根茎类如葱、蒜、萝卜、马铃薯等；三是菜芽类如菜花、豆芽、黄花菜等；四是瓜果类如西红柿、茄子、冬瓜等；五是菌类如蘑菇、木耳等。相对来说根茎类蔬菜中含多量的糖及较多的钙和维生素 C；淡色菜中也含较多的钙和维生素 C；而绿叶菜所含维生素和无机盐比黄色或非绿色蔬菜都要高；新鲜蔬菜比干腌菜多；菜帮比菜心所含钙质多；菜叶比根茎所含维生素要多，例如芹菜叶比其根茎含胡萝卜素约多 5 ～ 6 倍，而维生素 C 则多 4 倍左右，所以弃之可惜。

有些蔬菜不仅可以做成滋味鲜美、供大家佐餐的佳肴，而且具有一定的药用价值。如菠菜对慢性便秘、高血压等症有一定治疗效果。相传在三国时，名医华陀曾使用大蒜来给病人治病。用 10% 大蒜水溶液灌肠，以治疗顽固性阿米巴痢疾、菌痢和肠炎，已成了目前广泛使用的方法。古代医家曾写有《食疗本草》《食物本草》等不少专著，使我们开阔了眼界。现代也有的科学家主张培育具有特殊疗效的蔬菜以部分代替药物，例如给圆白菜、菠菜、莴笋用普通食盐作肥料，能使它们具有较多的碘，以代替含碘药物治疗甲状腺肿；胡萝卜经特殊处理可使含钙量增加，而且胡萝卜素含量还能增加 1 倍哩！

春季原是蔬菜供应的淡季，在广大菜农的努力下，如今已是"淡季不淡"了，人们在春季照样能买到新鲜的蔬菜。目前，基本达到全年供应的蔬菜有青菜、菜尖、芹菜、甘蓝、花椰菜、萝卜、马铃薯、洋葱、大蒜、韭菜、荠菜等。莴笋、苜蓿、苋菜、毛豆等蔬菜的供应时间大大延长了。番茄、辣椒、黄瓜、豇豆等喜温蔬菜也能在严冬时节供应了。

我们必须经常吃蔬菜。一般来说，每人每天的膳食中，有半斤到一斤的绿色或黄色蔬菜，就可以维持身体内部营养素的需要了。

（三）有关秋天的诗词中的科学

1. 秋高天碧深

秋天是夏天转变到冬天的过渡季节。这个季节，天高云淡，不冷不热，十分宜人。所以人们常用"秋高气爽"等词句来赞美秋天。南唐后主李煜曾写下"日映仙云薄，秋高天碧深"的诗句描述秋天。

初秋时节，从北方来的干冷空气势力还较弱，太平洋副热带暖高压频频北上，虽在暑夏之后，也往往出现三五天或一星期左右的闷热天气。在江淮流域，有的年份 9 月中下旬午后，最高气温会升到 34℃ 以上，人们常称这种天气为"秋老虎"。

然而，随着北方干冷空气不断增强，白露节气过后，阵阵北风吹来，驱散了暑气，降低了空气湿度，使人顿觉清新凉爽。这时空中剩下的少量水汽，变成轻薄透光的云纱，飘浮于高空。虽偶有秋风秋雨，但雨量不大，持续不久。雨过风轻，干冷空气独占鳌头，天空云少又高，更见玉宇无尘，澄明一片。不像春、冬季节，天上的云总是一片灰暗，也不像夏天浓云蔽日，时而风驰电掣，时而暴雨倾盆。这个时候，云总是淡淡的，看起来，天也显得高了。

秋天不冷不热，这是因为入秋以后，地球相对太阳的位置有了变化，太阳辐射强度减弱，照射到北半球的时间越来越短，因而天气渐渐转凉。又因为秋夜天空无云遮蔽，地面在白天吸收的热量极易散失，所以金风习习，清凉如洗。而秋分以后又是夜长昼短，白天吸收的热量不够弥补夜间的散失，地面温度进一步降低，一般已降至 15～17℃。气温的降低，加上空气湿度的减小，人体排出的汗液容易蒸发，不再像夏天那样令人气闷，因而觉得"气爽"。

由于北方干冷空气不断南下，带来一次一次寒风，有时还带来阵阵雨水，因此民间有"一阵秋风一阵凉""一阵秋雨一阵凉"的说法。一般情况，秋天大致每隔 4 天，平均气温下降 1℃。所以谚语说："白露秋风夜，一夜冷一夜。"夜里空气中的水汽在草上凝结成露，气温在 0℃ 以下便结霜。秋天经过"一场白露一场霜""一番秋雨一番冷",就逐渐过渡到冬天了。

秋天天气对晚秋作物的生长十分有利,对冬小麦的出苗也大有好处。但初秋时节雨水较少,容易出现秋旱,这是需要防范的。

2. 风高雁阵斜

天高气爽,月白风清,寥廓的夜空中,一群群大雁乘着漠北的秋风,秩序井然地向南飞去。

大雁的老家在内蒙古和西伯利亚一带。关于它南飞的时间,古人早就描述过了。汉武帝刘彻《秋风辞》中写道:"秋风起兮白云飞,草木黄落兮雁南归。"三国时曹操在他的《步出夏门行》一诗中也明确指出:"孟冬十月……鸿雁南飞。"这与现代鸟类学家的研究是吻合的。每年8月,大雁从老家出发往南飞,每小时飞行 68 ～ 90 千米,掠过黄河流域,10月中旬前后,其"先头部队"就到达长江流域了,接着,它们还要远下印度、南洋群岛等地,待到第二年春天又飞返故乡,营巢育雏。

大雁迁飞时,往往排成整齐的队伍,古人称之为"雁阵"。正如南宋诗人陆游在《幽居》一诗中所说的:"雨霁鸡栖早,风高雁阵斜。"这雁阵,或为"人"字形,或为"一"字形,正是唐代诗人白居易笔下所吟咏的:"风翻白浪花千片,雁点青天字一行。"这整齐的雁阵,以有经验的老雁为先导,当前面的大雁鼓动翅膀时,会产生一股微弱的上升气流,后面的大雁可借助这股气流在高空滑翔,这样一只跟一只鱼贯而行,便排成整齐的队伍了。

大雁为什么总是南来北往地迁徙呢?这与日照的长短有关。冬去春来,白天变长了,而夏去秋来,白天开始变短,这些变化会影响雁的脑垂体和松果体,使它们感到烦躁不安,最后,终于觉得必须离开这个地方。在归途中,它们凭着对地磁的敏锐感觉,按照一定的路线前进,绝不会迷失方向。

大雁在空中掠过时,不时传出"咦唷、咦唷"(豆雁)或"哈、哈、哈"(斑头雁)的鸣叫,"雁鸣于天,声闻数里",这是大雁用来互相照顾、呼唤、起飞和停歇的信号。途中栖息时,留有"警卫员"——就是《禽经》上说的:"夜栖川泽中,千百为群,有一雁不眠,以警众也。"这只站岗放哨的雁被称为"雁奴",如遇意外,它立刻发出惊叫报警,率众高飞。

一、缤纷四季

3. 霜叶红于二月花

这是晚唐诗人杜牧《山行》诗中的名句。全诗如下：

> 远上寒山石径斜，白云生处有人家。
>
> 停车坐爱枫林晚，霜叶红于二月花。

这首诗描绘了一幅清新秀艳的"枫林秋晚图"：远处寒山萧索，一条石径盘山而上，白云缭绕的山林深处，秋烟袅袅竹篱茅舍的农家隐约可见。远处的山路旁，夕照中的枫林分外红艳，诗中人物不禁为之停车驻足，流连欣赏而不忍离去。你在吟诵这首诗之后，也许会想：为什么秋天枫叶会变红呢？

先秦古籍《山海经》记载："黄帝杀蚩尤于黎山，弃其械，化为枫树。"械就是桎梏，因染有血渍，化而为枫后，其叶就是红色的了。宋代诗人杨万里在《红叶》诗中云："小枫一夜偷天酒，却倩孤松掩醉容。"说枫叶变红乃是因为偷饮了"天酒"所致。而元人杂剧中则云："君不见满川红叶，尽是离人眼中血。"说红叶是血泪染成的。

其实，枫叶变红与树叶里的色素变化有关系。

树叶里含有许多色素，如绿色的叶绿素、黄色的叶黄素、橙黄色的胡萝卜素等，其中的主角是叶绿素，约占80%。在阳光的照射下，叶绿素能用水和二氧化碳制造养料，供给植物生长使用。从春天到夏天，日照加长，气温升高，雨水增多，树木生长旺盛，叶绿素不断死亡又不断更新，大约3天内可以全部换成新的。叶绿素在叶子里占了优势，便将其他色素掩盖起来，使叶片能保持碧绿色。

到了秋天，气温下降，雨水减少，叶片产生新的叶绿素的速度也随着减慢。特别是当寒霜初降以后，叶绿素便纷纷隐退了，这时其他的色素就取而代之。一般树叶中，这时含叶黄素较多的就是黄色，含叶黄素和胡萝卜素较多的变成了金黄色。

枫叶

使树叶变红的是花青素。花青素是由葡萄糖变成的。一到秋天，有些树的叶片里会出现较多的花青素。这是因为树叶里储藏着淀粉，淀粉会分解成葡萄糖。平时葡萄糖被输送到植物各部分去做养料；天气冷了，叶片输送养料的能力减弱，葡萄糖就留在叶片里，越积越多，大都变成了花青素。花青素遇酸性会变成红色。枫树的叶片呈酸性，因而在秋天，含有较多花青素的枫叶变得嫣红鲜丽了，说它们"红于二月花"，一点也不夸张！

红叶，并非只有枫树叶一种。常见的还有柿树、乌桕、爪槭、黄栌等，又有黄连木、红叶李、火炬树、红楝、水杉、漆树、檫树、山槐、山棠、银杏等，不下千余种。如果仔细观察，这些不同树种的红叶又红得各具一格（由于红、黄色素不同比例的配合），有的呈绯红，有的呈桃红，而更多的呈橙红、紫红、朱红、猩红、绛红、鲜红……使万山红遍，层林尽染。

红叶令人喜爱，常用来写诗作画。北宋李昉等编辑的《太平广记》里，就记载有"御沟流红"的故事。唐僖宗时，有个叫韩翠苹的宫女，秋天在御沟旁捡到一片红叶，对此触景生情，就在上面题了首诗："流水何太急，深宫尽日闲；殷勤谢红叶，好去到人间。"她把这片红叶放到御沟中，随水流到宫外，被一个上京应考的青年于佑拾去了。于佑读诗后很受感动，也捡了一片红叶在上面题了四句诗，从御沟的上游放进水里。这片红叶随水流入宫内，凑巧又被韩翠苹发现而收藏起来。后来，皇帝放 3000 宫女离宫；翠苹又正巧与于佑结为夫妇。婚后，双方发现彼此珍藏的红叶，爱情甚笃。一千多年前的"御沟流红"的故事，至今仍在民间流传。

我国观察红叶的地方，以北京的西山、南京的栖霞山、苏州的天平山为最著名。成都米亚罗红叶风景区是我国最大的红叶观赏景区。还有浙江杭州灵隐西山、临安天目山，山东石门、江西庐山和长江三峡都是著名的观赏红叶的胜地。

金风送爽，红叶流丹，万木似锦，焕发出姹紫嫣红、灼灼夺目的色彩，给人们制造出了一个美丽不逊于春天的秋天。

4. 说蝉

蝉是大自然中最热情的歌手，从春到秋，在那几棵绿柳上，在数株梧桐中，常会有它们的歌声在空中回荡。

蝉，轮流地用各种相应的曲调唱出了时令更迭。春蝉从嫩绿丛中，借着和煦春风，送来几声轻快的调子，令人不知不觉地产生了一种强烈的春感。初夏，螗蜩（蝉的一种）又用修长的"吱——吱——"的欢鸣，报道春去夏来。接着便是高歌枝头的蚱蝉了。它"咋、咋、咋、咋"，声嘶力竭地唱炎夏的酷暑，既单调又刺耳，仿佛把人们带到油锅中煎炸。这时人们还可听到"炎煞脱——炎煞脱"的鸣声。这是一种身型略小，通体暗绿的且有棕褐色条斑的蛁蟟。它们爱在天气最热时大喊"热煞哉——热煞哉"。而时届秋令，金风送爽，秋蝉（亦称寒蝉）则送来一阵阵"伏了——伏了"的鸣声，往往使人产生一种凄清寂寞之感。宋代词人柳永曾有"寒蝉凄切"的说法。

古人以为蝉是靠饮露为生，把蝉视为高洁的昆虫，因而爱之、咏之。《吴越春秋》中记载道："秋蝉登高树，饮清露，随风挥挠长吟悲鸣。"古代的文人学士，正是抓住蝉"居高食洁"这一特点，来抒发自己的情怀。如唐代诗人虞世南的《蝉》："垂緌饮清露，流响出疏桐。居高声自远，非是借秋风。"意思就是只要立身高洁，不需凭借任何力量，自能声名远扬。骆宾王借蝉喻己感叹"霜重""风多"才华未展，壮志未酬，纵使高洁，也无人理解："西陆蝉声唱，南冠客思深。那堪玄鬓影，来对白头吟，露重飞难进，谁为表予心？"李商隐的《蝉》诗道："本以高难饱，徒劳恨费声。五更疏欲断，一树碧无情。薄宦梗犹泛，故园芜已平。烦君最相警，我亦举家清。"诗人满腹经纶，抱负高远，却不受重用，便发出"高难饱""恨费声"的哀怨。这三位诗人以蝉喻己，但旨趣迥异。

艺术家常以蝉作为一种装饰题材。像钟鼎、尊爵、铜鉴，乃至插瓶之类，有一种初看似树叶形而细看却是排列整齐的蝉形花纹。这种蝉纹，从商周时代到以后 2000 余年间，一直被我国视为经典造型艺术，被艺术家采为装饰图案。其原因取蝉的"廉洁清高"之意。汉武帝更把宫名取为"蝉宫"。汉代武官的冠上附有蝉饰，并插以貂尾，叫作"貂蝉"，其意义是"取其清虚识变也"（《古今注》）。三国时，曹丕的宫人莫琼还把蝉作为发饰插在头上，谓之"蝉鬓"。晋人陆士龙为蝉写赋，说蝉头部有如冠带是"文"，含气饮露是"清"，不吃五谷是"廉"，不住巢穴是"俭"，配合时令是"信"。居然将蝉说得五德俱全，其实只是在借物喻人。

蝉的歌声来自翼后空腔里一对"乐器"。由于蝉体内神经输出的生物电流，刺激了位于空腔内鼓膜上的鸣肌，使鸣肌每秒伸缩 1 万次而发出鸣声。

鸣肌伸缩得快慢、大小，声鼓薄膜振动的频率也随着改变，于是发出或高或低不同音调的声响。这声响能引起空腔共鸣，从而使蝉的鸣声格外响亮。

蝉鸣是求偶的呼唤。只有成年的雄蝉才会发出鸣声，而雌蝉却不会发声。雄蝉高歌时，"知音"便悄然飞去，停歇到同一树枝上，然后慢慢地移近、靠拢。不过雌雄蝉的听力都极差，对某些频率的声音一点也听不到。所以蝉在隆隆的火药爆炸声中毫无惊骇之状。

蝉的大部分生命都消磨在地下。幼虫在地下，一般要生活两三年至五六年，北美洲有一种蝉，幼虫竟要在黑暗的土穴里待上 17 年，才能孵化为成虫，来到这光明世界。幼虫钻出地面，留下一个手指粗的圆洞，那时还没长翅翼，前腿坚强有力。它们爬上草丛或树梢，脱掉浅黄色的蝉衣后，就变成有翼的蝉了。这个变化过程生物学家称作"羽化"，而古人则称之为"金蝉脱壳"。

蝉在羽化以后，雄的第 4 天开始鸣叫。一两月后，雄蝉交尾后便死，雌蝉产卵后也死去了。雌蝉产卵时，用坚硬如锉的产卵器劈开嫩枝，纳卵其中，使幼枝失水干枯。而卵在枝内孵化成幼虫，从树上掉地上，又钻进地下，吸取树根的浆液活命，损伤树木。幼虫爬上地面，羽化成蝉后，在树枝上将它那吸管式的嘴巴插进树皮，畅饮里面的汁液。树木被蝉吸吮，长势逐渐减弱。在夏天，你看到那柳、杨、榆树，以及那苹果、梨、桃、杏树等，碧绿的树冠上出现一蓬蓬蜡黄的树枝，严重的整个枝条干枯死亡，这便是蝉干的坏事。

不过，蝉也给人类留下了一份遗产，这便是它在羽化时脱掉的那件"外衣"——蝉蜕。中药蝉蜕散、五虎追风散和蝉蜕流浸膏等，都是蝉蜕配制的。蝉蜕甘、咸、凉，无毒，具有治疗风寒、咳嗽、风疹、肿毒、破伤风的功效。夏蝉蒸死晒干后也具有清热、镇惊的效用。

5. 秋夜流萤

夏秋之夜，在小河边、树荫下或草坪上空，三三两两的萤火虫飞来飞去，时高时低，忽前忽后，一闪一闪地发出淡蓝色的微光。

这闪闪微光，宛如夜空璀璨的繁星。诗人的灵感被触动了："的历流光小，飘飘弱翅轻。恐畏无人识，独自暗中明。"便是南北朝诗人虞世南的咏萤名句。唐代诗人杜牧写的"银烛秋光冷画屏，轻罗小扇扑流萤。天阶夜色凉如水，卧看牵牛织女星"，至今仍广为流传。

安徽霍山有一种奇特的穹宇萤，它们竟能自发地进行同步发光，如同节日里点亮的彩灯。区别是这一同亮同灭的灯光不是在商场闹市中，而是在一条潺潺流动的小溪两侧。日落后小溪水流微微发白，岸边植物影影绰绰，水声中数千只穹宇萤一同发光，好像黑暗里有人打着节拍。此外，在江苏苏州的同里湿地公园，萤火虫像一张闪烁流动的萤光之网，温柔地笼罩在静谧的水面之上。西双版纳勐海县的热带兰花间也有点点萤舞。

日本一些地方有萤火节，节日之夜，人们带着萤火虫在江河上荡舟，边荡舟边放出萤火虫，让萤火虫与天上星星争辉。牙买加的萤光夜景又别具一格：萤群聚集在棕榈树上的时候，整棵树就像沐浴在一片火焰中，700 米外都可看见。这是多么奇特的夜光啊！然而最壮观的景色，要数群集在泰国沿河一带红树林上的萤火虫。它们每分钟闪光 120 次，一起闪光，一起熄灭，每棵树都是如此。人们划着船在河中夜游，只见江畔一棵树亮了，另一棵树又亮了，此起彼伏，每年 7—9 月，从晚上 8 时到凌晨 3 时，都可以看到这种萤火虫的奇妙表演。

奇妙的萤火虫之光，早就被人们普遍利用了。我国晋代，有个少年叫车胤，他酷爱学习，但由于家贫买不起油灯，夏夜就把萤火虫捉来，放在纱罩里，借萤火虫的光刻苦读书，后来果然成了一位有大学问的人。

在明代，有一本叫《古今秘苑》的书中说："夏日，取羊尿泡吹胀，入萤火虫百余枚，乃缚泡口，系于罾足网底，群鱼不拘大小，各奔其光，聚而不动，捕之必多。"这可算是世界最早的"灯光捕鱼"了。

台湾、海南岛有一种牛萤，大如蚕蛾，明亮似灯。当地农民常把它装在玻璃瓶里，用来诱杀水稻螟虫。

在我国和日本，萤火虫对于控制血吸虫病也发挥着重要的作用，因为萤火虫嗜食的蜗牛是把血吸虫传入人体的媒介。在斯里兰卡，人们利用暗淡萤来对付危害农作物的非洲蜗牛。新西兰也曾从英国运入夜光萤来作生物控制。

西印度群岛上有一种扁甲萤，它的胸部有 2 个眼睛似的发光点，会闪出绿光，腹部还有 1 个红色的发光器官。38 只扁甲萤发出来的光，相当于 1 支点燃的蜡烛那样亮。当地人晚上走路时，脚趾上常拴几只扁甲萤，作为照明使用。1898 年，美军在古巴作战，一所野战医院里的伤兵很多，需要连夜做手术。不料，手术室里的灯油耗尽了，无法一下子找到油。著名的哥加斯医生果断地捉了一瓶扁甲萤，利用它们发出的光亮，成功地做完了手术。

有趣的是，在墨西哥和西班牙的偏僻村落里，妇女们喜欢把萤火虫捉来，包在薄纱里插在发髻中，作为一种时髦的装束。在巴西，一些少女常把萤火虫系在发辫上，走路时萤光一闪一灭，惹人注目。古巴的妇女则把萤火虫装入精巧的萤火袋里，挂在胸前、头发间或耳环上，如夜明珠一样明亮。

萤火虫属于鞘翅目的萤科，全世界约有 2000 种。它们发出的光各不相同。有的是淡蓝色的，有的是橘红色，有的是淡绿色，也有的是淡黄色、玉白色。西班牙有一种萤火虫能闪出三色光！不同色彩的萤光是萤火虫一种求爱的信号。雌雄萤火虫都能发光。一闪一灭的萤光信号，使得雌雄萤火虫间能互相联络、吸引。另外，夜间也是萤火虫觅食的好时光。

闪闪发光的萤火虫给人们带来了探索其发光奥秘的欲望。

科学家发现，萤火虫之所以能发光，是因为它的腹部后面有一个发光器。发光器由发光层、反射层和透明表皮层三部分组成。发光层中约有 15000 个发光细胞，内含萤光酶。萤光酶可活化体内的萤光素和三磷酸腺苷，在细胞里水分参与下氧化合成而发出萤光。萤光由反射层透过表层反射出来。同时，萤火虫又通过腹部气管继续供氧来控制发光：供氧时发光，断氧时不发光，明暗交替，节奏分明。

萤火虫的发光效率高得惊人。据测定，萤光不含红外线和紫外线，波长约为 560 微米，光温在 0.001℃以下，几乎不产生热量，是一种名副其实的冷光。这样，萤火虫几乎能将体内的化学能百分之九十几都转化为可见光了，而人工的电灯，只能把百分之几的电能变为可见光，绝大部分变成热能消耗了。

不久前，科学家们成功地从萤火虫的发光器内分离出萤光酶和三磷酸腺苷，用化学方法人工合成了荧光物质，研制出类似萤火虫的冷光。接着，科学家又制造出一种真正的荧光灯，它不需电流、电线，不用灯泡，所发出的光色柔和，适于人的视觉，且不产生热量。

如今，这种新的光源正异军突起，并被应用到各个领域中去。在易爆物质的贮存库，尤其是化学武器贮存库和弹药库里，在有易燃易爆气体的矿井下，萤光灯被用作安全照明。夜间进行军事侦察时，只需把萤光物质涂在手掌上，就可以查地图、看文件。在排除磁性雷或深海作业时，为避免电引起爆炸和产生磁场，都得用上萤光灯照明。

不仅如此，由于三磷酸腺苷是一切活的生物体内都含有的高能化合物，它只要和光酶相遇就会产生化学反应而发生光亮。科学家们正利用这一特性去解决一些棘手的难题。例如，运用萤光酶测定三磷酸腺苷的技术，可以检测癌症。只要把萤光酶和癌细胞结合起来，根据三磷酸腺苷发光亮度的强弱，就可以判断癌细胞生长的活跃程度，为治疗提供可靠依据。

随着人类不停地科学探索，小小萤火虫的用途还会日益扩大。据预测，人造的荧光物质将广泛用于街道、手术室、实验室等场所，用来制造夜光手表、夜光仪表、夜光路标、夜光商标、夜光广告以至用来制造衣物、地毯、墙壁、装饰画等。

6. 安徽的秋天

按照气象上四季划分的标准，安徽的秋天是短暂的：长江以北开始于 9 月中旬，沿江江南在 9 月下旬，大部地区结束于 11 月下旬，淮北北部在 11 月中旬，前后长约 55 ～ 65 天。

秋天，南方暖湿空气已开始减弱，北方干冷空气不断增强。安徽省在干冷空气的控制下，气温不断降低，空气渐趋干燥，大气层又较稳定，凝云致雨的条件较差，所以秋天天高云淡，风和日丽，是一年中天气最晴朗高爽的季节。

从雨量来看，安徽省历年 9、10、11 月的总降水量除大别山区和江南在 200 毫米以上外，其余各地都在 140 ～ 200 毫米之间，占全年总降水量的 13% ～ 20%。9 月份平均雨量除山区外，一般都不足 100 毫米，10、11 月雨量，淮北及皖东地区，雨量不足 50 毫米，其他地区雨量一般在 50 ～ 80 毫米。

秋天雨量少，晴天多，往往会出现旱情。夏末初秋，当太平洋上副热带高气压增强时，它必然北挺或西伸控制安徽省，由于副热带高气压里的空气不断下沉，温度随之增高，这就不利于空气中水汽的凝结。所以，这时除了偶有局部雷阵雨，以及江南和江淮之间东部有台风雨外，常常晴热少雨，这就是年复一年的"夹秋旱"天气。

与上面情形相反，当北方干冷空气不断南下控制安徽省时，强度已经减弱，再加上南方暖空气的影响，致使冷空气的性质开始"变性"。由于这种变性的冷空气下沉的缘故，大气层被压缩得很稳定，也往往出现一连十几天温和晴朗的天气，而酿成秋旱。如果夏旱接秋旱，旱灾将更加严重。

　　但是，在秋天，当停滞在安徽省大地上的"变性"的冷空气和海上移来的暖湿空气冲突起来，就会形成阴雨天气，这样的天气就是通常所称的"秋风秋雨"天气，有时可以持续十多天。在这期间，晴雨间隔着出现，气温也一天比一天来得低。

　　秋天的气温，迅速下降。安徽省历年9月份的平均气温在21～24℃，较8月份降低5℃左右，10月份平均气温继续下降，各地都在15～18℃；11月淮北地区平均气温已降到10℃以下。日平均气温稳定通过10℃的终期，淮北和大别山区在11月上旬，其他地区在11月中旬，南北相差10天左右。

　　秋天北方冷空气不断南下，降温迅速。初秋时节，北方冷空气势力还较弱，副热带高气压频频北上，虽在暑夏之后，也会有三五天或一星期左右的闷热天气，有时9月中下旬间午后最高气温也会升高到34℃以上，人们常称这种天气为"秋老虎"。

　　然而，随着季节的变化，北方冷空气总会逐渐占据优势，而天气也就跟着渐渐转凉。一般"白露"过后，往往有阵阵北风吹来，使人顿觉清新凉爽。正如古诗所说："四时俱可喜，最好新秋时。"此后，不断南下的冷空气不仅一次一次带来了寒冷，有时还会带来一阵阵雨水。一般情况大致每隔4天日平均气温可以下降1℃。所以谚语说："白露秋风夜，一夜冷一夜。"夜间，空气中的水汽会在草木上凝结成露，在温度低于0℃的地面上或近地物体上便会结霜。

　　秋天气温变化大，特别是昼夜气温的相差更是显著。这主要是秋天晴朗少云的缘故。白昼，在太阳光照射下，气温提高得很快；黑夜，地面向天空散热的结果，气温又很快地下降。所以，"秋夜凉如水"。

　　秋天是一年中的黄金季节。这时候多晴朗天气，正是秋收秋种的大好时光，人们常说"金色的秋天"，不是偶然的。但是，秋天容易出现的干旱现象，对晚稻、玉米等作物的生长成熟会造成很大影响，对冬小麦的播种出苗也有直接影响，这就需要做好防旱抗旱工作。至于秋天出现的低温连阴雨天气，不仅会影响晚稻开花授粉，增加空壳率，还会造成棉花幼铃大量脱落

一、缤纷四季

和烂铃僵瓣。此外，在深秋期间，当强冷空气暴发南下时，就有可能引起早霜。这时晚秋作物还没有成熟，如果遭受冻害，就会减产，所以要特别注意预防。

7. 地下水

塘堰、水库、湖泊是人们熟知的水的"银行"，其实水还有个很重要的"银行"在地下。

在土壤中含有很多水，如果进行深耕，使土壤形成许多小的粒团，加大了土壤中的孔隙，这时就便于水的渗入，储存更多的水；同时还能防止水的大量蒸发，使土壤保持相当的温度，因为在土壤很紧密、内部孔隙很小的时候，水容易沿着它升到的地面，就像油被灯草吸起来一样。

水不仅储存在土壤里，还可以透过土壤藏到岩石中去，这是个更大的水库。1958 年在安徽、江苏、河南一带发现的地下海的储水就比全国所有河流的水量还多。在高山，沙漠地区，也都有地下水的广泛分布。

凡是在地面以下土层和岩石中的水都叫作地下水。它由大气降水、地表水等下渗到地下而形成的。这些水在下渗的过程中受到土层的过滤，因此比较干净，但这些水也同时溶解了土层或岩石的各种成分，因此它的成分是多种多样的。它的水质、水量的变化是受气候影响的。

从地面往下打井时，先遇到的第一层水，叫作潜水。在它的下层有不透水的隔水层。穿透隔水层后，会看到地下水位有逐渐上升的现象。这是因为，下面的这一层水，在它的上面有一个隔水层憋住，使它受到压力，隔水层一旦被穿透，它就因压力取消而往上升，在地形合适的地方，甚至可以喷出地表形成自流井。这一层水就叫作自流水。

自流水含水层（能透水和存住水的地层），其顶部有隔水层隔住，因此它受气候的影响较小，水质和水量都较稳定，往往水量较大，水质较好（淡水）。而潜水是地表以下第一个含水层，受气候的影响比较大，干旱季节它的水位要降低，水位也会减少；同时，由于它离地表近，受蒸发作用比较强烈，使潜水中的含盐量增多。尤其是平原的低洼处，往往潜水的含盐量较高，不利于灌溉。

有的地区，为了改良潜水井的水质、水量，便在潜水井中套打一个深井，使自流水与潜水混合使用，人们称之为井下锥泉。

潜水与农业的关系最为密切。如果挖井采用的地下水量，超过了大气降水和地表水下渗的补给量，那么，地下水位会严重地降低，并且在某段时间内将得不到恢复。这不但会影响土壤通过毛细孔隙从潜水中补充水分，而且会减少水井的出水量，甚至会使水井干枯。

另外，在地形低洼、潜水面离地表浅、潜水含盐量高的地方，不宜采取大水漫灌，除非采取挖沟排水，不然灌溉水会渗入地下，抬高潜水面，结果会促成土壤盐渍化，严重危害农作物的生长。

8. 巧寻地下水

天久晴不雨，旱灾蔓延。不少地方的人民群众在寻找和利用地下水抗旱。

茫茫大地，何处去寻找地下水呢？

现象是本质的显露。地面上的某些自然现象是地下水的标志。有些地面，经常是潮湿的，这往往是地下水露头的征象。因为浅层地下水，由于土壤毛细管的作用，就会上升到地面来。在夏季，地面潮湿、久晒不干或不热；秋季早晚地面泛潮，常有蒸汽上升；冬季结冻晚、积雪易融，地缝里凝有白霜；早晨有雾气蒸腾；春季解冻较早和冬季封冻晚的地方以及降雪后融化快的地方地下水位均高，常可找到地下水。

观察山形地势，根据水往低处流的道理，也容易找出地下水。一般在四周高、中间凹的"盆底"地形处，岗坡当中的交叉点低地，山岭拐弯的地方，都可能有地下水。在河、湖沿岸地区，地下水多接近地面，如在两河汇流、河道的转弯处外侧的最低处，常能找到丰富的地下水源。有些河流的水源并不旺，可是河里的水量却越流越多，很可能有地下水流入河里，在河岸地区打井水量一定不少。河流流量骤减的地段，其下游附近，也往往有地下潜流。

一些喜欢潮湿的生物往往是地下水的活标志。水芹、菖蒲、芦苇、马莲、沙柳、芨芨草、黄花菜和大叶杨等植物生长茂盛的地方，地下水源不仅丰富，而且埋藏浅、水质好。生长着灰菜、蓬蒿、沙里旺的地方，也有地下水，但水质不好，有苦味或涩味，或带铁锈；初春时，其他树枝还没发芽时，独有一处树枝已发芽，此处有地下水；入秋时，同一地方其他树时已经枯黄，而独有一处树叶不黄，此处有地下水；另外，三角叶杨、梧桐、柳树、盐香柏，这些植物只长在有水地方，在它们下面定能挖出地下水来。在喜欢潮湿的青蛙、蜗牛、螃蟹、黄蚂蚁、蛇、蚊虫集居的地方，地下水位一定高，水量也丰富。

另外，凭借灵敏的听觉器官，多注意山脚、山涧、断崖、盆地、谷底等是否有山溪或瀑布的流水声，有无蛙声和水鸟的叫声等。如果能听到这些声音，说明你已经离有水源的地方不远了，并可证明这里的水源是流动的活水，可以直接饮用。当你嗅到潮湿气味，或因刮风带过来的泥土腥味及水草的味道时，可以沿气味的方向寻找水源。当然这要有一定经验积累。

在你嗅、听、观察都没有把握的地方，还可以用盘试、火试、气试和豆试等方法来寻找地下水。盘试是将盘子盖在所挖的坑口上，次晨盘里水珠很多，就会有地下水。火试是在晴朗的早晨，在较深的坑内烧干柴草，如烟气沉重，则浅处有地下水。气试是挖一个一米多深的坑，清晨坑内有雾气上升，证明地下有泉水。至于豆试，只要挖一米深的小坑，将黄豆埋入坑里，隔几天挖开来看，如豆子膨胀快或发芽早，说明地下水浅，可以挖井取水。

（四）有关冬天的诗词中的科学

1. 雪花开六出

"雪花开六出"是北周诗人庾信《郊行值雪》诗中的名句。"出"，是花分瓣的意思；"六出"即六瓣花。这句话就是说：雪花为六角形，似六瓣形花。其实，雪花为六瓣形，早在 2000 年前西汉文帝时代的韩婴就在他《韩诗外传》中明确指出来了："凡草木花多五出，雪花独六出。"直到 1611 年，德国天文学家开普勒才记述雪花是六角形的，这比我国晚 1700 年。

那么，雪花开六出，这是什么原因呢？

这同水汽凝华的结晶特性有关。隆冬时节，天上云中的水汽，在小冰晶上凝华增大。冰晶属于六方晶系，它的分子以六角形为最多，也有三角形或四角形的。由于冰晶的尖角位置特别突出，水汽供应最充分，凝华增长得最快，这样便在六角形的冰晶棱角上长出一个个新的枝权。当冰晶变得足够大时，就开始向地面飘来，我们称它为"雪花"。

人们观测到，当气温在 -25℃ 以下时，生成的雪花大多数是六棱柱状；气温在 -25 ～ -15℃，雪花的晶体大多数是六角形片状；只有气温在 -15℃ 以上的情况下，才能形成六角形的美丽的雪花。

每一朵雪花都是很小的，一般直径为 0.5 ～ 3 毫米，不过芝麻粒那般大。3000 ～ 10000 朵雪花加在一起，也只有 1 克重。但在极个别情况下，雪花最大的直径，也能达到 10 毫米。至于文学作品上所描写的"鹅毛大雪"，是它们在飘落途中，成百上千朵雪花粘附在一起形成的。世界上一朵可能是最大的"鹅毛大雪"的雪花，是 1887 年冬天在美国蒙大拿州一个小区农场附近发现的，它的直径有 380 毫米，这已超出人们所能理解的"鹅毛大雪"的范围了。

小小的雪花，在它们生成增长的过程中，总是在云中不停地运动着，而它周围的水汽条件也在不

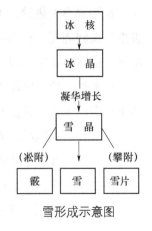

雪形成示意图

断地变化，这就使得水汽在冰晶上一会儿沿着这个方向增长，一会儿又沿着那个方向增长，从而形成了各种形态的雪花。有的像一颗银扣，有的像六角形的薄板，有的像一颗闪闪发亮的星星……真是形形色色，美不胜收。

世界上没有两朵大小、形状一模一样的雪花。不过，万变不离其宗，雪花基本形状还是六角形的。

片状(板状)雪晶　　针状雪晶　　柱状雪晶

扇状雪晶　　晶状雪晶　　枝状雪晶　　哑铃状雪晶

雪花结晶的基本形状

"望雪一开颜"，是宋代名将韩琦的《咏雪诗》中的佳句。这位带兵的将领熟知，冬天下大雪，对农业生产是很有好处的，所以他不禁吟咏："六花来应腊，望雪一开颜。"

你也许会问，冬雪对农业生产究竟有哪些好处呢？

一般情况下，由于气温比较低，冬季的雪落在地上，不会马上融化。一场大雪，恰似床棉絮把田野盖得严严实实。由于雪花之间的空隙里有大量空气，而空气是不善传热的，这样就减少雪下土壤热量的外传，也阻挡了积雪表面上寒气的侵入，从而提高了地温，有利于小麦、油菜等越冬作物的生长；同时也有利于土壤中微生物继续繁殖，以分解有机物质，增加土壤养分。雪中含有许多氮的化合物，也是庄稼生长的好肥料。

不仅如此，积雪还可以阻塞地表空气的流通，闷死一部分害虫。融雪时，要耗去不少热量，土壤温度随着降低，也可把土壤表面及作物根部一些害虫和虫卵冻死。积雪还能减少土壤水分的蒸发，融化时又供给土壤较多的水分，这对抗春旱是很重要的。

重水是一种密度略大于普通水的水。它不能用于饮用，微生物、鱼类在纯重水中也无法生存。有趣的是，雪水中只含万分之一重水，而普通水中则含五千分之一。因此，人们用雪水浸种，出芽率可提高40%；用雪水浇灌温室黄瓜，比用普通水浇灌增产一至二倍。用雪水喂猪，猪体质健壮，生长迅速；用雪水喂鸡，产蛋量比饮普通水要高一倍，蛋也嫩、大。

俗话说：瑞雪兆丰年。在我国北方农村，还有句谚语说："今年麦盖三床被，明年枕着馒头睡。"可见，雪实在是天赐人类的珍品啊！

2. 安徽的冬季气候

从 11 月中下旬起，安徽省各地就先后进入冬季了。次年 3 月中下旬冬季结束，冬季时间大约是四个月到四个半月。这时期在北方干冷空气控制下，气候寒冷，天气晴朗、干燥，雨雪少，偏北风占优势。

冬季的气温，南北温差大。1 月是安徽省最寒冷的月份。淮北地势开敞，冷空气南下首当其冲，北部（泗县和涡阳一线以北）1 月份气温都在 0℃以下。淮北南部和沿淮地区，1 月份气温都在 0℃以上。向南，气温渐高。江淮之间升到 1～2℃，沿江地区因受大别山和淮阳丘陵对北来寒风的阻挡，已升到 3℃左右。皖南山区南部的徽州盆地因黄山屏障，气温更高，达到 3.5～4.0℃上下，地表、水面偶尔有短期的薄冰。

冬季天气变冷，气温变化常常是呈波浪式的。一般每隔六七天有一次从蒙古西伯利亚而来的寒潮入侵安徽省，造成气温猛烈下降现象，就是我们所谓的"暴冷天气"，并且，这时还往往伴随着寒冷的西北大风。而在两次寒潮活动之间的几天里，气温又稍有回升，这种现象就是我们平常所说的"回暖天气"。回暖天气在秋末冬初时节最显著。当天气回暖温度较高时，人们会感到格外暖和，犹如春天一般。所谓"十月小阳春"，就是这种天气的很好描述。回暖天气的结束，往往是又一次北方强冷空气开始南下。安徽入冬之后经过这么几次寒潮的侵袭，气温又降得很低而进入严冬时节。

如以候平均气温在 0℃以下作为严寒标准，安徽省各地的严寒期大都出现在 1 月份。淮北大部分地区的严寒期前后可达 15～30 天（砀山最长，达 35 天左右），淮河以南地区已经没有严寒期了。

极端最低气温，淮北、皖东及沿江地区出现在 2 月份，其他地区出现在 1 月份。它往往是发生在强大寒潮侵袭过后的一两天，1969 年 2 月 6 日，固镇县的极端最低气温曾低达 -24.3℃，这是全省有纪录最低的一次。广大地区的极端最低气温可达 -24～-11℃、中部的合肥一带为 -20℃，合肥以北地区为 -24～-20℃，如阜阳为 -20.4℃，宿州为 -23.2℃，蚌埠为 -19.4℃，滁州为 -23.8℃，合肥以南地区（包括大别山区）为 -20～-11℃，如六安为 -18.9℃，芜湖为 -13.1℃，安庆为 -12.5℃，屯溪为 -10.9℃。

但是，由于每年寒潮势力的强弱，持续时间的长短以及寒潮南下路径不同，安徽省的极端最低气温出现地区和时间也各有差异。例如，1954年12月底的一次特大寒潮南下，安徽省中部地区降温剧烈，最低气温都降到-20℃以下，滁州、正阳关于1955年1月上旬分别出现-23.8℃和-24.1℃低温，合肥最低气温也达-20.6℃；而淮北地区只有-23～-20℃，其最低值反比江淮高。

冬季的雨量，是全年中最少的一个季节。这是因为受了北方寒冷干燥空气控制的缘故。12月、1月、2月三个月的总降水量，淮北地区不足80毫米，只占全年降水总量的3%～6%，其他地区的降水量也只占全年降水总量的10%。1月份雨量更少，除黄山山区可达50～70毫米外，江淮和沿江地区仅为25～50毫米，淮北只有15～30毫米，淮北北部更不足15毫米了。

当北方寒潮南下安徽省时，在它前面的暖空气就沿着冷空气斜坡滑升，暖空气里的水汽上升冷却后便会凝云致雨，有时出现"雪压冬云白絮飞"的天气。各地的降雪日数，大别山区和黄山山区较多，分别可达13天和30天，淮北约有8～10天，江淮之间约有8～11天，沿江地区约有7～10天，江南南部约有8～9天或更少。各地积雪深度以江淮之间北部为最大，都在40毫米以上，大都出现在1955年1月份，其中以寿县正阳关雪深为52厘米，为安徽省最大；其他地区的积雪深度也有20～30厘米。

冬季天气的好坏，对农业生产有很大影响。寒潮侵袭，持续的低温、大风，不利于冬耕、积肥、改良土壤和兴修水利等活动；降雪较少，甚至无雪，而温度又低的年份，小麦往往遭受严重霜冻、冰冻损害；剧烈的降温还会引起窖藏红薯、白菜腐烂；雨雪过少，出现冬旱，冬旱会加剧春旱，如果冬旱遇冬暖，冬暖逢春寒，危害农业生产更大。此外，冬季不冷，有利于病虫害安全越冬，加剧了来年病虫灾害。但是，"人定胜天"。只要做好组织上和物质上的充分准备，摸清各种作物在不同生长发育阶段的抗风、抗冻、抗旱的程度，在灾害性天气出现前，早做防治措施，减免损害是完全可能的。

3. 动物冬眠的启示

数九寒天，草木凋零，霜雪满地，既听不到蟋蟀的唧鸣，也看不见蜜蜂的舞姿、找不到蛇和青蛙的踪影。它们都到哪里去了？它们，都为了适应这严寒的环境，为了维持自己的生命，各自寻找"安乐窝"休眠越冬去了。

青蛙是钻在池沼、稻田或河岸的泥土里冬眠的。它用身上的黏液，把洞的周围涂光滑，就这样在洞里不吃也不动，一直睡到翌年春天。

蛇都躲到一两米深的洞穴里冬眠。它们有的把长条身体盘成花朵，有的直挺挺地躺着，有的三五成群，甚至几百条挤一起，熟睡不醒。这时连老鼠都可以任意摆布它们。而爱尔兰的冰蛇，冻得像条棍棒，老年人还可以拿来当手杖使用。

山鼠是有名的"瞌睡虫"，冬眠长达 6 个月之久。这时，它把头伸到后面两腿之间，蜷缩成一团。呼吸停止了，躯体也变得硬硬的，可以把它当球那样滚来滚去。

蝙蝠常在岩洞或树洞里冬眠。它用爪子钩住物体，飞膜裹住身躯，倒悬空中，垂头向下，一动也不动。

刺猬在冬眠时，卷成圆球，潜缩在洞中，闷头熟睡，几乎不呼吸。这时，如果把它丢进水中，半小时后捞出来，仍然不会死。

蚊子、苍蝇之类常在房屋顶棚或地窖、厕所的阴暗角落等处过冬。树木昆虫大都躲进树木粗皮缝隙、伤疤内睡大觉。有的昆虫则在产卵后就"命归西天"让它后代（包括卵、幼虫或蛹）越冬再生。

也有些动物在冬眠中偶尔患"失眠症"。如小松鼠在冬眠中，有时就要出来活动一阵子。旱獭冬眠时，每隔三星期就醒过来，排泄一次尿和大便。北极地方的白熊，雄的不冬眠，雌的却都要冬眠。奇怪的是，当雌的苏醒过来时，有时在它的身边竟多出一两只小熊。原来，它是冬眠中养下的小白熊。熊在冬眠时期，偶尔醒来舔一舔自己的脚掌，这就算"吃"过东西了。

有趣的是狼獾，它在冬眠前，先找个好洞穴，把窝内收拾得干干净净，用枯叶铺成舒适的"安乐窝"。同时将捕捉来的小动物咬死，然后贮藏起来。冬眠时，就在这"安乐窝"里昏昏大睡，有时醒来吃一吃贮藏好的食物，再回窝里去继续睡觉。

动物冬眠是对寒冷和缺食的外界条件的一种适应。它们在冬眠前，总要大吃大喝一番，把自己养得又肥又胖，同时大量贮藏食物，如每只东欧田鼠自备干草 50 斤，每只苏联松鼠则收集蘑菇数十斤，以安度严冬。在冬眠时期，体温下降，新陈代谢减弱，心脏跳动变慢，呼吸迟缓，消耗的能量十分低微，依靠体内贮存的营养物质就能维持生命。像眠时的蝙蝠，体温下降到

$2 \sim 3℃$，呼吸每分钟仅 $5 \sim 6$ 次，心跳也降低到每分钟只 $12 \sim 16$ 次。刺猬平时体温达 30℃，入冬降至 20℃ 左右，冬眠时体温接近 0℃，熟睡时几乎不呼吸。旱獭冬眠时的呼吸每分钟只有两三次。山鼠在冬眠时，由平时的体温 38℃ 下降到 12℃ 左右，心脏跳动由每分钟 80 次减少到 $1 \sim 5$ 次，其身体散发的热量只有平时的 1/17，因而能保持休眠状态。

在特殊环境里，动物冬眠的时间，可以长得惊人。四十多年前，北美洲的新墨哥州的一个石油矿里，科学家发现了一只冬眠了两百多万年的青蛙；在发掘古罗马遗迹时，在地下防护壕里，人们还发现了 18 条 2000 年前的休眠状态的蚯蚓。一百多年前，法国巴黎郊区的一个采石工人，从一块石头里劈出来了四只活着的癞蛤蟆，而这里的岩层是在几百万年以前形成的。这里的岩层是石灰岩。科学家对"长眠"的癞蛤蟆进行分析后，认为石灰岩由于水的溶蚀而形成洞穴，蛤蟆是随水流钻进洞穴冬眠，被石笋封闭在洞中的。在密封的洞内，蛤蟆的新陈代谢降低到最低程度，甚至接近停止状态。石头不容易传热，而地面上的温度变化，更影响不了地下的石头。这样，癞蛤蟆就像住进了密闭的"保温瓶"，皮肤呼吸的氧气和体内消耗的养料极少，因此能安然地"长眠不醒"了。

善于科学研究的人们，根据冬眠动物生理机制的启示，把冬眠运用到医学上。在近代的低温麻醉与手术中，就是先把病人施行全身麻醉，再把冰袋围在四周，使病人体温降到 $34 \sim 30℃$，以降低新陈代谢和氧的消耗，抑制神经系统和内分泌腺的活动，这样受麻醉的人就像冬眠动物一样，使医生有较充裕的时间进行手术。美国科学家采用人工冬眠的办法，把身患癌症濒临死亡的病人冷冻起来，等待有朝一日有了治癌的特效药，再将病人解冻后治疗。

4. 植物越冬趣谈

冬临大地的时候，人们会穿上冬装以御风寒。植物也不例外。它们也会采取"措施"，迎击冬寒。

松柏等常青树一到秋天，就开始做抗寒的准备了。它们让绿叶"尽力"捕捉太阳光能，积累过冬的"储备粮"。这时叶片又分泌更多的蜡质，"盖"在叶表面增厚的角质层上，防止水分丧失。不仅如此，叶内脂肪类物质逐渐增加，糖分的比例也在显著地加大，这样细胞液就不易结冰，抗寒的本领就增强了。所以苍松翠柏和青竹等，都能傲霜斗雪、经冬不凋。

随着深秋的到来，许多树木纷纷卸下了自己的绿装。这就是人们所熟悉的落叶现象。这些树木的根在冬季"喝"不到足够的水分，而且

白雪覆盖下的松树

衰老了的叶片还要耗费许多养料、蒸发许多水分，成了"包袱"。于是，在叶柄基部组织内，产生一种离层细胞。这些细胞之间的胶粘物质发生溶解现象，致使细胞分离，变得异常脆弱，秋风一吹，叶子便飘摇落地。

有趣的是，植物学家们还发现耐寒性强的植物，其细胞膜有一种"随机应变"的本领。当气温下降到冰点以后，这些植物体内细胞间隙里会先出现冰块；由于细胞内水分大量外渗，冰块也就继续扩大。但并不伤害细胞膜及原生质。当气温转暖后，冰块融化为水，来自细胞内的水又迅速回到原处，以保持正常生命活动。

那些一年生的草本植物，像棉花、玉米和水稻等，在寒冬到来之前，已经叶凋茎枯，只有把生机寄托在后代——种子身上。种子里贮存了大量养分，好像备足了抗寒的"燃料"，把生命活动压缩到最低限度，"酣然长睡"。至于那些具有地下块根、块茎、鳞茎、根茎的多年生草本植物，除了结籽以外，植物还采用牺牲地上部分的办法，把珍贵的幼芽蜷缩在根或茎上，枯死的部分，恰似一床棉被，生命便躲进其中，睡上一冬。

此外，萝卜和白菜在下霜以后，由于体内积存的淀粉会转化为可溶性糖，糖分增高后，细胞液就不易结冰受冻。白菜和萝卜有时可忍受 $-20 \sim -15℃$ 的严寒。含糖越多，耐寒的本领越大。所以，冬天的蔬菜特别甜。变甜，这也是植物抗寒的一种"措施"吧。

尽管植物有抗寒的本领，但是，一遇到过度的寒冷，尤其是骤然降温，植物猝不及防，体内生理变化不能马上适应，就会大批大批地死亡。如果冬前给作物施足"腊肥"（又叫"过冬肥"），就可以不断供应作物养分，促其

一、缤纷四季

冬壮春发；在施肥的同时进行培土，这也有增温防冰的妙用。给越冬蔬菜架风障、造大棚温室，给小麦及时灌水，给幼龄果树主干缠结草绳等，也都有"雪中送炭"之功，有助于植物安全越冬。待到大地回春，植物只要得到最起码的温暖，它们就会立刻恢复生机，绿滋滋地伸向太阳了。

5.四季花和花时钟

"我向前走去，但我一看到花，脚步就慢下来了……"这是意大利文艺复兴时期的大诗人但丁的《神曲》中的诗句。透过这诗句，我们可以窥见花的迷人的魅力。

花能美化环境，陶冶情操。可是你留意过不同花开放的时间也不同的趣事吗？一年四季不同花，紫罗兰开花在春天，玫瑰花开在夏天，菊花开在秋天，梅花开在冬天，什么季节开什么花，从不凌乱。不仅如此，不同植物花开的月份也不相同，如：1月，腊梅花傲雪开满枝头；2月，梅花凌寒怒放；3月，迎春花向人们报告春天的到来；4月，牡丹展奇葩；5月，芍药花千枝吐蕊；6月，紫丁香万花争馨；7月，野百合遍布原野；8月，凤仙花芬芳吐艳；9月，桂花香飘千里；10月，芙蓉花放异彩；11月，菊花傲霜开放；12月，象牙红花开。

明代程羽文《花月令》记录了一年四季中一些主要花卉的开花、生长状况：

正月：兰蕙芬。瑞香烈。樱桃始葩。径草绿。望春初放。百花萌动。

二月：桃始夭。玉兰解。紫荆繁。杏花饰其靥。梨花溶。李花白。

三月：蔷薇蔓。木笔书空。棣萼韡韡。杨入大水为萍。海棠睡。绣球落。

四月：牡丹王。芍药相于阶。罂粟满。木香上升。杜鹃归。荼蘼香梦。

五月：榴花照眼。萱北乡。夜合始交。蘡萄有香。锦葵开。山丹頳。

六月：桐花馥。菡萏为莲。茉莉来宾。凌霄结。凤仙绛于庭。鸡冠环户。

七月：葵倾日。玉簪搔头。紫薇浸月。木槿朝荣。蓼花红。菱花乃实。

八月：槐花黄。桂香飘。断肠始娇。白苹开。金钱夜落。丁香紫。

九月：菊有英。芙蓉冷。汉宫秋老。芰荷化为衣。橙橘登。山药乳。

十月：木叶落。芳草化为薪。苔枯萎。芦始荻。朝菌歇。花藏不见。

十一月：蕉花红。枇杷蕊。松柏秀。蜂蝶蛰。剪彩时行。花信风至。

十二月：蜡梅坼。茗花发。水仙负冰。梅香绽。山茶灼。雪花六出。

更有趣的是，在一天当中，各种花的开放时刻又很不相同。白天开放的花很多。像蛇麻花在黎明 3 点开放；牵牛花约在凌晨 4 点才打开漂亮的喇叭；蔷薇花在 5 点前后吐蕊；蒲公英迎着红日，在 6 点钟伸出花盘；7 点钟，芍药花和百花争艳；8 点钟，毛茛、睡莲等相继登场；9 点钟半枝莲俏点枝头；马齿苋花开在 10 点钟；松叶牡丹花开，向人们报告"午时到了"；下午 3 点，万寿菊花竞放；紫茉莉花下午 5 点钟异彩纷呈，它又有美名叫夜娇娇。

晚上开放的花如烟草花，在 18 点钟开放；剪秋罗 15 点登台；20 点钟，夜繁花敞开了花瓣。这时，夜来香、月光花和晚香玉，也怕羞似的张开了笑脸，散发出诱人的清香。22 点钟以后，已经夜深人静了，那花中的"仙女"——昙花，才肯掀去面纱，露出美丽的真颜。

不同的花在不同时刻开放，构成了一个大自然的"活时钟"。18 世纪瑞典植物学家林奈，当年便在自己的花园里精心设计了这样一个"活时钟"：只要看一看什么花开放，就知道是几点钟。他这个"活时钟"叫作"花时钟"。

不同花的开放时刻为什么不相同呢？原来与传粉的昆虫有关。蜜蜂在早晨三四点出来采蜜，那些"蜂媒花"便先敞开花朵欢迎。依赖蝴蝶传粉的花，多在 9 点张开笑脸，因为蝴蝶要到 10 点才到花间来采蜜。采蜜蛾子的活动大多在夜晚，所以靠它传粉的花，只是在夜间含羞露面了。植物的这种本领是对环境的适应。适应不了环境的，便结不出果实，被大自然淘汰掉。

现在，植物学家进一步了解到，在植物体内存在着一种光敏素。光敏素存在的形式，一种是红光吸收色素，一种是红外光吸收色素，而通过吸收光线又可使这两者互相转变，形成振荡系统，进而控制植物的开花时间了。这也许就是"花时钟"的原理吧？

研究花开放时刻有着重要的意义。我们可以把不同时刻开放的花集中起来，让它们在各处的花圃里济济一堂，争香斗艳，使环境变得更美。尤其在杂交工作中，选择作物正开花的时刻传粉，会结出硕大的果穗，获得丰收。

6. 吃了冬至面，一天长一线

每年 12 月 22 日前后，是冬至节气。俗话说"吃了冬至面，一天长一线"。意思是说，过了冬至，白天就一天比一天长了。

这是什么原因呢？

这要先从地球的转动讲起。我们生活的地球自身是不停地旋转的，叫作自转，每自转一圈，就是一日一夜。当我们的地面向着太阳时，就是白天；背着太阳时，就是黑夜。同时，地球又斜着身子不停地以太阳为中心绕圈子，叫作公转，绕太阳一周，就是一年。这一年里，由于地球的位置不断改变，太阳光照射到地球表面各处的角度也不断改变，就影响了白天和黑夜的时间长短。我们生活在北半球，夏天当北半球向着太阳时，它受到的阳光是直照的，每天日照时间长，因此日长夜短；夏至以后，阳光从直照北半球渐渐变为直照赤道；以后变为直照南半球，斜照北半球。直到冬至，才渐渐又转回来。所以在北半球冬至这一天白天最短，夜间最长。冬至过后，北半球受阳光照射的角度渐渐大起来，白天也一天一天长了。

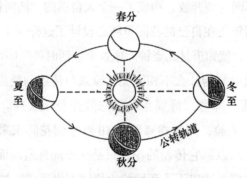

四季昼夜变化

那么，冬至这天白天最短，阳光照射大地的时间也最短，就该是一年中最冷的日子了？其实不是。冬至这时候虽然白天短，地面吸收的热量比散放的热量少，但由于大地从过去长期积累起来的热量还没有发散完，所以这一天我们并不觉得最冷。过了冬至，白天虽然渐渐长了，黑夜渐渐短了，可是以一天来说，仍然是夜间长，白天短，大地白天吸收的热量，远远没有夜间所散出的热量多；同时原先积累的热量差不多快散发完了，于是这个时候才是最冷的日子。这时，正是"三九"，就是冬至以后的第二个九天，大概是第二年的一月的小寒以后。过了"三九"，白天一天比一天长，天气就渐渐转暖，春天也不远了。

二

黄山漫步

（一）黄山美景 [①]

中华旅游胜地——黄山，素以奇松、怪石、云海、温泉著称于世，吸引着古往今来无数的游人。

黄山在长江下游、安徽省南部，地跨歙（shè）县、黟（yī）县、休宁县和黄山区、徽州区，其中心位置是东经118°10′、北纬30°10′。山境南北长约40千米、东西宽约30千米，全山面积约1200平方千米。被划为当今黄山风景区范围的有154平方千米，即古称方圆五百里黄山的精华部分。

这五百里黄山，秦代（公元前221—前207年）开始称为黟山，"黟"字由"黑""多"二字组成，以其峰峦岩石色黑而有光泽得名。到了唐代，传说轩辕黄帝率容成子、浮丘公来到黟山采药炼丹，丹炼成后，黄帝服49粒，又到汤泉沐浴七昼夜，便返老还童，后又饮了天赐的甘露琼浆，就乘龙升天了。这一传说，唐玄宗李隆基听后信以为真，于天宝六年（747年）六月十七日下谕，改黟山为黄山，一直沿用至今了。

"黄山四千仞，三十二莲峰。丹崖夹石柱，菡萏金芙蓉。伊昔升绝顶，下窥天目松。"这是唐代大诗人李白游黄山时写下的诗句，极言黄山之高之美。后来，唐代贾岛、宋代范成大等著名文人相继来黄山登临凭眺时，也尽情地高歌那无比雄奇瑰丽的天然风光。

明代大旅行家和地理学家徐霞客，在畅游了黄山奇境之后，曾赞叹"薄海内外，无如徽之黄山。登黄山，天下无山，观止矣！"徐霞客先后二十八年在旅途上度过，"足迹几遍天下"，他对黄山的评说是他长期野外实地考察的总结。

在现代，老一辈革命家陈毅同志推黄山为"天下第一山"。著名学家郭沫若为黄山留下了"深信黄山天下奇"的佳句，著名画家李可染也为1983年《人民画报》的黄山风景挂历欣然题词曰："天下第一奇山。"

的确，"天下名景集黄山"。人们一进入黄山就可见到那灵秀奇妙的峰石在山岭间争相崛起，那苍劲多姿的古松在峭壁上盘曲挺立，那如丝如带的清泉在瞬息万变的云海中闪闪发光。泰岱之雄伟，华山之险峻，衡岳之烟云，

---

① 本节以及本章下一节写于20世纪60—80年代。

匡庐之飞瀑，峨眉之清凉，雁荡之巧石，黄山都兼而有之。峰、岩、溪、潭、泉，再加上那数不清的繁花异木、珍禽名兽，它们共同交织在一起，构成了一处变幻无穷的人间奇境。

1. 火炉中的凉岛

到处都笼罩着令人疲倦的、难忍的暑热。

碧青的天空，高高地覆盖在人们的头顶上，洁净得找不到一丝半片的云翳。那炎炎的烈日正在逞着它的威势，把火焰般的光芒猛射着大地，像要烤焦一切似的。虫鸟不知躲匿到哪里去了，只有知了，在枝头上一声声地发出噪音来……

这是盛夏的一天，中午时分。

这时，我从皖南重镇屯溪出发，驱车过岩寺，经汤口、杨村，直奔向往已久的黄山。

汽车傍山前进。虽然汽车两侧不时闪过碧绿的树林、竹海、茶园，给车厢里送来阵阵新鲜的充满芳香的空气，但总感到热不可耐。

"小同志，从汤口到黄山还有多远？"我转身询问身边的一位小伙子。

"不远。"小伙子随口答道，"离温泉只有5千米了。还有一条山路，可以步行，就更近了，大概只有2.5千米。"

汤口是黄山脚下的一个小镇。公路右侧的桃花溪，又名逍遥溪。溪岸青松翠竹，树影婆娑。目前上山的公路和大道就由汤口开始，沿溪而上；南北汽车路线也以此为终点。游人多取此途上黄山。

公路穿越密林，盘旋而上。我偶尔抬头望望天空，只见有许多柔软的、边缘光亮的、中间发暗的白云，好像许多馒头，或聚或散；靠近天际的地方，这类云块看起来似乎紧挨在一起，其中有些高大突出，耸立如群峰，它们中间的青天已经看不见了。

"待会儿可能有雷雨。"小伙子凑近我，并注视着车窗外面，淡淡地自言自语。

"嗯，太闷了。"我轻声地应和，"人们常说，'热极生雨'，大概是有道理的。"

话音刚落，一座横跨公路的彩色牌楼就出现在面前了。小伙子对我说：

黄山大门

"这是黄山的大门。"又指给我看那牌楼上"黄山"二字，说是陈毅同志题书的。

在我们的右前方，只见峰峦插天，烟云飘荡。汽车继续前行。地势不断增高，车上的人们渐渐感到凉意了。一会儿，黄山接待的中心，黄山宾馆区就到了。

我和小伙子在黄山车站匆匆握手道别。

黄山车站位于桃源宾馆前面不远处。在车站附近，但见一座座高楼、一幢幢别墅，都掩映在桃花溪两侧的高峰下、溪岸旁、密林花卉中。这些建筑物疏密有致，布局和谐，古朴典雅。尤为引人注目的是宫殿式的黄山宾馆大楼。下临清流潺潺的桃花溪，面对林木葱茏的桃花峰，环境清幽。

就在我欣赏这一带风光之时，一阵狂风推涌着浓云密雾呼啸而来，顷刻之间，天空似乎变得很低、很低。"山雨欲来风满楼"，大雨要来了！我急步经影剧院前而下，过名泉桥，向右折，奔往黄山宾馆大楼。

刚跨进宾馆的大门，一阵雷声滚过，雨跟着就落下来了。这雨，开始大滴大滴、稀稀拉拉地落，还带着点热意，以后逐渐变密、变急，如线条般下注。这时，一丝暑热难耐的感觉都没有了。

不过，这场雷阵雨，大约只延续了半个多小时就停息了。雨后新晴，推窗一看，满目松篁交翠，微风拂面，送来清香缕缕。我看了看手表，时针正好指向下午3点半。

这时，我拉开房门，忽见途中在车上相识的那位小伙子，换了一身新装，正朝这走来。我高兴地请他到室内坐坐，并为他沏了茶。

"同志，路上'萍水相逢'，一时忘了请问您尊姓大名。"小伙子彬彬有礼地问道。

"就叫老金吧。"我笑呵呵地说，"你呢？"

"姓谢，名音，高中毕业，1978年到黄山工作，做服务员，当导游，我都喜欢。人家都叫我小谢。"

"小谢，小谢同志，好。"我慢慢地重复着。接着，又把话题一转，说："小谢，从屯溪出发到现在，大约只有四个钟头时间，可是在季节上，却仿佛从炎夏进入了凉秋。"我说完后，又拉他一起察看挂在墙壁上的温度表。温度表上的红色水银柱，只上升到21℃的位置。

"您是做气象工作的吧？"

"不，只是一个气象爱好者。这次到黄山来，想在游览中，多了解些黄山气象方面的情况，请多多帮助。"

"据我们黄山气象站观测，"小谢说，"黄山宾馆大楼所在地的海拔高度650米，最热的7月份，平均气温为24.9℃，比附近的黟县（海拔229米）要低2.2℃，比屯溪（海拔145米）低3.8℃；极端最高气温35.9℃，较黟县低4.1℃，较屯溪低5.9℃。这里，气温达到夏季标准，就是以5天为一候的候温大于等于22℃的，只有56天，这比黟县少41天，比屯溪少56天以上。"

"请往下说，往下说。"听了小谢的话，我觉得很有意思，于是催他说下去。

"从这里——宾馆温泉所在地拾级而上，气温逐渐降低。"小谢呷了一口茶，从衣袋里掏出《黄山导游图》，指着上面说，"到了老人峰和朱砂峰之间的半山寺，海拔高度上升到1340米，最热的7月份平均气温只有20.9℃，极端最高气温31℃，气温达到夏季标准的只有8天左右。而山顶，如黄山气象站所在地的光明顶上，最热的7月份平均气温锐降到17.6℃，可以说全年无夏。"

小谢的一番话，使我联想起同黄山所处的长江中下游地区其他地方的气候情况。

不是吗？长江中下游流域，这是我国夏季大面积最热的地区。最热月7月，衡阳、南昌、波阳、金华等地，平均气温都在29.7℃左右，极端最高气温重庆为44℃，南京和长沙为43℃。这一带的最高气温，大于等于35℃的炎热日数，普遍有二三十天，堪称一个"热区"。这个热区之中的最著名的三大火炉——南京、武汉和重庆，其炎热日数分别为17.1天、22天和33.8

天。而地处武汉和南京之间的黄山，却从来没有出现过炎热日[1]。黄山山麓呢？拿屯溪和祁门二地来说，每年的炎热日数也分别有 32 天和 25 天之多！这样看来，黄山真可谓是火炉中的"凉岛"了。

"啊，凉岛，大自然的造化。"我小声吟道。

"凉岛？把夏日黄山比喻为凉岛？"小谢疑惑地问道。

"嗯，长江中下游地区的凉岛。"我说。

"有意思，有道理。"小谢边想边说。

"可是，夏日之黄山，为什么如此清凉呢？"我问："小谢同志，这个道理，你是怎么想的？"

"俗话说'高处不胜寒'。黄山夏日之所以凉爽，这与其山势高耸是有关系的。"小谢接着说，"黄山主峰莲花峰高达 1860 米，其次为天都峰高 1810 米，一般山峰也达 1000 米左右。按高度上升 100 米则气温下降约 0.6℃ 的规律，黄山山巅气温应比山下约低 10℃。山高风也大。黄山年平均风速每秒 5.8 米，比休宁大（每秒 3.9 米）、也比太平大（每秒 4.2 米）；每年 8 级以上大风日数达 130 天，比太平、休宁都要高八九倍。在黄山山麓盆地中，白天午后风速大，夜间小，山上却是白天风小，入夜后大风呼呼，整夜不息。风，赶走了热气，山麓盆地之中的太平、休宁、屯溪等地，地势低，热气不易对流散发出去，夏日就闷热异常了。"

"不光如此，"我补充说，"据我了解，黄山湿润多雨、多云雾，这与气候凉爽大概也有关系。"

"当然。"小谢用肯定的语气说，"从东南海洋上涌来的湿润气流，受到高耸的黄山的抬升作用，马上会结雾、凝云、致雨。所以当地有'天晴六月常飞雨'之说。正常年降水量高达 2395 毫米，比安徽任何地区年降水量都要丰沛。山上年平均相对湿度为 76%；7 月份的相对湿度最大达 91%。'黄山自古云成海'。当雨后或天阴之际，随风吹来饱含雾滴的潮湿云雾，游客马上便感到寒冷了。"

我连连点头。

"另外，"小谢继续说道，"在黄山之中，林木茂密，起着挡住夏日阳光

---

[1] 黄山最高气温大于等于 30℃ 的天数，据 1979—1980 年资料，年平均半山寺只有 1 天，云谷寺有 5 天，温泉有 20 天，黟县或太平则有 52 ～ 57 天。

和反射了一部分辐射热的作用。那葱郁的林木就像给黄山撑起了一把又一把的遮阳伞，使黄山虽在似火的骄阳之下，却十分凉爽宜人。"

2. 灵泉

天色尚早，我和小谢缓步出楼。

我们站在楼前四望，只觉一阵阵湿润的山风吹来，顿时感到清凉如水。虽然出寓所时身上加了件毛线衣，这时也好像抵挡不住袭人的凉气了。于是，我提议到温泉一浴，好暖和一番。

"公元 912 年，就是唐代天祐九年，有一个叫陶雅的人，在这里建了一座寺院，名叫汤院。"在去温泉浴室的途中，小谢慢悠悠地说，"到了宋真宗时，汤院改名祥符寺。那一座八角形的风景亭，根据诗人李白'仙人炼玉处'的诗句，命名为炼玉亭，是用竹制成的。亭北原称'海门精舍'，是黄山管理局的办公大楼和影剧院，那一带就是祥符寺的遗址。"

"现在的这座温泉浴室是何时修建的？"来到浴室门前，我问道。

"这要从一千二百多年前谈起。"小谢说，"志书上记载，唐代大历年间（766—779 年），歙州刺史薛邕，沐浴温泉治愈时疫，于是就命人在这里'立庐舍，设盆杆'，供人洗浴。相传当时病者不分轻重，凡入浴者皆愈。以后……"

"以后怎么样？"我问。

"以后，歙州刺史李敬方于唐大中六年（852 年），在此修建白龙观，还立碑记载他在这里洗浴两次，治好了'头风痒闷'的事迹。从宋朝至今，这里的温泉一直为人们利用。你看，这座温泉浴室，是新中国成立后修建的。东边的温泉游泳池建于 1956 年。"

我们进入温泉浴室。室内设备舒适。我拧开水龙头，任凭泉水冲洗全身。浴罢，一天的疲劳消除了。

"相传这温泉每隔三百年要流涌一次朱砂，泉水尽赤，所以又名朱砂泉。对吗？"浴后，一浴客问小谢。

"《黄山志》上说，宋元符三年（1100 年）正月二十三日，太平金居德和休宁牛振兄弟共三人，目睹汤池水变赤。"小谢一边穿衣一边说，"'明成化中（1465—1487 年），泉赤三日。''明万历四十三年（1615 年）朱砂见，

遍溪皆赤，香闻数里。'明崇祯年间
（1628—1644 年），有患风癣者入浴也
治好了。最近的一次是 1948 年，在黄
山工作的黄五福等人也亲眼见过泉流红
水，据说，有人还化验鉴定为朱砂呢。"

温泉浴室外景

"啊，真的是朱砂？"浴客听后，感
到疑惑。

"其实，现在经过采水化验，才知
道并没有汞质存在，因为朱砂就是氧化
汞。所以这个温泉不是朱砂泉。"小谢解释道。

"那么，"浴客追问，"你刚才讲的那种现象是怎么回事呢？"

"那种现象只是说明……"小谢停顿了一下，说："说明温泉是沿着地下
岩层的断层线涌流出来的。在断层活动时，地壳产生震动，就是有地震发
生，这时，在震区常有涌沙喷泥现象，使温泉混有一些杂质带上来，清泉就
突然变色了。志书上还描述得有声有色，如'水变赤色，地势倾动，波沸
涌，声如雷。'"

"这温泉，"小谢他滔滔不绝地往下说，"泉源就在紫云峰下，泉水靠天
空降水补给，主要补给区为天海范围内的光明顶和莲花、玉屏、天都诸峰
所包括的区域。降下的水，在黄山花岗岩的节理、裂缝里流动，下渗为地下
水。地下水经深部循环，受到地心岩浆加压，接受地热反射而获得的热量[①]，
沿着岩石裂缝上升流出地面，于是形成热泉。据古书记载，明万历年间，泉
眼仍可热死鱼虾，'足不可探'，可见那时的温度在 60℃以上，一般说来，
地表水每深入地层 100 米，水温可提高 3℃。如今黄山的地表水温平均为
19℃，而温泉水为 42℃，二者相差 23℃。可见，温泉水是在七八百米深处
的地层底下受压流涌出来的。"

"这温泉水的出露地点在哪里？"我问道。

"现已查明有两处。"小谢说，"一处在照相馆的底下，这是主泉，泉水
用热水管导入浴池内，平均温度 42.2℃，流量较大；另一处就在这浴池内，

① 在地下 100 千米深处的温度可达 1000℃以上，地心温度更达 6000℃左右，与太阳表面
的温度近似。

二、黄山漫步

075

这是副泉，泉水从池底往上涌，温度为 41.1℃，比主泉略低，流量也略小。据测定，这两眼泉每天泉水平均流量为 145 立方米，最大流量在 1976 年 5 月 22 日，达 219 立方米，最小流量 1957 年为 75 立方米。"

"这温泉水温适宜，清澈如镜，无色无臭，真少见！"那位浴客，继续和小谢攀谈。

"水味也甘美，可饮可浴。"小谢说，"以往人们都称它为灵泉。"

"灵泉？！"我惊奇了。

"那可不是嘛！"小谢提高了嗓门："《周书异记》中说，轩辕黄帝炼丹后，'至汤泉浴七日'，头发变黑，返老还童。其时汤泉中忽然有白龙出现，一会儿空中又降下珠函和玉壶。函中有霞衣宝冠珠履，壶中有琼浆甘露。于是，黄帝便饮甘露琼浆，披霞衣，戴宝冠，蹑珠履，乘飞龙飘然上升了。唐朝著名诗人贾岛《纪黄山汤泉》诗中，也有'一濯三沐发，六凿还希夷。伐毛返骨髓，发白今人黟'之句。这意思也是说黄山温泉有使白发变黑的神效。南唐保大二年（944 年），元宗李璟还敕命将汤院改为灵院。后来越传越神，泉的名气越大，就被称为灵泉了。"

"真玄，真玄！"那位浴客插话。

"当然，这些说法是带有夸张和神话色彩的，但……"小谢说到这里，稍稍停顿了一下，接着又说："这温泉水确实含有人体所需的钙、镁、钾、钠、重碳酸盐等矿物质，还含有多种微量元素。久浴久饮者，对神经、消化、心血管等系统中的某些疾病都有一定疗效。而且常年用它漱口可防蛀牙；用它沏茶，饮后回甜，可增进食欲；用它酿酒则酒味香醇。"

"盖天下多温泉，而黄山为之冠也。"听小谢说得津津有味，我突然想起了我国桐城派古文学家刘大櫆说的这句话，于是笑道。

"的确，"小谢说，"像这样水清如碧、可饮可浴的温泉，世界上恐怕为数不多。"

"闻有灵汤独去寻，一瓶一钵一兼金。"那位浴客得意地咏道。咏的是唐末诗人杜荀鹤的诗句。

小谢莞尔一笑，说："李白、贾岛、徐霞客、石涛等历史上的文人名士，都曾沐浴过黄山温泉，并留下了大量诗词歌赋。如：'清数毛发，香染兰芷，甘和沉濯。'又如：'饱浴之忽饥，醉浴之忽醒，郁浴之忽舒，昏浴之日月开朗，劳浴之营味安和……'都是对温泉的极高评价。郭沫若更留下了'尚有温泉足比华清池'的诗句。"

据小谢介绍，目前温泉浴室内设有大小瓷砖浴池16间，每天可接待数百人沐浴。浴室内除保持两个由源头直接引入的沙底池外，还建了蓄水窖，通过管道把温泉水送向各式各样的浴室和温泉游泳池里。游泳池长25米，宽11.65米，深1.2～2米。池内水温保持在18～28℃。一池碧水，明澈见底。它为全国游泳运动员提供了冬训的场所。

我们来到浴室外，只见霞光隐隐林间去，暮色悄悄身边来了……温泉风景区也不知什么时候隐没了。只有灯光——远处的、脚下的、四周的，一串串、一层层、一排排的灯光在闪烁，宛如"天上的街市"。

3. 流泉飞瀑

山峰上抹着橙红和胭脂色的霞光。大部分溪谷也渐渐地明亮起来了。

微风撩起轻纱般的薄雾，在桃花、紫云二峰之间游荡，沿着桃花溪两岸矗立的精舍楼群隐现在翁郁树丛中。空气，清凉里夹着芳香。绿叶上晶莹的水滴欢乐得直翻跟斗。鹧鸪、黄鹂、百灵、画眉和各种惯于起早的鸟儿，开始在枝头飞来飞去，跳上跳下，欢快地鸣唱……

我从朦胧中醒来，一下床就是忙于洗漱，再吃点糕点，喝几口茶，接着就准备去观赏温泉风景区附近的流泉飞瀑了。刚出门，导游也来了。他就是昨天熟识的谢音同志。

我们从黄山宾馆大楼前出发，向东过邮电局、工人休养所，见到南面的一个高地上有一座六方翘角的风景亭。上面有越南胡志明同志的手书"观瀑亭"。这里是观赏百丈泉的最佳处。登亭向东北望去，从清潭、紫云两峰间流出的泉水，顺着千尺悬崖飞泻而下，势如银河天降，形成百丈瀑布。

小谢说，由于昨天下了大雨，今天百丈泉显得格外的壮丽。要是多日无雨季节它会变成轻飘而下的玉练，而一俟山风把它吹离崖壁，又会变成

百丈泉

无数条洁白的轻纱在空中飘荡。

离开观瀑亭，在返回的路上，小谢告诉我，从百丈泉向东北去还有一个九龙瀑。九龙瀑源出天都、玉屏、炼丹、仙掌诸峰，经丞相源，从香炉、罗汉两峰间的千仞悬崖上九折而下，一折一瀑，瀑折为九，一顿一潭，清潭亦九，为世间所罕见。

观瀑楼

每次大雨之后，九龙瀑犹如从天而降，溢而复折，折而复聚，每折高逾百丈，每潭深不见底，宛如九条白龙腾空起舞。"飞泉不让匡庐瀑，峭壁撑天挂九龙。"这就是前人对它的描绘和赞美。

我们边走边谈，过名泉桥，拾级而上，不知不觉地就来到观瀑楼面前了。登楼望，桃花溪对面的人字瀑劈翠穿云，白练纷飞。再上桃源亭，过白龙桥，沿桃花溪畔而上，隐隐约约地听到远处传来一阵阵叮咚叮咚的泉水声。原来前面离鸣弦泉不远了。我们路过若断若续的三叠泉，再攀行 500 米，鸣弦泉就到了。

鸣弦泉，水从巨大的石壁间跌落下来，冲击着一块横躺在山脚下的长形石崖，又激荡流去。石崖中空，长约 9 米，高约 1.5 米，状似一把古琴。流水溅石作声，如拂古琴上的丝弦，水沿涧中行走的叮叮咚咚声，更似琴音般悦耳。石上刻有李白所书"鸣弦泉"三字。附近有一怪石，似醉汉，站在溪边呕吐，负手侧颈，不愿再喝的样子。小谢解释说，李白曾在此饮酒吟诗，酒醉绕石三呼，后人便叫此巧石为"醉石"。在大路一侧，又一巨石如虎，负隅而立，张牙昂首，正像要和人们搏斗的样子。老虎头腹下即称为虎头岩。这附近还有试剑石、落星泉等景点。可惜，由于时间关系，来不及一一观赏，只有循原路返回了。

在返回途中，我们看到了著名的丹井。

虎头石及醉石

丹井其实是一块巨石上的圆洞。小谢告诉我，这圆洞深达 1.7 米，口径 0.6 米。口小，肚子粗，继而逐渐变细，最后成为一个螺形尖底。"井"内终年水位如一，从不干涸。古代传说这井是轩辕黄帝为炼仙丹开凿的。

　　这丹井之下，约 30 米处，又有一药臼。传说它是轩辕黄帝捣仙药的臼。直径 1.5 米，深 1 米，臼口向下游倾斜。

　　"这两块巨石，还有上面的"井"和"臼"，究竟是怎么来的呢？"我问道。

　　"这还是个谜。"小谢说："现在有人说，这两块巨石是距今二三百万年前，地质学上叫作第四纪冰期的那个时候，由冰川漂移时带来的；被称作冰川漂砾。当时这两块漂砾都位于冰川底部。后来，天气转暖，冰川底部的局部地方开始消融，形成冰水下流；水流冲刷成河。水流沿河床流动，遇阻，便形成涡流。旋转的涡流又挟带着砂石，不断地冲击这两块砾石上的凹面，天长日久就"凿出"圆洞了。

　　"但是，又有人说，自然界里的这样圆洞，主要位于冰川底部有根的岩石表面上，不大可能像丹井这样位于一块可移动的巨大砾石上。所以，丹井之谜，尚无谜底。"

　　由丹井而下，我们再过名泉桥，向左折，踏上了登山的鸟道。

　　来到回龙桥上，北望紫云、朱砂两峰，其间飞瀑高悬，正是人字瀑。雪白的水流从峭壁顶端分成两股，直泻而下，如同巨龙飞腾。在雷霆般的轰响中，水流拍击着岩石，激扬起绵绵雨丝和轻纱般的水雾。水雾冉冉升起，像柔曼的鲛绡，把水流两旁的岩石和草木轻轻地裹上，只有瀑布如玉一般洁白，如雪涛一般飞涌。

人字瀑

　　"这人字瀑，以及刚才看过的鸣弦泉、百丈泉，还有九龙瀑等，只是黄山泉水中最出名的。"小谢说，"每当大雨之后，黄山的流泉飞瀑，真可谓数不清、看不尽啊！"

　　"昨天雷雨后，我只是在温泉宾馆附近活动了一下，感触还不深。"我说，"可是今天，从百丈泉到鸣弦泉这一路看来，的确像李白所吟咏的那样："山中一夜雨，到处是飞泉。'"

"是的。大雨后出现的那些不知名的飞流，或倒挂于悬崖峭壁，或缭绕于林间沟壑；有的雄伟，有的秀气；有的响起轰隆雷鸣，有的发出淙淙的水声；交相辉映，争相媲美。可是，大雨之后不久，那些飞流就只有很少的细水了。"

曾多次为古人称颂的天都瀑布，平时几乎连涓涓细流也看不见，但到了春夏雨季，遇上几小时的倾盆大雨，它就出现了。明代钱谦益《天都瀑布歌》"良久雨足水积厚，瀑布倒泻天都峰"。那种声势是够猛烈的了。怪不得诗作者看了、听了，要愕眙良久、耳聋三日了。

4. 雾

告别人字瀑，顺着整齐的石径而上。偶尔遇到飘来的白茫茫的雾团，使周围山峦、林木和前方石径，顿时坠入烟海之中。一旦雾团隐隐退去，阳光显现出来，完全显得湿润、凉爽，沁人心脾。

行三里，至慈光阁。

慈光阁左有"千僧灶"，后有法眼泉、披云桥等古迹。殿宇在茂林修竹掩映下，给人一种静穆而又清新的感觉。

慈光阁

由慈光阁上行，过金沙岭，入林荫蔽道的朱砂溪谷地。岭下有莺谷石，隔溪对岸有腊烛峰。沿谷直上，山道较平，但谷地深幽，涧水潺潺，林荫鸟语，与山下竹径流泉又有不同。

我们穿云踏雾，拾级而上，来到了立马亭。这里海拔 1100 米。四面奇峰回合，峰间低谷宽敞，气势雄伟。黄山的秀色，已在四周展开了。

立马亭的对面为立马峰，绝壁上隐现出"立马空东海，登高望太平"十个石刻大字。每字作楷书，直径二丈八尺，雄浑有力。这十个字，据说是安徽怀宁人宣庆法在 1939 年冒着生命危险开凿的。

从立马亭前行，过立马桥，山道更加险峻，上行三华里，便是半山寺。

寺为清代所建的二层小楼房。从这里上玉屏楼、下慈光阁，分别为七里半，故名半山寺。寺前临深谷，后接危崖，三面临渊，无所凭依。这里海拔 1340 米。气候高寒，四时风大。我们入寺内休息、泡茶，寺外雾气却越聚越浓。

多雾，这是黄山气候的特色。全年 7 月、8 月的雾最多，各约 26 天；12 月至翌年 1 月、2 月间雾最少，各约 16 天以上。全年雾日达 255.9 天。

黄山的雾时聚时散，时升时降，使那些奇峰怪石"顷刻变幻无定，相人各一见，见各不同，欲举手相告，则转瞬又非"。

"由于雾的敷染，"小谢用手指着寺外，对我说，"在西海那边，可以看到'武松打虎''天女绣花''老僧打钟'等绝妙图画。"

"你说得太诱人了。"

"不光如此，"小谢说，"由'百步云梯'前望鳌鱼峰上的巧石，好像一条巨大的'鳌鱼'张嘴欲吃'螺蛳'，而在云雾的浮动、衬托下，'鳌鱼'一会儿匿迹，一会儿浮出海面，冲波击浪，变成'鳌鱼戏涛'。这时候，自天海方向望去，又成为漫游海面的'鳌鱼驮金龟'了。"

"奇景、奇景！"我连连赞道。

"我们遇上这场大雾，还以为看不到什么景色呢？"同桌喝茶的游客纷纷插话。

小谢见大家对黄山雾景产生了兴趣，于是呷了两口茶，继续说道："雾在黄山不分早晚，也不分阴晴，说来就来，说去就去。如雨后转晴，忽从空中飘来一大块淡蓝色片状雾，它像纱罩一样，罩在哪里，哪里就看不清了，当它随风移动后，这里又明朗如初。还有一种带状雾，宽不过数尺，长不过数丈，通体透明，可以透视被遮住的景物。它像一位披着长丝绸飘带的仙女，在空中轻歌曼舞，婀娜多姿。

"黄山的雾，其性格和脾气也似乎与别处雾不同。它有时很淡雅，轻轻地给群峰抹上一层薄薄的粉；有时则很深沉，浓得像蓝黑色的大海。它悠闲时，似闲庭信步；它发怒时，像腾空的猛兽，迎面扑来。尤其是当游客远望前方山口的时候，一幕更为壮观的雾景就出现了：山口处忽然由晴转阴，像打开一扇大门，一阵阵大雾，如汹涌澎湃的波涛由远而近，铺天盖地而来，霎时间就吞噬了一切；整个世界都淹没在雾海之中了。不过，不要多长时间，它就像退潮的海水，一泻千里，顷刻就跑得无影无踪，留给游客的只是衣服上的湿润而已。

二、黄山漫步

一年四季，黄山雾色如画。夏天，那层峦叠嶂般的云笼罩在山巅上，宛如葱茏的顶峰上托着'云山'，青白掩映。秋季天高云淡，白云如薄绸，透过云层隐约可见日月之轮廓，真可谓'秋云似罗'了。冬天晴朗之夜，从溪涧谷地冉冉地升起的轻纱似的雾，在皎洁月亮的辉映下，呈现出'烟笼寒水月笼纱'的诗中意境。春天，烟雾倏忽多变，时浓时淡，时隐时现，纵目遥望，虚无缥缈，如同仙境。"

"啊，黄山的雾色还四季不同哩！"

"可不。"

"妙哉，妙哉！"

游客们你一言我一语。

"从季节分布来看。黄山夏季雾日最多，多达75天。"经小谢这一说，众游客顿时安静下来，又洗耳恭听了：

"这里春季有雾69天，秋、冬两季雾日较少，也分别有61天和50天。

"每当春夏时节，山雾迷幻之时，加上峭拔的山峰衬托，黄山风景便增加了神秘的色彩。人们常常可以看到：山雾忽而随风飘飞，忽而在山腰袅袅；有时千谷万壑间云雾涌起，山麓低谷变成一片雾海，而高耸的奇峰却好像屹立在大海之中的千万岛屿，远望犹如几笔淡墨勾画的轮廓，隐约朦胧；当太阳初露之时，往往一些低矮的山头和谷地还蒙着薄雾，而插天的山峰却镀上了金色的阳光。这时，千姿万态的黄山群峰，半在雾里，半在彩霞中。那闪烁的光芒，缥缈的雾岚，多姿的峰峦、巧石、奇松，相互衬映，上下交辉，构成了一幅彩墨淋漓的风景画。"

"啊！不是画卷胜画卷！"一游客听小谢说后，不禁赞道。

"真的，真够摄人神魂了。"又一游客为黄山雾色所倾倒。

这时，坐在我对面的一位游客，忽然用手指指面前的茶杯，冒冒失失地问道："哎，请问，这茶的色、香、味这么好，这与黄山多雾也有关系吧？"

"有关系。"小谢含笑回答，并接着说道，"这是黄山毛峰茶，过去的名字叫黄山云雾茶。茶园就分布在这半山寺附近，以及慈光阁、吊桥庵和松谷庵一带。这些地域土层肥厚，阳光、温度适宜，雨量又充足，'晴时早晚遍地雾，阴雨整日满山云'，相对湿度大，并且遍地幽兰丛生，香飘数里。茶树生长于云蒸雾润、百花溢香的环境中，因而芽尖肥壮，芳香隽永。加上采制工艺精妙，茶酷似雀舌，遍披银毫，色泽油润光亮、嫩绿微黄，成为极品名茶。这茶香郁清高，味鲜醇甜，汤色清澈明亮。1976 年以来，已进入国际市场；1982 年在长沙全国名茶评选会被评为全国名茶。"

听着小谢的介绍，我对这茶产生了特殊的好感，越喝越想喝，一连喝了三杯。这三杯茶下肚，顿时觉得神清气爽，似乎疲倦也消除了。

"黄山为什么多雾？黄山的云雾又为什么那样变化莫测、景色迷离呢？"也许因为饮茶有提神益思的缘故，我一连提了这两个问题。

"问得好。"

"请那位同志（指小谢）再介绍介绍。"

我的提问得到了游客的支持，所以话题又拨回到雾上去了。

从科学道理上来说，雾和云都是由小水滴组成的，小水滴由水汽凝结而成，所以人们常说"云雾霭霭"。气温越高，空气里能够容纳的水汽也越多。举例来说，1 立方米的空气中，气温在 4℃时，最多能容纳水汽量 6.36 克；气温在 20℃时，1 立方米的空气中可含水汽量 17.3 克。如果空气里含有的水汽达到最大的含量，就叫饱和空气。当空气里水汽含量达到饱和的时候，多余的水汽就会先在空中一些尘埃上凝结成小水滴或者小冰晶。这些小水滴或者小冰晶极其轻微，所以它下落的速度很缓慢。只要空气中有很弱的气流扰动，它们就被托住，飘浮在空中。飘浮在高空的就是云，悬浮在地面上的便是雾。

黄山多雾，这同黄山所处的地势和周围环境有关系。黄山东距大海只有 360 千米，从海上涌来的暖湿气流里，裹挟着大量水汽。而山中植物繁衍，地面水分不易蒸发，空气湿度大，水汽也多。那郁郁葱葱的树木枝叶，又时时刻刻都在蒸发着水汽。特别是阳光不易照射到的深壑幽谷之中，水汽尤多。加上黄山年降水量十分丰沛；而雨水蒸发，又增加了大气中大量的水汽。再说，黄山重峦叠嶂，拔地耸天，山顶和山脚温差约 10℃，下热而上寒，山下带有丰富水汽的空气较轻，容易蒸发上升，在山上遇冷凝结。在低处去看，水汽凝结的结果，只觉得是萦绕着山坡的白云，而在山坡上来看，就是雾气的现象了。

春夏多雨，水汽丰富，山上、山下的温度又相差十几度，所以特别容易形成雾。而秋天、冬天雾就比较少。因为秋、冬季节雨水少，山上山下的温差又小，成雾的条件就比较差了。秋季虽有雾，但毕竟比春夏时节要少，尤其是 10 月份，约有一半日数是蓝天如洗、艳阳微风的天气。冬季气温非常低，山地积雪较深，雪面上水汽升华或凝结，能降低空气的饱和湿度，也减少了雾的形成的可能（如果气温降到 -20℃左右时，水汽能直接凝为冰晶，产生冰雾）。

半山寺门外，依然白雾茫茫。

"小谢，我们这一路来，天气都是晴朗的，为什么突然来了这么大的雾？"我问。

"黄山的天气变幻多端。今天这场大雾，大概是突然顺着山谷爬上来的，也许是下雨的预兆。"

"有根据吗？"一游客追问。

"'黄山围腰带，雨水来得快。'这一带的人都这么说。这是因为潮湿空气沿着山坡抬升，水汽变冷凝结成的小水滴，将会形成更大的水滴下降，所以预兆有雨。不过这样的'腰带'薄，范围小，即使有雨也不大，很快会雨过天晴的。"

不一会儿，一阵淅淅沥沥声把我们的注意力引向门外，果然下雨了！

5. 巧石大观

雨止，雾渐收，天气在转晴。

出半山寺，我们抬头望见天都峰前有一巧石，酷似一只头朝天门、振翅欲啼的"金鸡"。这就是黄山著名巧石"金鸡叫天门"。

黄山巧石个个有自己独特的性格。而且随着光线和视点的不同，以及时序的迁移，它们留给人的印象又迥然有别；尤其当风云变幻之时，其容颜更是瞬息万变。

有的巧石似人似仙。我们在龙蟠坡，左望那只叫天门的金鸡，又变成了五位老汉，身着长袍，扶肩携手，顺着山梁向天都峰顶登攀，领头的老汉手中好像还拄着拐杖，胡须在胸前随风飘动呢。这就是"五老上天都"的形象。再望那莲蕊峰旁的"姐妹放羊"，也是栩栩如生。另外，像耕云峰侧的"仙人下棋"，天都峰顶的"仙人把洞门"，莲花峰侧的"仙女绣花"等怪石形象，都很生动逼真，妙不可言。

据小谢介绍说，还有不少巧石似飞禽。如在玉屏楼，可以遥望披着轻纱的莲蕊峰，恰似一只孔雀，紧紧依偎着那巨大的花蕾，正回望莲花峰。天风吹拂，白云飘荡，又是一幅"孔雀戏莲花"图景。又如，在清凉台以北的鸡公峰前，有一巧石似天鹅，翼下有许多圆石簇拥，形成了"天鹅孵蛋"的奇景。

也有的巧石似走兽。玉屏楼东侧可望"松鼠跳天都"：耕云峰上的一块巧石酷似一只松鼠，翘着尾巴，跃跃欲试，仿佛想跃过万丈巨壑，到那高出云表的"天上都会"一游。当鳌鱼峰上的巧石变成"鳌鱼戏涛"奇景时；蹲在狮子峰顶的石猴却在悠闲地观海戏云，这就是著名的"猴子观海"。当石猴面前云海散去，远处呈现出太平境内一派乡村田野风光时，人们又把它称为"猴子望太平"了。

松鼠跳天都　　　　　　　　猴子观海

在黄山，还有不少巧石似物。过玉屏楼下的一线天，回首再看，可见近处三座高矮参差的小石峰，峰上奇松挺拔，白云萦回其间，如海浪拍岸，遂取名"蓬莱三岛"。在散花坞前，有一小峰挺立如笔，顶端长出一株娟秀的古松，那便是"梦笔生花"奇景。西海中还有"仙人晒靴"呢。

蓬莱三岛　　　　　　　　　梦笔生花

"这些巧石都是大自然雕刻师的杰作。"小谢一股脑儿向我述说了种种巧石后，又开始说明这些巧石的来历了：

"当孕育在地层中的黄山花岗岩体脱颖而出时，随着地壳的隆起，各地段上升幅度不一致，岩层间就发生断裂和陷落。花岗岩体多垂直裂缝（垂直节理）。当花岗岩体升出了地表面，日晒、雨淋、风蚀、寒冻一齐长年累月地沿着这些裂缝进行"雕凿"。例如寒冻风化，严冬时积在岩石裂缝内的雪水结成冰，冰的体积比水膨胀了许多，对裂隙两壁可产生每平方厘米6000千克的压力。反复地冻结融化，裂缝将不断扩大，久而久之，山岩即被劈开，就崩裂成险峰峭壁。而山顶岩石裸露，风化现象较山下剧烈，所以岩体裂隙稠密，极易被风化，于是形成了'丹崖夹石柱''片石挂乾坤'景象，远远望去，即似人似仙似物了。

"有的怪石太奇特，游人见到不免要问一个'为什么'，例如西海有一座'飞来峰'，也叫'飞来石'，真的是飞来的吗？"

"是吗？"我问。

"其实不是。"小谢肯定地说："在遥远的古代，飞来峰跟其他山峰一样，也是一个普通的山冈。但花岗岩结构而成的山峰，其内部都存在有各自不同的节理纹路的，坚实程度也各有异。在漫长的岁月里，经过日晒雨淋，风吹冰冻，表面结构松散的部分就慢慢地分化了，一小点一小点地剥落下来，碎砾被雨水冲走了，比较坚固的核心部分就留存下来。这样就形成了飞来石的粗坯。"

仙人晒靴　　　　　　　　　　　　　飞来石

"可是，有的书上说，飞来石的底部是有裂缝的，这又是什么缘故呢？"我问了一句。

"这是因为，"小谢说，"在花岗岩石内部，有纵、横、斜各向的节理纹路，飞来石裂缝处原系它的横向节理纹路，其结构松散部分也在不断分化剥落，砂砾也被雨水带走了，从而产生了飞来石的底部裂缝。结果这座峰尖好像是悬置在别的峰顶上，人们就称其为'飞来峰'了。至于那'猴子观海''仙人晒靴'等著名巧石，它们的形成同飞来峰可以说是同一个道理。"我们边走边谈，不觉已经到了天门坎。

天门坎，意即由此进入天际，这是门坎。它高铺在天都峰与横云岩之间，两面奇峰入云，上山的道路就从天门——夹峙的石壁中穿过。这天门，明代游记说它"仅容身过"，清代已开凿加宽，如今可齐过数人，并不见狭了。门的形态还犹存。果然，我们一过天门坎，面前就"无峰不秀，无松不奇"了。

我们尽在悬崖中攀登，石径曲折回旋，周围云开雾合，松树变得低矮平顶，天女花和杜鹃花也在这里繁生。坎下的"兔儿望月""鱼龟石"若隐若现，沿途的"姜太公钓鱼""伍员问卜"姿态纷呈。这里又多强风，有"天风振袂"的飘飘欲仙意境。这里海拔已有 1430 米了。

快到天都峰脚处，在玉屏峰南崖坡上，有一洞名云巢洞。据说，从山上向下看，白云由下洞涌向上洞，袅袅而出，有如白云巢穴之状，故名"云巢"。这反映气流沿山坡上升，冷却、凝结、成云过程。

过云巢洞再上，便到天都峰脚了。这里海拔 1500 米，左有石级上玉屏楼，右有天梯登天都峰。我们在这里小憩时，小谢告诉我："在黄山的三大高峰中，莲花峰居中，光明顶居北，天都峰居南。三峰拔地而起，争雄竞秀，各有千秋。其中以天都峰最为险峻，坡陡（超过 70°）峰高（海拔 1810 米），四面凌空，独树一帜。据考察，天都峰原来只是一个圆形的山头，后来四面山坡遭受冰川的摩擦刮削，山上大批泥土和岩石都被冰川推运下山，这样日复一日，年复一年，天都峰的外观就起了很大的变化，变成了一座极似冰川角峰的形态了。"

小憩后，我们循"天梯"盘旋而上，登天都峰览胜，似有游天上都会之感。过去有人为其叫绝道："踏遍峨眉与九嶷，无兹殊胜幻迷离。任它五岳归来客，一见天都也叫奇。"它真是"刺破青天锷未残，天欲堕，赖以拄其间"啊！

6. 神秘的佛光

在天都峰脚下的三岔路上，游客越聚越多。只见一位游客在滔滔不绝地"演说"：

"那天清晨，雨停了，山中却弥漫着浓重的雾气。早饭后，我们离开了玉屏楼，来到小心坡上扶栏远眺。只见从天都峰脚下到玉屏峰之间，呈现出一道'雾'与'陆'的分界线：一半是混浊迷蒙，一半是青山黛岭，奇特之至。这时，旭日东升，阳光灿烂，蓝天白云，能见度特别好。我们欣赏一阵，又往前行。

"不多会儿，我们来到了天都峰脚下这三岔路口，当时大约是七点五分。正徘徊观赏该处'雾''陆'分界的奇景时，忽然发现西北方向的50米外的浓雾中，出现一个直径约为2米的彩色光环。

"这光环如同彩虹，但却是一个圆。它的中心雾气较凝聚而平静，光亮而澄明，环中还有一个半身人像的剪影哩。我猛省这就是所谓"佛光"了，而那环中的剪影也就是我自己。为了证实，我向着光环摇手摇身，那彩环中的剪影果真如影随形地毫厘不差。

"当时，我急喊同游者快来观看。旅伴们均以极大兴趣注视着在光环中的自己的影像，无不称奇称幸。"

"佛光可遇而不可求，极为少见。"小谢笑盈盈地走上去插话："我在黄山工作过好几年了，一共也只见过三次。"

"这位是导游小谢同志。"我随口介绍说。

"欢迎欢迎，欢迎导游同志介绍介绍。"

大家情绪顿时活跃起来。

"印象最深的一次，是1979年5月21日在始信峰看到的。"小谢接着往下说：

那天上午7点半钟左右，约莫有三四十位外宾在向始信峰顶前进的石径上，走走望望，并不时地发出赞叹。

始信峰与上升、石笋两峰鼎足而立。从那里眺望，群山连绵起伏，拔地耸天。山腰云缠雾绕，奇松巧石时隐时现，充满着诗情画意。

正当大家陶醉在那一片佳境美景之中时，突然有人喊了起来：

"看，那是什么呀？"

几十双眼睛一齐望去：在始信峰西面的梦笔生花方向，山腰浓密的云雾里有一个半径三尺多的五彩光环。"佛光！佛光！"

"瞧，光环中还有佛哩！"

"菩萨显灵喽！菩萨显灵喽！"

"那是西天的佛来度凡人上天，凡人只要朝那光环里一跳，就能飞升成佛！"

刹那间，外宾们你一言我一语，一片沸腾。有的听到是佛，便信以为真，立即拱手作揖。带照相机的几乎都不约而同地赶紧按快门，拍下了这幅神奇的图景。

大约十几分钟过后，佛光才开始模糊起来，并渐渐地消失了。

另两次出现的佛光，一次是1978年12月份的一天下午，在天海凤凰松所在地附近，望见光明顶那边悬崖峭壁下的迷雾中，呈现出一个彩色光环。当时小雨初晴，光环艳丽。但光轮和其中的影像比在始信峰上看到的要小些。也是这一年，8月上旬的一天早晨，从天都峰顶朝云谷寺方向望去时，又突然看见一个巨大的彩环。光环中有人影晃动。不过色彩不太明丽，很快就消失了。

这说明，在黄山，一年四季都有可能出现佛光。

"我也听人说，佛光是菩萨显灵。"

"世界上根本没有鬼神，哪来什么菩萨显灵？"

"那么佛光究竟是怎样产生的呢？"

几位游客嘀嘀咕咕地说。

"佛光是太阳光线玩的把戏。"小谢简明有趣地说。

黄山主峰高达1800米以上，山中空气湿度很大，山腰常有云雾缭绕。当夜雨初晴之时，云海尤其壮美。这是黄山佛光形成的特殊的地理环境。

清晨，太阳从地平线上升起，光芒四射。当强烈的光线从无数个云雾小水滴间穿过时，将发生衍射；细小水滴衍射成的图象，就是我们看到的彩色光环。

这彩色光环有时是一个全圆，有一道、二道、三道的。出现一道光环时，紫色在内，红色在外；出现二道光环时，便变成了红色在内，紫色在外；最里面的一道光环最清晰，越往外，光环就逐渐减弱、模糊了。

"请问，"一位游客轻声地问。"光环中的影子到底是怎么回事呢？"

"这影子，就是有人说的'佛影'，其实正是游客自己的身影。"小谢说，"游客面向云雾背向太阳，太阳光从后面射来。游客的影子就正好投在光环的里面了。由于这种光环与某些佛像上的彩色光圈相似，于是就把它说成是佛出现了，并称它为佛光。"

"今天这里会有佛光出现吗？"一位游客急切地问道。

"一天之中"小谢说，"佛光在早上9时以前或下午4时以后出现最多，不过大都在乍雨还晴后发生。佛光，还有正现、清现和反现的区别。正现佛光发生的时间在中午之后，那时日向西倾，云雾在东边，人在太阳与云雾之间，佛光则投在东边。正现不多见，清现比正现还要少见。清现也称摄身光，它是在山谷中没有云雾的情况下，突然出现了光环，这是由于空气中凝聚的水滴很少，云雾近乎透明的缘故。反现佛光是罕见的，它发生在上午，出现的方位也与正现相反。天都峰和始信峰出现的佛光，就是这种最罕见的反现佛光。"

"佛光的学问真不少！"

"我们能不能看到佛光，就要看机遇了。"

游客们在议论着。

"不过……"小谢打断了大家的议论，接着说，"佛光，你们每人回去都可以制造。"

"怎么？"

"自己制造？"

"在浓雾的夜间，"小谢说，"你站在开着窗子的房间里，任意向外眺望，背后有悬挂着的一盏极亮的灯，这时室外的雾就像屏幕那样，会显出你的影子来，影子周围也环绕着彩色光环。这就是你自己制造的佛光。"众游客连连点头。

7. 奇松

在天都峰脚，昂首向左望去，只见鸟道如线，直通天际。我们踏上西侧的磴道正是小心坡。

小心坡右傍峻壁，左临绝涧。路沿石缝而行。倾斜度达 $60° \sim 70°$。石磴平正，可坐看危崖绝涧风景。

沿石磴而上，至蒲团石，穿卧龙涧，山径弯折向下，抵渡仙桥。过桥转入狭径，两山壁立，即入一线天。石道宽约 1 米。迎面崖壁上刻有"观止"二字。

出一线天，回首看即见蓬莱三岛。再往上出文殊洞，石磴已尽，一棵破石而立的苍劲古松出现在面前。它翠叶如盖，伸枝展臂，恰似在欢迎远方的来客。"有朋自远方来，不亦乐乎？"这就是中外驰名的迎客松。

"这里海拔 1680 米。这迎客松的祖先是油松。"小谢凑到我的身边说。

"据说这迎客松已有 1500 岁了，是吗？"

"不错，它是黄山植物界的老寿星，唐代就有关于它的记载了。"

迎客松把平川沃野让给其他植物，而自己却在这海拔 1680 米的缺土少水的花岗岩石缝里落脚生根，顽强地生长着。多少年来，它都坚韧不拔，不怕风吹雨打，不畏寒流侵袭，不怕雷霆电火，真可谓生命的奇迹，大自然的精英啊！

迎客松

据小谢介绍，不光是迎客松，在黄山海拔 800 米以上的峰石地带，棵棵松树都以其神态奇特、造型苍劲、姿态潇洒和生命力顽强而受到游客的赞赏。1936 年，中国植物学家正式命名这里的松树为黄山松。它们或盖冠于岩首，或侧身于壁障，或蜿蜒屈曲于岩壁。有的直，有的弯，有的仰，有的俯，有的盘，有的挂，有的立，有的卧，昂然翘首。

著名的奇松，除玉屏楼的迎客松外，还有玉屏楼下莲花沟旁的蒲团松，天都峰顶绝壁边缘的探海松，狮子林前的麒麟松，鳌鱼峰下的凤凰松，从北海宾馆去始信峰路旁的黑虎松，始信峰下的连理松和龙爪松，始信峰上的接引松，石笋矼的卧龙松。这些奇松，自古就有所谓"十大名松"之说。此外，像陪客松、送客松、望客松、姐妹松、双龙松和倒挂松等，也都很有名气。

蒲团松

云天苍龙

二、黄山漫步

陪客松是并立在玉屏楼前的几棵古松，干短枝长，以其瑰奇而秀丽的风姿，陪着游客，欣赏山景。送客松，站立在玉屏楼西侧，在去莲花峰的路旁，伸臂舒掌，作送客状，并指路西行。蒲团松，紧邻送客松，干矮质柔，枝针繁密短平，状似蒲团，可坐十多二十人不坠。凤凰松高 1 米多，顶部长有四股平

卧龙松

整的枝丫，形成了凤凰的头尾和两翼，活像展翅欲飞的凤凰。在始信峰的前方，可看见黑虎松，树身二人才能合抱，传说曾有黑虎卧于其上，而它本身叶盖很大，枝干粗壮，也恰似一只猛虎。在始信峰的狭谷之间有一渡仙桥，桥畔的一棵奇松，向对岸伸过一枝，巧作扶手栏杆，以援引游客过桥，它就是接引松……

在这些单独成景的名松之外，与山石云海组合成景的奇松就更多了。如"丞相观棋"的"棋盘"，"采莲船"里的"莲"，"关公挡曹"里关公头盔的"盔缨"，眉毛峰中的"眉"，"喜鹊登梅"里的"梅"，"天女绣花"和"梦笔生花"里的"花"，这些以松树模拟而成的形象，都生动逼真。至于那些至今尚不可登攀的幽涧深谷，在那剑戟森列的危峰石巅，藏身露首的奇松就更数不胜数、记不胜记了。也不用说它们与山石云雾组合而成的风景是如何地奇、趣、美妙了。

黄山松，在北坡海拔 1500～1700 米和南坡海拔 1000～1300 米的山脊斜坡上，还可以组成一片片的林区。如云谷寺与黄山宾馆间的眉毛峰，松林茂密，树高干直，平均年龄已近百岁。北海宾馆前狮子峰地坡到始信峰、白鹅岭一带松林，年龄约 150 岁。黑虎松东侧的松林中，有好多株异干同根的高大松树，最高可达 30 米。宾馆西侧的万松林，针叶短密，树冠平整，优美多姿。丹霞峰与云外峰之间松林峰的松林，树龄更老，也许可以算是黄山之中的一片原始森林吧。

现在，林学家在安徽省其他地区和浙江、江西省，海拔高度在 800 米以上的山峰上，也发现有黄山松，但都没有黄山之中的黄山松造型优美。而迎客松，其姿、其貌、其性格，很能集中体现黄山松的特点——奇。论针叶，迎客松比山下的马尾松短密韧硬；看球果，马尾松种鳞上的鳞脐无刺尖，而

迎客松有明显的刺状"小角";特别是迎客松那顶平如削、枝若虬龙、苍翠奇特的长相,更显得与马尾松不同,同时也堪称是盈千累万黄山奇松中的佼佼者。

"啊,迎客松!"听了小谢的一番介绍,我不禁感慨万千了:"你以自己奇丽卓绝的姿态,与那些峻峰、巧石、云海,天然地融合于一体,组成了雄奇壮美的黄山佳境,又给人以多少美的享受,多少神奇的遐想……"

8.五百里黄山云海美

我们在玉屏楼附近浏览风光。

玉屏楼在玉屏峰下,海拔 1680 米。明代万历年间始建文殊院,但原有殿宇早已片瓦无存,现在的楼房 1955 年新建的。因楼后的山峰是玉屏峰,所以这个宾馆就叫玉屏楼宾馆。这里风光奇秀,如同仙境。三百多年前徐霞客游黄山时,曾称赞这里"真是黄山绝胜处!"民间一向有"不到文殊院,未见黄山面"的赞语。

玉屏楼宾馆

在玉屏楼附近,我们看到石壁上的题词,有"烟云万状""群峭摩天""岱宗逊色""宇宙大观"和"一览众山小"等,寥寥数字,画出了玉屏妙景。

玉屏楼背倚玉屏峰,左为天都峰,右为莲花峰,适居黄山之中。从文殊台上环顾,见南边的天都峰屹立千仞、高与天齐,云涛滚滚萦绕其下;耕云峰上的"松鼠",尾巴翘得高高,正要蹦跳。北边的莲花峰,宛如一朵含苞欲绽的芙蓉,秀出云表。而文殊台下则是万丈深渊。这深渊的左侧为朱砂、老人诸峰,右边为圣泉峰,而迎面诸峰,皆俯伏脚下了。

正当我们欣赏得入神,忽然烟云从谷中升起,远山近壑顿时夷为一片银海,只有几座比较高耸的峰夹露出海面,好似大海中的点点岛屿,我们就站在其中的一座孤岛之上。渐渐地,大海涨潮,云水四漫,眼前一片朦胧。我们耐心地等了一会，谁知马上又云消雾散了。

"啊，'万山拜其下，孤云卧此中'。"我不禁吟起从前文殊院的一副对联来。

人们观赏黄山云海的地点，一般都选在海拔 1600 米左右的风景区，其中尤以烟云汇聚的南海（前海）和北海（后海），西海和东海，还有一个天海，这五海的云景最为壮观。

"文殊台是观赏南海（云海）的最理想之处。"小谢说："黄山云海出现的机会，以每年 11 月到翌年 5 月为最多。"

"你要望北海，"小谢继续说，"请登清凉台，台在北海宾馆以北，距狮子林很近，是黄山九台之首。台突出在三面临空的一座危岩上。台下峰云绝妙，台旁石隙中生长着姿态优美的奇松，台右下侧是一条深入北海、通往松谷庵的山

北海的清凉台是观日出和云海最理想的地方

道。白云时从天际奔涌而来，直伸到清凉台脚下。这时，万象森罗的北海，迅即幻成一片白浪滔天的云海。清凉台不仅是观看云海的最佳处，也是看日出的好地方。

"你欲观东海，请去白鹅岭，岭在北海宾馆以东，白鹅峰下，岭上有'七巧石''五老荡船''石鼓'等名景。在岭上远望耸入青云的天都峰，似高楼，像大厦，真像天上的一座都城。

"你想看西海，可上排云亭，亭在北海宾馆以西约三华里处，这里古松成林，谷幽壑深，巧石精美。亭对面远处有'仙人踩高跷'，近处有'仙人晒靴'，左边高峰上有'仙女绣花'，右边峰上有'武松打虎'等奇观。亭前视野辽阔，一眼望去数十重云山，云烟缥缈，瞬息云天数变，谷底寒风怒号，狂风挟着云雾飞驰，整个西海好像打开了热锅，烟雾翻腾，万千景物时隐时现。

排云亭

"天海，位于南、北、东、西四海中间。你若要欣赏天海奇景，可上平天矼。矼长一千余米，海拔1700米，是前山后山的分水岭。矼的西端为仙桃、石柱、石床诸峰，东端为光明顶。矼南为一片广阔的平坦的松林。云雾时从足底升涌飞来，顿时云天一色。穿过东面

黄山云海

炼丹峰和光明顶的峰麓，路左有天海庵和海心亭，路右有凤凰松。站在海心亭旧址遥观鳌鱼背上，有石如龟，那就是活灵活现的'鳌鱼驮金龟'奇景。"

当人们攀上那莲花峰（海拔1860米），光明顶（海拔1840米）或天都峰（海拔1810米）上时，五百里黄山风貌尽收眼底。置身绝顶，大有"举手摸着天"之感。倘遇雨后新晴，但见那一铺万顷的云海淹没了山间的农田、绿树、石径幽谷、岩壑，遮住了远方的峰峦、水坝、电缆、房屋。有时，从云海隙处，可见休宁的白岳山，石台县的古牛降，青阳的九华山，浙江临安的天目山，九江的匡庐山，远处如白练一条浮着的，正是长江。有时，排空而来的银涛雪浪，汹涌漫卷，拍打着绝壁危崖，撞击着寥廓苍穹！有时在山风的簇拥下，轻纱似的云雾飞来荡去，眨眼间，推出千峰，刹那时，填满万壑，仿佛海潮猛涨，呼啸奔驰，扣人心弦。而烟云忽聚忽散，或如激流一泻千里，或似瀑布，倾注山谷，把峰峦、巧石、青松涂抹得光怪陆离，景象万千。

"云以山为体，山以云为衣。"烟云无愧是打扮黄山的神奇的美容师。每当夜雨新晴，云雾在千峰万壑间飞升，飘拂，旋绕，不断地合并，不断地弥漫，波澜壮阔，渺极天际。那倏隐倏现于海面之上的巧石，青松，犹如破浪前进的点点风帆，遨游戏涛的一只只海鲸。有时千峰浮天，万壑合冥，空灵深远；忽而巧石乍见，危崖半开，清旷幽绝。云连山，山连云，云与山的巧妙糅合，显得动中有静，静中有动，天天不同，时时不一，"瞬息万变、万万变，忽隐忽现，或浓或淡，胜似梦境之迷离"（郭沫若）。正是烟云的烘托和渲染，黄山才显得神采飞扬，成为"震旦国中第一奇山"。

"苍穹云袅娜，飞来万道虹。"五百里黄山云海也不都是乳白色的。由于阳光的渲染以及云雾中小水滴的折光反射作用，刮风、下雨、降雪、落雹，

清晨、傍晚都不一样。清晨的云，有桃红、粉红、深红、银红、浅红、橙黄、淡紫等；傍晚的云，有朱红、玫瑰红、橘黄、金黄、鹅黄等。夜晚，月光倾泻在云雾上，又变成了银色的云。有趣的是，云雾穿过竹林树丛时，它会变成绿色的云。黄山有了云，一切都变得神奇了，变得五彩缤纷了。

据小谢说，那一望无涯的云海，气象学上称它为层积云。云厚一般为几十米到三四百米，云块比较均匀，云顶高度 1200 ～ 1600 米左右。冬季，层积云的凝结高度约为 1000 米，而黄山主要风景区的高度，一般海拔为 1600 米左右，所以游人能常常见到云海。从冬到夏，凝结高度逐渐增高，6、7 月份可增高到 1600 米左右，这时，黄山经常为云雾所笼罩，云顶高度已超过黄山最高峰，很难见到云海。盛夏时节，黄山地区热对流旺盛，很少有成片低云出现，云海极为罕见。到 9、10 月间，北方来的冷空气强度弱，影响次数少，云海出现次数仍不多。时入冬令，北方冷空气频繁侵入黄山，使低层水汽抬升，凝结成云雾，这时云海出现的机会就多了。

当雨雪天气过后，黄山受高气压控制，天晴，风小，大气结构比较稳定，极有利于层积云的大量生成，可看到"海气虚生白，波声澹不流"的雄伟的画面。当云层受气流影响，沿山谷阳坡爬升，并受其内部热力和动力的影响而不断运动，这时云顶高低不平，起伏翻动，犹如大海波涛。这种景象，有时可维持三天左右。有时，当气流受到地形抬升，容易形成地形云，笼罩在山腰。这种地形云也可以扩散成小范围的云海。另外，当夜间地面强烈散热冷却，在低洼处还容易形成以辐射雾为主的云海，高度一般在 600 米以下。这种云海的范围更小，其实只能算是"云湖"吧，而且只在清晨出现，一经阳光照射，很快就烟消云散，"峰峰依旧插晴空"。

（二）黄山天气气候

1. 风，多变的风

山、峰、树、石，都一一蒙上了一层灰色的纱幔，景色迷蒙起来了。一轮似圆未圆的月亮，从峰崖旁冉冉升起，放出冷冷的光辉；天宇上的星星，仿佛怕冷似的，不安地眨着眼睛。夜，玉屏的夏夜，像梦幻一样陷入无边的静谧，使一切生物似乎都朦胧入睡了。

我斜靠在床头，顺手打开《黄山导游图》，回忆着从宾馆温泉到这一带的风光。那些观赏过的风景名胜在脑海里一幕幕地"演"去。而其中印象最清晰的却是那些惊险场面——

小心坡，一面临绝壁，一面临深渊。风在这里呼啦啦地吹。我一踏上石磴，心中就不免有些胆寒起来，两腿也发软了。"甭害怕，有安全栏杆。"小谢给我鼓劲，壮胆。我鼓足勇气，颤巍巍地过去了……

过了天门坎，仰首望去，只见一条又陡又弯的山径挂在千仞绝壁上，摇摇晃晃，若有若无。上看"天上都会"，浩渺无际。下视绝壁，古松倒挂，飞湍暴啸，巨响盖雷。我硬撑着一颗晃荡的心，紧抓那一环套着一环的铁索，强捺着一级叠着一级的石阶，慢慢地向上蠕动。洁白的云片在我身边流动着、变化着。

鲫鱼背，这一道宛如鲫鱼背脊的石梁，长约30米，宽约一米，光滑而狭窄，粒土不存。它的两侧峭壁千仞，一石耸立其间，从那上面过去，那险象是何等惊心动魄！尤其是"鱼嘴"的一段之字形石阶，每级只容半足，几乎是垂直的，呈85°角。也许是它两旁有石栏铁索的缘故，或许是刚才经历了一系列风险的考验，此刻，我疾走在这段"刀口"上……

突然的一阵轰隆轰隆声，把我从回忆中惊醒。我想，可能是刮大风了。我一骨碌跳下床来，走到窗前一看，天上的星星月亮早已不知藏到哪里去了，眼前的南海只是一片漆黑。再侧耳细听，外面，真的在刮风。风，在怒吼，在咆哮，像千百只猛虎在峰岭沟壑中奔腾、窜跳、盘旋。

天都雄姿

鲫鱼背

"啊，好厉害的玉屏风！"小谢也被风闹醒，一骨碌爬起来坐在床上，边揉眼睛边说。

"嗯，吓人！"我附和着。

常言道："山高风大。"这也是山地气候的一大特点。黄山的平均风速，一般随高度升高而增加，如黄山宾馆的温泉所在地，年平均风速每秒1.6米，光明顶平均风速每秒5.8米，而玉屏楼的海拔已达1680米，所以其平均风速至少也在每秒5米。

尤其是黄山地形十分复杂，由于局部地形的影响，各地风速很不相同。半山寺、云谷寺处在峰峦环抱的幽境之中，风速就很小，出现静风的机会在30%以上。而在凸出地面的山顶和开阔地带，风速则很大。光明顶全年8级以上大风日数有130天，与山北的太平（16天）比高达8倍，比山南的休宁（15天）高9倍。这就是因为太平、休宁两地都处在山间盆地中，受地形阻挡的缘故。

"这玉屏楼附近为什么多大风呢？"

"玉屏楼地处莲花、天都两大高峰之间，形成'一道'峡谷，当气流向这里灌注时，由于空气不能在峡谷内大量堆积，气流就加速流过峡谷地带，导致风速增大。这种作用通常叫作地形对气流的狭管效应。这种比附近地区风速大得多的风，气象学上叫作峡谷风。也就是人们常说的穿堂风。"

小谢接着说：

"一天之内，黄山风速的变化，山上是白天小、晚上大，山下是白天大、晚上小。另外，在黄山，山谷风现象也很明显。"

"山谷风？"

"山谷风的规模小，风向变化以一日为周期。"

山谷风是山风和谷风的总称。白天，由于山坡受热，空气增温快，但山谷中同高度上的空气，由于距地面较远，增温较慢，于是山坡上的暖空气不断上升，并从山坡上空流向谷地上空，谷底的空气则沿山坡向山顶补充，这样便在山坡与山谷之间形成一个热力环流。下层风由谷底吹向山坡，形成谷风。夜间，山坡上的空气冷却较快，而谷中同高度上的空气则冷却较慢，因此形成与白天方向相反的热力环流，下层风由山坡吹向山谷，形成山风。

"在黄山，山谷风的风向依山脉走向和所处位置而异。"小谢说："譬如桃花溪一带，山谷走向为西北至东南，因此山风为偏西北风，谷风为偏东南风。从温泉记录中的典型的山谷风日来看，春、秋、冬，谷风分别从上午7、8、9时开始，一直吹到14时，甚至可吹到17时左右；持续时间大约有7～10小时。且风向偏东南。春季和夏季，一般从17时起，阵阵山风吹来，直到第二天上午9时止，持续时间较谷风长，大约14个小时；秋、冬两季则开始时间提前约1小时，结束时间约落后1小时，可持续约16小时。风向均偏西北。"

"这山谷风现象……"我想了一下，问道："我在温泉宾馆时，怎么没有觉察到呢？"

"山谷风的风速较小。谷风的平均风速约为每秒2～4米。当谷风通过山隘、峡谷时，风速加大。山风平均风速则比谷风小一些，也是在通过峡谷山口时，风力才加强起来的。"

在夏季，谷风把水汽带到上方，常会结雾、凝云，甚至降雨。山风把水汽从山上带入谷地，因而在宾馆温泉、云谷寺、松谷庵等地，每当傍晚时分会出现雾气蒙蒙的现象。

黄山冬季11月至翌年3月间多为西北风，西南风次之；春季4月至6月间盛行西南风；夏季7月至8月主要为西南风，以及东风；秋季9月至10月盛吹东风。1月份的西北风和7月份的西南风，频率各为21%，9月份的东风和12月份的西北风频率各为18%，其余各月频率都在11%～15%之间。但是，某一地区风向又依其所处位置而异，如温泉一带多吹东南风，玉屏楼多吹偏南风，北海宾馆所在地多吹偏西风。

风，黄山的风，风大而多变。它也是塑造黄山风光的一位艺术大师。山顶风大，树木多生长得躯干矮小，但根系发达。在峰顶，黄山松矮小得可作为盆景观赏；黄山杜鹃、安徽小檗、红叶甘姜、灯笼树、落霜红、六道木、黄山花椒之类生长得都很矮小。在山中盛行风向突出的地方，树木枝条向盛行风向的前进方向生长，甚至完全放弃迎风侧枝条的生长，成为偏形树。著名的迎客松、送客松就是这种偏形树。黄山松冠平如盖，线条简洁凝练，姿态别致优美，这都与风这位艺术大师的塑造有关。

外面的风依然在咆哮着。

虽然夜已很深了，可是我们一丝睡意也没有。小谢仍在绘形绘声地说风："在平时，这玉屏楼附近，山风起处，近听风声如雷，而从远处闻之，则松涛似海。而北海，当咆哮的山风掠过，那滚滚的松鸣，如同千军万马在奔腾。在狮子林，一阵一阵山风吹来，则又是一番情趣……"

2. 雨，丰沛的雨

早起 5 时许，东方已是彩霞千里了。

我们告别玉屏楼，向狮子林进发。

过望客松，经蒲团松，至莲花沟底，下而复上。这一带多为 60°～80° 的陡坡，甚为险峻。但沿途奇花异木纷呈，秀峰巧石满目，风光妙不可言。

莲花峰就在眼前了。莲花峰在阳光的照耀下，真如一朵初开的新莲，仰天怒放。忽然小谢发现，那"新莲"上烟雾缭绕，惊呼一定要变天。不一会儿，主峰上出现一块乌云，像一滴墨汁落进水一般的天空，迅速扩散，扩散。整个天宇都变成了灰色。而且颜色越来越浓。突然，电光闪闪，雷声隆隆，雨点也劈里啪啦地掉下来了。从莲花岭向右走，路边有一石洞，我们疾步而去，进洞避雨。这时我们脸上也像天气一样阴沉下来。我们只能从洞口一窥那被烟雨吞没的莲花峰……

"黄山的全年降雨日数有 183 天，这比南麓的黟县要多 24 天，比北麓的太平也多 20 天，超过了'天无三日晴'的贵州（170～180 天）。"遇风说风，遇雨谈雨，小谢对黄山的天气气候真是了如指掌。

"据光明顶气象站观测，"小谢又说，"黄山常年降水量为 2395 毫米，比黟县多 708 毫米，比太平多 858 毫米。光明顶最多降水年——1973 年降水量为 3327 毫米，最少降水年 1978 年降水量为 1549 毫米；而山麓的宾馆温泉地区，最多年降水量高达 3920 毫米，不过，温泉在 1958 年，年降水量只有 1503 毫米。"

"黄山的雨量如此丰沛……"我想了一想，说，"这倒像一个'雨库'了。"

"'雨库'！您比喻得恰当。在我们安徽省境内，大别山地的岳西，也是一个多雨中心，但多年平均降水量只有 1421 毫米。

"黄山的暴雨也多，光明顶全年暴雨平均 9 天。25 年来最大的一日降水量有 241 毫米，出现在 1969 年 7 月 5 日。最大的一次连续降水量达 818 毫米，出现在 1969 年 6 月 28 日至 7 月 17 日。最长连续无降水日数 40 天，出现在 1979 年 9 月 26 日至 11 月 4 日。像这种哗啦啦下来的暴雨，一般出现在 4 月下旬到 9 月中旬。

"从季节上看，夏季是黄山最多雨，且多暴雨的季节。6—8 月三个月的雨量，要占全年总降水量的 40%。3—5 月，春雨潇潇，降雨时间维持久，雨量占全年的 32%。秋季 9—11 月多天高、云淡、气爽的天气，雨量只占全年的 17%，但这比邻近平原上的雨量还多。冬季 12 月至翌年 2 月里，山上是一片玻璃境界，到处是玉树银花，降水量只占全年总降水量的 11%，这在全国来说，也是冬雨较多的地区之一。"

"小谢，这黄山多雨的原因，是否请谈一谈。"我说。

"好。"小谢说："黄山多雨，一个重要的原因，就是受其本身地形的影响。山势高耸，'山椒云气易为雨'，就是说，山高地寒，受高空气流影响，水汽极易凝云致雨。

"同时，黄山地形复杂，峰谷交错，上下差异大，坡向又不同，各地接受到的太阳辐射量也不相同；加上山脉走向自西北向东南，面临太平洋，当暖湿气流涌来时，由于地形对气流的抬升和阻挡作用，气流发生上下不规则流动，顺山坡爬升的气流，达到一定高度后，空气中的水汽达到饱和或过饱和时即凝云致雨了。

"另外，黄山的雨量也随高度升高而增加。据统计，在黄山南坡，海拔每升高 100 米，降水量增加约 75 毫米（指半山寺以下），北坡每升高 100 米，降水量增加约 83 毫米（指北海以下）。不过，到达一定高度后，由于水汽含量随高度减少很快，降水量又随高度增加而减少了。"

听小谢说到这里，我无意地看了看手表，发现时间已过去半个多小时了，再看看洞外，雨也渐渐地小了。于是我们披上雨衣，又踏上了石阶。一步一蹭，迈前脚，拖后脚，一级又一级，好容易爬到了莲花峰顶。但四周烟云迷漫，隐隐约约，什么也看不清楚。

也不知在峰顶过了多久，才见南方上空云雾变淡，很快露出一片蓝天，阳光照射下来，出现一个光柱。这光柱又像孙悟空的金箍棒一样，迅速扩大开来，很快地云消雾散、玉宇澄清了。

这一阵雨的强度大而急，又伴有雷电现象，所以叫它雷雨。在黄山，一般7月中旬出梅以后，随着太平洋副热带高压脊的不稳定，时进时退，加上地势崎岖，高山低谷悬殊，地面受热不均匀，气流旺盛，所以易形成雷阵雨。这种雨常在午后发生。尤以7、8两月为最多，所以当地群众有"六到九，天天有"的说法。不过，这种雨来去迅速，而且也是局部的。往往山前大雨，山后天气晴朗，有时还会出现晴空响雷、落雨的景象。

雨后长空一碧，脚下群峰如洗。极目尽望，一一奔来眼底。

从莲花峰顶东望天都，险象不见，而成为金字塔式的峰林。北望平天矼如一高原。南望群峰如朵朵莲花，簇护主峰。和莲花峰隔沟对立的奇峰，状如莲花含苞欲放的形态，即为莲蕊峰。峰顶有石如船即采莲船。有一小石如金鸡，故又有"金鸡采玉莲"之景。峰南脚下为一和缓山顶面，再南即连入圣泉峰了。

我们又观赏了莲花峰顶景色。发现峰顶有一石槽，即"石船"一景。石船很小，也称香沙井或月池。峰顶还有一些石刻，如"突兀撑青穹""群峭摩天""天海奇瀛"等，都系古人赞誉之词。明代画家石涛也曾赞美它："壁立不知顶，崔嵬势接天。"小谢还说志书上记载，曾有佛门弟子在这里建筑过庵棚，但因山高风大，生活条件太艰难，所以后来不得不撤走了。

从莲花峰顶下"百步云梯"。梯有二百多级，因常有云封故名云梯。当云遮梯级之时，我们步下深谷，到达高为1700米的鳌鱼洞。稍坐。回望云梯，如悬半天石壁上，下面空空无所凭藉，真是险径！但石磴平整易走，可安然下去，欣赏山色。前山美景到此已是强弩之末。出洞之后，上平天矼，转行于比较平坦的山路。这一带便是天海了。

离天海不远，即到光明顶。

光明顶是与莲花峰、天都峰鼎足而立的大峰，它略低于莲花峰而高于天都峰，地势比较宽敞，面积约6万平方米。相传有位名叫智定的和尚在此修行15年。有一天，山顶大放光明——太阳周围内紫外红的光环出现于天门，便将这个山顶称为光明顶，1955年在这里建有黄山气象站。我们顺便参观了站内的设施，又了解到不少有关高山气象和气候方面的知识。

光明顶观日出日落也是个好地方。据说在这里观日和别处不同，日落并不是一下子下去，而是入而复出，跳跃几次才下去的。天海云雾多，日出时光的折射也和别处不同，所以日出时的太阳看上去要比日间的大 10 倍呢。光轮破云雾直上，似有响声伴随。

从光明顶而下，由右侧（东侧）山坡前进，常见山坡间有缺口，我们好像沿着墙壁走到门口一般，称为"海门"。山间气流冷却成云，就在海门涌入。明代诗人有"看云共策光明顶，布壄弥原乱涌涛。四望真成银色海，青青独露几峰高"之诗句，并有"黄山之海天上起"的评语。出海门不久，北海宾馆就在眼前了。

3. 冬冷，春来晚

从前山攀登黄山的最后宿营地是北海宾馆。

北海宾馆位于贡羊山北麓，地处始信峰、光明顶、狮子岭和白鹅岭之间，海拔高度在 1600 米以上。

我刚到北海宾馆，导游谢音同志就指指点点地说："这一带的名峰巧石很多，花草树木繁茂。黄山的险、奇、幻、丽，在这一带表现得最为充分。"

当我们安定好房间，走出宾馆已临近傍晚时分了。

这是一个美好的傍晚。微风轻轻拂弄着宾馆门前的松木花草，在天空追逐着轻盈的羽毛状的云朵，红艳艳的落日烧红了遥远的峰峦。我们周围，一片神秘的寂静，只听到雀鸟喳喳，虫鸣唧唧。我们在宾馆周围慢悠悠地散步。

"暑天穿棉衣，"我一边理理裹在身上的大衣，一边笑呵呵地说，"这也算是一种乐趣吧？"

"我们是置身在清凉世界啊，北海每年都是这个 7 月份最热，不过，这最热月份平均气温只有 19.1℃，晚上睡觉也跟在玉屏楼一样，还要盖上厚棉被哪！"小谢说。

我想，夏天，在气候学上，通常是指一年当中每候（5 天）平均气温在 22℃以上的一段时期。候温在 10 ～ 22℃之间为秋季和春季；低于 10℃的为冬季。如按这个标准，黄山的 7—8 月为夏季，9—10 月为秋季，11—3 月为冬季，4—6 月为春季。

"在黄山，不光是夏季，就是秋季、冬季和春季的概念，也都和平原上不一样。"小谢好像猜透了我的心，直截了当地把问题点出来了。

"这也是由于'高处不胜寒'的缘故，对吗？"我问。

"对。"小谢说，"这里的气温是随着地势的升高而递减的。在南坡，7月份气温递减率，大概是地势每升高100米，气温要下降0.6℃左右；这比北坡的气温直减率要大。"

"坡向的变化，"我想了想，问小谢，"对气温也有影响？"

"是的。"小谢说，"山体对北方冷空气南下有一定阻挡作用，同时，南坡接受太阳辐射量大，所以南坡气温高于北坡。这里位于黄山北坡，玉屏楼位于南坡，玉屏楼比北海海拔高70米，全年平均气温相等，都是8.6℃。不过，在冬季1月，太阳高度角较低，北坡受冷空气影响比南坡大，接受太阳辐射又比南坡小，所以北海气温比玉屏楼低0.5℃；而在夏季，太阳高度角很高，南、北坡接受的太阳辐射相差不大，高度差对气温的影响显得重要，所以7月份北海的气温要高于玉屏楼0.6℃。"

"那么，从气温来说，什么时候是游览黄山的最佳期呢？"我又问道。

"据有关资料上说，"小谢说，"当相对湿度在30%～70%，尤其是气温在18～28℃的时候，可以算作为人体对外界适宜感的界限。人体适宜感的上限气温为28℃，超过这个界限人就感到炎热不适了。照这个标准来衡量，玉屏楼以上的7、8月份，平均最高气温是23℃以下，极端最高气温也不到30℃，适宜于夏季游览或避暑，只是7、8月份的月平均相对湿度在89%～94%，过于大了些。在宾馆温泉区，7月份平均最高气温比黟县太平低4℃多，相对湿度比山上小些，大约是79%～83%，加上树木繁茂，是理想的避暑胜地。云谷寺地处山谷，7、8月份平均气温较温泉更低2℃，环境幽静，景色迷人；松谷庵海拔700米是山北游览点；钓桥庵海拔609米，背靠西海山谷，7月份平均气温都只有25℃左右，都是避暑和游览的佳境。总的来说，从5月开始到10月结束，在这期间的月平均气温都高于10℃，不致因气温低或有冰冻而影响登山，可以说都是适合游览的季节。山上春、秋季的景色与夏季同样很值得欣赏。"

小谢的一席话，把我的思路又引到黄山的四季分配上去了，于是问道："黄山的春、夏、秋、冬这四个季节是怎么分的呢？"

"据我从气象部门了解，"小谢不厌其烦地说，"半山寺的夏季，大约只有 8 天，半山寺以上，全年没有夏季，只有冷季（冬）和暖季（春、秋）之分，光明顶、玉屏楼和北海都是冷季长达 7 个多月，而暖季呢？还不到 5 个月。半山寺以下四季分明，但冬季也是长于夏季。"

"啊，山高十丈，季节不同！"我自言自语。

在南方来的暖湿空气的吹拂下，黄山各处 7 月份平均气温可升到 20.7℃，这在其本身来说是最热的季节，但与山南山北平原上相比（黟县 27.1℃，太平 27.6℃），却是相形见绌了。8 月份，太阳辐射逐渐减弱，但黄山的减弱又略落后一点，月平均气温 20.3℃，与 7 月份相比，只差 0.4℃ 而已。只是历史上极端最高气温达到了 27.1 ～ 29.1℃，以玉屏楼 29.1℃ 为最高。

夏去秋来。黄山的秋天，来得早。在 9 月份，北方冷空气逐渐增强，月平均气温就降到 12.9℃，这比 8 月份降低了 7.4℃。10 月份气温继续下降，月平均气温只有 11.7℃，已经接近冬天去了。

轻纱般的晚雾渐渐地升腾，夜幕降临了。也不知从什么时候起，一阵阵风，不断从山林里吹拂过来，带着一股股幽远的馨香、一丝丝滋润的水汽，在摩挲着我们。我们越说越投趣，一天旅途的疲劳消失了。什么黄山的冬景、冬天冷到什么程度、何时春到黄山……一股脑儿全端出来了。

"黄山冬冷、时间长。"年轻、热情而又机灵的小谢，简明扼要地说道，"黄山的入冬期，在半山寺以上，玉屏楼、光明顶和北海，每年 9 月底或 10 月初入冬，半山寺和云谷寺在 10 月中下旬入冬，而山麓温泉则推迟到 11 月上旬才入冬。从山南的黟县到光明顶，大约每升高 100 米，入冬期提早 3 天左右。整个黄山的冷季时间，半山寺以上长达 219 ～ 227 天，而暖季只有 73 ～ 89 天。半山寺以下冷季长达 155 ～ 195 天，除温泉以外，都比暖季要长 5 天。最冷的 1 月份，光明顶平均气温为 -3℃，全年最低气温等于或小于 -10℃ 的日数有 21 天，极端最低气温曾达 -22℃！"

说到这里，小谢稍停了片刻，说："1 月份，在黄山南北邻近的平原上，平均气温都比山顶为高，如黟县为 3.6℃，太平为 2.9℃，这两地的极端最低气温也比山顶高，黟县仅 -12.2℃，太平为 -13.5℃。黄山，是安徽省内气温最低的地方。"

"冬天那么冷，游客恐怕不多吧？"我插问了一句。

"冬天游客比其他季节少，这是可以理解的。不过，近年来，冬游黄山的人比往年增加了许多。随着黄山游览设施的日益改善，冬日之黄山，一定会迎来更多的客人的。"小谢说到这里，似乎嗓门也提高了许多。他继续说道："尤其是冬日雪景，漫山遍野，群峰披玉，万物镏金，瑰丽无比，非常值得一游。"

这时小谢还拉着我的手，朝一个小山岩爬去，挑个"制高点"坐下来，接着又绘声绘色地说下去了。

黄山冬季，多雪。光明顶降雪日数，全年有 30 天左右，降雪期自 11 月上旬到第二年 4 月中旬，积雪日数平均全年有 46 天，平均初雪日期 11 月 29 日，终雪日期在第二年 3 月 28 日。

当北方冷空气南下侵入黄山时，那真是朔风号长空，大雪铺山峦。风停雪止之后，万树倚玉，巧石如银，山峰闪光；等到天晴，有的地方一片葱茏翠绿；而有的地方却是白雪皑皑，晶莹耀眼。

当气温达到零下时，雾（云）滴碰撞在树木石块等物体上，立刻冻结成白色固体冰晶，气象学上叫它雾凇。雾凇在迎风面的冻结厚度大于背风面。有时还会下一种滴雨（温度在 0℃ 以下的过冷却雨滴）成冰的奇雨，叫作冻雨；冻雨在地面或物体上冻结成坚硬的冰层，呈白色透明或半透明的冻结物，就称之为雨凇。雨凇和雾凇出现时，放眼望黄山，一片白茫茫。那奇松翠竹的枝杈上，那险峰峻崖的石缝中，垂挂着一条一条像钟乳石一样的冰柱；峰脊、石背和"天梯"上都看不到积雪，只见那一簇簇冰晶透明，似玉琢银雕的晶簇；遍山的花草树木，犹如银枝玉叶、晶莹剔透的珊瑚一般，奇丽动人。

这种美妙的冬景从 10 月到翌年 5 月，游客都可看得。历年平均雾凇可出现 62 天，雨凇可出现 36 天。由于山上气温低，风大，云雾多，所以出现由雾凇、雨凇而变幻成的美妙景色的机会就更多了。

"那是一派江南北国的奇景啊！"听了小谢的一些娓娓动听的介绍，我从内心发出由衷的赞叹。谁知，小谢的思路却转向黄山的春天去了。他说："高峻的黄山，冬冷，历时长，春天呢？又姗姗来晚。从黟县到光明顶，大约每升高 100 米，入春期要推迟三天。黟县在 3 月底就进入春天了，而半山寺以上，则在 5 月上、中旬入春。"小谢还强调："按照平原气候概念，3 月是初春，但山地气候往往要延迟一个月呐。山地春季比平原落后的情况，我记得北宋沈括在《梦溪笔谈》中说过，'缘土气有早晚，天时有愆状，如平地三月花香，深山中则四月花。'可见这种自然现象早就被人们观察到了。'人间四月芳菲尽，山寺桃花始盛开。'小谢轻声诵读后说，"诗人白居易所描写的也正是山区与平原在季节上的差别情况。"

小谢继续滔滔不绝地往下说去："4月份，黄山的平均气温为10℃，与3月份比较增加5.6℃。日平均气温稳定通过10℃，在4月中旬已开始。这时，山麓已经芳草萋萋，野花艳人，山腰却涧草犹短，杜鹃始华。大概还要推迟一个星期光景，那桃花峰迤逦十里的桃林，才枝枝献丽，一片粉红。那时，才像诗人王寅春游此峰时所吟诵的'和风吹初服，正值桃花时。花开十万树，峰似绛霞披'！而在那时，黄山的奇峰绝顶处，青草才抽芽，奇卉刚含蕊。

"随着时间的推移，太阳辐射逐渐增加，气温跟着增高。5月份，黄山的平均气温已升到14.2℃，但与山南山北两平原的黟县（20.7℃）、太平（20.4℃）相比，又落后6℃多。6月，太平洋副热带高压势力增强并逐渐向北推移，黄山在'副高'西北部暖湿气流控制下，天气湿热，平均气温升到18.8℃，雨水也增多了。"

就在小谢讲得津津有味时，一阵阵山风伴随着草木的沙沙声不断袭来，我顿时感到清凉如水。于是紧了一紧裹在身上的棉大衣。这时，我发现，"制高点"周围已经人影幢幢，"座"无虚席了。大家轻轻耳语，不知是在议论我们漫谈黄山气候，还是生怕打破这山间的神秘的寂静？

4. 日出以后

走廊上的叽叽喳喳声、走动声，把我从睡梦中吵醒……

我急匆匆地裹件棉大衣，朝北海宾馆的大门外走去。小谢也不约而同地赶上来了。门外黑洞洞、朦朦胧胧的，什么也看不清。啊，大地还沉睡在梦中呢。不管三七二十一，我们顺着人流向前涌去。

不一会儿便来到清凉台了。台上，不少游人已在凭栏等待，等待那"云海日出"的奇景。

"看，东方发白了。"

"太阳就从那里出来吧！"

"哪里？哪里？"

"那里，北海东岸。"

一阵兴奋的喊声，惊喜的询问声，肯定的回答声，像山风掠过森林。

人们一齐注目北海东岸。我一凝神，啊，真的，那湛监的天空像是被谁抹了几笔浅白色的油彩，又慢慢地由白转红，接着，又逐渐变成金黄色；天幕上有万道红光喷射出来，越来越明亮，越来越艳丽。突然，从海天交接处绽露出一个红色光点。瞬间，光点变成弧形光盘，在上升中又从弧形到半圆，从半圆到大半圆，刹那间，一轮全圆形的火球冲破波涛汹涌的北海东岸，喷薄而出。

红日冉冉上升，光照云海，彩霞掩映。后来，这云海竟像是沸腾了。随着时间的推移，太阳的升高，整个海面也明显地跟着上升了；真的像大海一样无垠，像彩锦一样美啊。而这时露出海面的松石峰壑也闪烁着晶莹的五彩光芒，使人坠入梦境。仿佛置身于古代神话传说中的蓬莱仙境，产生了一种尘寰远隔，不知人间何处的幻觉。

怒涛不停地跃腾，海面在不断地膨胀。这时，一股强劲的山风吹来，云烟滚滚，峰峦巧石，在彩色的云海中时隐时现，瞬息万变，使人眼花缭乱，犹如置身一个巨大的万花筒前。不过，一瞬之间，这一切又渐渐地消失了。最后，整个黄山，连同大自然杰作的欣赏者在内，都被呼啸而来的狂浪淹没了，吞噬了！

清凉台上，观日出的游客们情不自禁地牵着手，搭着肩，互相挨伴着，转过脸来，报以慰藉、平和、友善、亲切的微笑。

约莫一两个小时以后，阳光又重新普照千峰万壑，近山远峰，万千景物又一一呈现在游人的眼前。只是近处的峰腰，幽谷、深壑间，还有缕缕薄云沉浮，就像少女身上飘拂着的柔曼的轻纱，那大概是留给黄山的点缀吧！

我们沐浴着和煦的阳光，朝向清凉台旁的扇子松走去时，但见面前呈现出一片神秘的幽谷。这幽谷一带群峰叠翠，峭崖深壑，古木森森，溪流淙淙，别有一种幽邃恬静的情致。而当我们继续上升到狮子峰上的清凉顶纵目四望时，面前又是"巧石石巅仍累石，奇峰峰侧又抽峰"了。

从清凉峰下来，我们踏着山径小路，前往始信峰。

"这始信峰是黄山后山精华集中之地。"小谢说，"您看，这四周的奇峰怪石，云海飞松，巅崎磊落，茂木仙葩，林荫花径，清溪流泉，也是人间仙境啊。"

"嗯。前山景色秀丽雄伟,世罕其匹,加上云雾缥缈,我们游踪所至,如登仙境,可视为第一仙境。"当我说到这里时,望了望小谢,问道:"这始信峰,可列为黄山第二仙境,对吗?"

"对。"小谢点点头说:"始信峰并不高,所以古人并不去记述它。直到清初,游人还把它看成一片丘岗地形。其实,如果在十八盘山道,就是在下松谷庵的石磴上去看它,就会见峭壁直上 200 米,是一座奇秀的峰体的。我们现在是从南坡上去,它也像是一个小丘,只有到了仙人桥处,就相信它确实是一座山峰了。"

"瞧,那是仙人桥吧?"我问。

"仙人桥到了。"小谢答道。

一眼望去,仙人桥的两侧都是峭壁,有如两掌相对,在危崖间架一石桥,奇险诚叹观止。

只有到了仙人桥,望去才知道始信峰确是一峰,它雄踞险壑,壁立千仞。古代游人就有"岂有此理,说也不信,真正妙极,到此方知"(明黄汝亨语)的称誉。有"始信人间有此峰"的评价,故名始信峰。

我们安然通过石桥而达峰顶。峰顶小巧玲珑,奇松巧石,碧翠斑斓。历代许多文人雅士在这里饱赏山景,绘画吟诗,弹琴饮酒,所以始信峰又称琴台,台前有棵古松叫聚音松。明末新安太守江丽田隐居黄山二十年,曾在此独坐抚琴,抒发自己的情怀。峰上还有寒江子独坐的碑记呢。

伫立始信峰顶,浏览那著名的石笋矼,只见石柱林立,有如竹园中春笋一般。石笋平空拔起,璘如冰柱,千姿百态,争奇斗艳。啊,真是人间仙境!

"这石笋矼太美了。"小谢深有感触地对我说:"明代游人说它:'黄山奇绝,无逾此者。''百万千矛,森立错刺,如常山蛇势,大奇大奇。''峰石之怪,罄天地所有物象,靡不毕具,伫望久之,目眩神摇,不信人间有此异境。'甚至说'上界西方,应无过此',把这里说成天上也不如它了。"

石笋矼本来是一个峰体,其后由于风雨剥蚀,岩体才沿着高山花岗岩的垂直节理崩离开来,成为石柱群了。

从北海日出以来,我们不知登了多少石阶,走过了多少山径小道,但是还没有把北海滨馆附近所有的风景名胜游遍。在太阳离西方山峰还有丈把高的时候,我们急步来到了西海排云亭。

"不到西海排云亭，不知黄山幻境。"亭前有铁索石栏，亭上游人在等待着日落和晚霞奇景出现。

啊，一幅瑰丽的画卷真的出现了。在西边天际，那一轮圆日宁静地躺在一条一条狭长的白云底下了。白云，在无限地伸张着。圆日，依然发出明净、清澈的光辉，安详地照着远峰近峦。但是，就在这一瞬间，这白云变成金黄的了。近落日处，那金黄像被火烧一样，远处是深色的，再远处是淡色的。这深淡相间的金黄色，只有用绚烂、灿然这样一类字眼去形容它。

这时，头顶上空有几朵乌云的边缘，也渐渐地被黄金镶起来了，渐渐地，它们中间又被黄金染透了。

也正在这时，山风越刮越起劲，一下子风流云散，乌云像扯絮似的散在澄蓝澄蓝的天空里。风流云散处，有几颗明星闪烁着光辉。排云亭四周的峰石松木，都分润着落日的光辉，在松林的深处闪烁出金色的火花。

慢慢地、慢慢地，落日变红了，变红了，红成了一个大火球，喷出如火的霞光，钻进那鱼鳞甲般的云层，向西坠落。但在一刹那间又从鱼鳞甲般的云层中挣脱出来。金黄色的晚霞染成了深红。红霞碎开，金光一道道地射出，横的是霞，直的是光，在天的西北角交织成一盘色彩华丽的蛛网，山峦，还有峰石、陡崖、石径、树木，都变成了发光的翡翠。这一切，不知持续了多久，红红的火球才慢慢地落了下去。

这红红的火球一落，那晚霞就马上变成嫣红色了。那山和天的涯际涂满了嫣红；那影影绰绰的奇松巧石罩满了嫣红；那刚才扯成了絮块的乌云也变成了嫣红色的。这时候，所有的沟、壑、松、石，都像被笼在嫣红的轻纱里了。只有那高天空隙处，才不为嫣红所动，变得更纯，更深，更青；只有那遥远的天际，重重的云山，仍依稀可辨……

5. 立体气候及动植物

入山后的第五天，我们离开北海宾馆，循着下山的路，逶迤而行。"这一路风景，不及前山那样雄奇迷人，然而溪涧萦回，林木葱茏，花香鸟语，"刚起程不久，小谢就打开了话匣子，"也是移步换景哟。"

由散花精舍东行，我们先后观赏了造型美妙的黑虎松、卧龙松。它们和其他大多黄山松一样，昂然翘首在海拔约 800 米以上的危峰石巅上。在这样的高度上，其他的针阔叶乔木稀少；而在 1600～1800 米之间，除高洁的天女花和黄山杜鹃外，乔木中就只有黄山松了。

从海拔 800 米往下，一般只生长马尾松。

从黄山山麓到山顶，垂直变化的植物带十分明显：山下和山腰为亚热带和温带植物，山顶上为寒带植物。

这是由于黄山气候呈垂直变化而造成的。

在黄山，气温随高度升高而降低，降水也在一定高度内随高度升高而增加，因此从山麓到山顶，气候具有明显垂直分布的特点。这种特点一般称之为"立体气候"。所谓"一山四季""山高一丈，大不一样"，就是这种气候的真实写照。

在自由大气中，海拔每上升 100 米，平均气温下降 0.6～0.7℃。而在黄山，由于受地形、坡向和植被等因素的影响，气温垂直递减率比自由大气中要小：海拔 200 米的山麓平原区，年平均气温为 15.5℃，而上升到海拔 1840 米的光明顶，气温就下降到 7.9℃了。由于南坡接受太阳辐射较多，增温较快，北坡接受辐射较少，空气潮湿，气温偏低，所以南坡比北坡的气温递减率要大。特别是冬季南坡的递减率比北坡大，每升高 100 米气温下降 0.05～0.06℃。

从降水量来看，海拔 300 米的山岔一带，年降水量为 1718 毫米，宾馆温泉区增加到 2289 毫米，玉屏楼增至 2032 毫米，至光明顶更增到 2455 毫米。

小谢一口气叙述了黄山的垂直气候的情况后，接着又谈起植物垂直分布的情况了。他说："在光明顶坡地平台一带，有大片山地草甸，这里散生着黄山松。那棵凤凰松就像一只待飞的凤凰，卓立在那片草丛之上。"

"嗯……是的。

"那里的海拔为 1650～1800 米，草木种类很多，像龙须草、龙胆、双蝴蝶以及糯米条、白檀、灯笼花等散生的灌丛。这些草木交织在一起，也挺美的。从海拔 1650 米往下，在黄山南坡，大致在海拔 1650～1400 米一带，地形开阔，风大，光照强，那里就有乔木生长了。"

"是哪些树种？"

"主要是黄山栎，也伴生着一些黄山松。还有安徽杜鹃、安徽小檗、黄山花椒、黄山蔷薇和天目琼花等。"

"好像黄山栎长得比较高大吧？"

"对。不过一般树高也只有 10 米。"

我们边走边谈。跨涧缘岭，迂回前行，经白鹅岭时，进入山外峭壁区，便寻石径直下了。石阶四百多级，人称"四百踏"。由四百踏而下，隔溪右看"麒麟送子""象鼻石""老僧采药""苏武牧羊"等巧石形象，个个栩栩如生，惟妙惟肖。

在黄山南坡的海拔 1100～1400 米地带，北坡的 1100～1500 米地带，都分布着落叶阔叶林。金秋季节可在这一带见到枫林似火的景色。这一带的主要树种，诸如黄山木兰、香果树、千金榆、香槐、米心水青冈、多花泡花树以及金缕梅、黄山蔷薇、灯笼花等，在皮蓬周围都有生长。

"听！"小谢说，"那叫声动听的鸟儿，是音乐鸟。"

"也叫八音鸟吧？"我好奇地问。

"对。据《黄山志》记载，这种鸟有三类，其一较鸲鹆稍大，每集必数十，毛色浅赤而黄，腋下如碎锦历碌；其一近似百舌，亦数十为群，其声屡迁如弹弦，或又如转毂之辚辚，洞箫之袅袅；其一质小而轻，多至数百，散依丛薄间，声如铃铎，足耐清听。"

"啊，音调尖柔多变，音色清脆悦耳，旋律婉转优美。"我停了一下脚步，静静地倾听八音鸟的鸣叫，并自言自语道。

小谢也回转来，靠近我，轻轻地说道："这鸟声细长，一声能发八节，所以叫它八音鸟。林中许多小鸟都拜它为师，唱和山林之中。"

"这种鸟真罕见。"我说。

"可以这么说。"小谢说，"不过，在黄山，已列为国家重点保护的珍鸟异兽中，八音鸟还未包括在内呢。"

"是哪些？"

"梅花鹿属于一类保护动物，黑麂、白颈长尾雉（山鸡）、猕猴（黄猴）、短尾猴（青猴）属于二类，苏门羚、大灵猫、云豹、穿山甲、獐、白鹇（白山鸡）、毛冠鹿（青鹿）、金钱豹和黑熊属三类保护的珍贵鸟兽。"

"黄山的珍贵鸟兽真不少。"

"据初步调查，活跃在黄山密林中的鸟类一共有 170 种以上，兽类 48 种，爬行类动物 38 种，鱼类 24 种，两栖类动物 20 种。这些鸟兽在皮蓬这一带都时有发现。"

说着说者，云谷寺就在眼前了。

这是位于钵盂峰和罗汉峰之间的一条峡谷。这里的海拔只有890米，谷底较开阔。我们站在谷地中央，一面远观云回雾绕的巍巍群峰，近赏迸珠溅玉的碧溪清泉，一面打开《黄山导游图》，仔细浏览着这一带的风光。

这一带山峦重叠，溪谷自北向南蜿蜒而去，云雾吞吐其间，所以明代给这个地方取名为"云谷"。这里的当时寺庙（掷钵禅院）便更名为云谷寺。

南面入口的路旁和溪涧，石刻满目，依次有"妙从此始""通幽""醉吟""千古""渐入佳境"等。寺址正对九龙峰，左有罗汉峰，右有钵盂峰，后依白沙矼，左右有溪泉来汇，形成三面环山，寺前蓄水的美景。

寺前放生池侧有铁杉一株，枝叶丰茂，具有松树之劲气，皮亦似松，但叶短而硬，树枝不对长。寺后山沟边又有一株"黄杉"，叶长，背面白色，枝对生，但树皮似杉。这两棵古松，寿逾千年，仍然生机勃勃。这说明黄山气候很适宜针叶树的生长。

云谷寺周围，万木争荣，既有落叶阔叶林，又有常绿阔叶林。小谢说，这种常绿、落叶阔叶混交林在黄山南坡，普遍分布在海拔900～1100米外，北坡则分布在850～1200米处。落叶树种有水青冈、枫香、糙叶树、银鹊树、青钱柳、山合欢、紫弹树等乔木，有山胡椒、伞八仙、山橿等灌木。常绿树种有细叶青栩、交让木、树参，林下有胡颓子、连蕊茶等灌木。一般到了海拔1000米处，常绿树就逐渐稀少，甚至消失。

在黄山南坡，海拔600～900米处，北坡为450～850米处出现了常绿阔叶林带，主要有高大的青冈栎、甜槠、小叶青冈等，其中伴生着紫楠、红楠、细叶香桂、木莲。林下常见羊踯躅、米饭花、老鼠矢、杜鹃、山苍子等灌木。

至于海拔600米以下的地带，由于人们经济活动频繁，大多培植杉木、马尾松、毛竹，辟为油茶林、茶园及农田了。

"在黄山，"小谢介绍了黄山植物垂直分布情况后，稍微停了片刻，又说，"还有许多新奇的植物，如在林下，经常可以碰到七叶一枝花；在溪边，有一种小果青钱柳的果实，很像一串小铜钱；那树枝上挂着无数绿色'小马褂'的，叫作马褂木，它们的叶子像马褂，又像鹅掌，所以也叫鹅掌楸。还有银杏、香果树、银鹊树、黄山木兰、黄山梅、黄山杜鹃、三尖杉等稀有珍贵植物。"

"真是一座天然的植物园啊！"我赞叹道。

在黄山的那些裸露的石壁上，还生长着许多苔藓植物，如暖地大叶藓、绢藓、蔓藓、垂藓、缩叶藓、广萼苔、壳状地衣和石耳等。它们和那些古木灵药、名花异果一样，三冬不凋，四季皆有，生意盎然。

在全黄山的36源中，就有14源是以生物为名的，如香谷、采药（青鸾）、桃花、香林（狮子）、莲花、白鹿（石人）、紫芝（轩辕）、龙须（望仙）、百药（布水）、红术（白霞）、杏花（云外）、黄连（松林）、柏木（紫云峰）、百花（飞龙）等源都是；其中也有些是以药为名的。目前黄山仍盛产野生药材如黄连、白术、细辛、党参、生地、石斛、黄柏、龙须参、缬草等。

据植物工作者考察，黄山中的已知高等植物有1600种，其中种子植物就有212种、753属、130种以上，蕨类植物也有一百余种，还有特有的珍贵树种七十余种。正是这些植物自下而上地生长在不同海拔的悬崖上、峡谷中、沃土带，从而把黄山打扮得更加绚丽神奇，恰似一幅天然的立体图画。

黄山风景

6. 附表

表1　黄山各地月平均气温

占地（高度）	年代	气温值（℃）	1	2	3	4	5	6	7	8	9	10	11	12	年平均
光明顶（1840米）	1979—1980		-1.8	-1.5	3.0	7.3	11.1	15.4	18.0	16.7	13.0	9.6	4.3	-0.2	7.9
	20年平均		-3.0	-1.7	2.5	7.9	11.9	14.8	17.6	17.4	13.7	9.0	3.7	-0.7	7.8
玉屏楼（1980米）	1979—1980		-0.7	-0.6	3.5	8.0	11.8	16.2	18.8	17.3	13.8	10.7	5.2	1.2	8.8
	订正值		-1.8	-0.8	3.1	8.6	12.6	15.6	18.5	18.1	14.6	10.1	4.5	0.6	8.6
半山寺（1340米）	1979—1980		0.7	0.9	4.6	10.0	13.8	18.7	21.3	19.3	15.7	12.5	6.9	2.9	10.6
	订正值		-0.4	0.1	4.7	10.3	14.7	18.2	20.9	20.5	16.6	12.2	6.6	1.7	10.5
云谷寺（1340米）	1979—1980		0.9	1.8	5.4	11.7	15.6	20.6	23.2	21.4	17.5	14.2	7.9	3.6	12.0
	订正值		-0.1	0.9	5.7	11.9	16.4	20.0	22.9	22.8	18.4	13.7	7.8	2.4	11.9
温泉（650米）	1979—1980		2.6	3.5	6.6	13.3	17.7	22.7	25.2	23.1	19.2	16.5	10.4	5.7	13.9
	订正值		1.7	2.7	7.1	13.5	18.4	22.1	24.9	24.6	20.1	15.7	10.1	4.3	13.8
黟县（229米）	1979—1980		4.6	6.1	9.6	15.5	19.9	24.5	27.4	25.6	21.8	17.1	10.9	6.7	15.8
	20年平均		3.6	5.3	10.0	15.8	20.7	23.9	27.1	27.0	22.7	17.0	10.9	5.6	15.8
北海（1610米）	1979—1980		-1.2	-0.9	3.5	8.4	12.1	16.8	19.4	17.6	13.8	10.0	4.8	0.6	8.7
	订正值		-2.3	-1.1	3.0	9.0	12.9	16.2	19.1	18.4	14.5	9.6	4.2	0.1	8.6
太平（193米）	1979—1980		3.8	5.3	8.8	15.3	19.9	24.8	27.5	25.4	21.0	16.5	10.1	5.6	15.1
	20年平均		2.9	4.5	9.5	15.7	20.4	24.1	27.6	26.9	22.1	16.1	10.5	5.0	15.5

表2　1956—1970年黄山历年各月平均雾日数（日）

月	1	2	3	4	5	6	7	8	9	10	11	12	全年
日数	16.3	16.8	23.3	22.3	24.0	23.4	26.1	25.4	24.0	18.8	18.9	16.5	25.9

表3　1979—1980年黄山各月平均降水量和降水日数

地点	项目	1	2	3	4	5	6	7	8	9	10	11	12	全年
光明顶	降水量（毫米）	81.2	75.9	245.8	196.1	201.5	480.9	351.9	541.3	156.3	36.6	48.1	31.5	2453.5
	降水日数（天）	15.0	15.0	23.0	17.0	15.0	19.0	16.0	21.0	11.0	5.0	7.0	6.0	173.0
北海	降水量（毫米）	93.1	88.1	291.3	239.5	238.0	558.2	381.0	627.7	167.7	41.1	70.3	39.5	2841.3
	降水日数（天）	15.0	16.0	21.0	17.0	15.0	18.0	16.0	25.0	15.0	5.0	7.0	6.0	176.0

地点	月份 项目	1	2	3	4	5	6	7	8	9	10	11	12	全年
玉屏楼	降水量（毫米）	68.1	50.1	203.7	181.6	153.3	320.1	282.9	526.0	150.1	35.9	33.6	26.0	2031.9
	降水日数（天）	15.0	15.0	21.0	15.0	15.0	16.0	15.0	21.0	11.0	5.0	6.0	6.0	165.0
半山寺	降水量（毫米）	89.5	75.5	301.1	225.2	212.7	511.1	408.0	586.5	150.9	41.7	31.7	33.5	2673.2
	降水日数（天）	15.0	11.0	21.0	17.0	17.0	18.0	17.0	23.0	11.0	5.0	5.0	6.0	172.0
云谷寺	降水量（毫米）	86.6	73.1	298.2	216.6	189.1	509.1	303.7	543.7	132.9	42.1	39.8	31.1	2166.8
	降水日数（天）	15.0	12.0	23.0	16.0	16.0	18.0	17.0	22.0	13.0	5.0	6.0		166.0
温泉	降水量（毫米）	76.3	62.3	269.5	189.6	162.7	436.5	357.9	516.2	125.1	43.0	23.3	27.1	2289.1
	降水日数	16.0	11.0	21.0	17.0	17.0	17.0	17.0	20.0	12.0	5.0	6.0	6.0	165.0
太平	降水量（毫米）	66.6	39.1	212.6	146.7	123.9	341.6	191.3	359.1	92.1	36.9	29.1	23.5	1665.6
	降水日数（天）	11.0	11.0	21.0	15.0	14.0	16.0	15.0	21.0	13.0	1.0	5.0	6.0	150.0
黟县	降水量（毫米）	81.0	57.0	305.3	193.0	171.0	329.5	293.8	253.2	80.7	38.6	20.2	13.6	1839.6
	降水日数（天）	15.0	13.0	21.0	16.0	15.0	18.0	16.0	17.0	12.0	5.0	6.0	5.0	155.0

表4 1979—1980年黄山气温垂直递减率（℃/100米）

地点（高差） 月（年） 递减率	1	4	7	10	全年
玉屏楼—光明顶（160米）	0.75	0.44	0.56	0.69	0.50
半山寺—玉屏楼（340米）	0.41	0.50	0.71	0.62	0.56
温泉—半山寺（690米）	0.30	0.46	0.58	0.51	0.48
黟县—温泉（421米）	0.45	0.55	0.52	0.31	0.48
云谷寺—半山寺（450米）	0.07	0.36	0.44	0.33	0.31
温泉—云谷寺（240米）	0.75	0.67	0.83	0.83	0.79
北海—光明顶（230米）	0.30	0.48	0.65	0.26	0.35
太平—北海（1417米）	0.37	0.47	0.60	0.48	0.49

地点（高差） \ 月(年) 递减率	1	4	7	10	全年
黟县—光明顶（1611 米）	0.41	0.49	0.59	0.50	0.50
太平—光明顶（1647 米）	0.36	0.47	0.61	0.45	0.47

注：此为 1979—1980 年实测数值（经过订正）。

表5　四季分配

地点	春 始日（日/月）	春 天数（天）	夏 始日（日/月）	夏 天数（天）	秋 始日（日/月）	秋 天数（天）	冬 始日（日/月）	冬 天数(天)
光明顶	13/5	←		138	→		28/9	227
玉屏楼	9/5	←		146	→		2/10	219
北海	8/5	←		144	→		29/9	221
半山寺	29/4	84	22/7	8	30/7	78	16/10	195
云谷寺	22/4	89	20/7	26	15/8	70	24/10	180
温泉	13/4	77	29/6	56	24/8	77	9/11	155
黟县	29/3	73	10/6	97	15/9	60	14/11	135

注：据《安徽气候》，安徽省气象局资料室编著，1982 年。

表6　极端最高气温和极端最低气温

地点 \ 项目 极值	最高气温（℃） 1979—1980 年	最高气温（℃） 多年极值	最低气温（℃） 1979—1980 年	最低气温（℃） 多年极值
光明顶	25.6	27.1	-19.3	-22.0
玉屏楼	28.9	29.1*	-17.0	-18.6*
半山寺	30.7	31.0*	-13.9	-16.3*
云谷寺	33.3	34.2*	-15.1	-15.6*
温泉	34.2	35.9*	-13.6	-13.9*
黟县	37.5	40.0	-9.4	-12.2
北海	26.0	27.7*	-17.9	-20.4*
太平	37.5	40.3	-10.5	-13.5

注：有 * 号者为订正值。

表7　黄山、休宁、太平历年各月平均风速（米/秒）

地点 \ 月份 风速	1	2	3	4	5	6	7	8	9	10	11	12	年平均
黄山	6.5	6.4	6.6	6.4	5.7	5.6	6.6	5.1	4.7	5.0	5.5	6.0	5.8

续表

地点＼风速＼月份	1	2	3	4	5	6	7	8	9	10	11	12	年平均
休宁	1.9	2.2	2.3	2.0	1.9	1.7	1.8	1.8	1.9	1.8	1.7	1.7	1.9
太平	1.6	1.9	2.0	1.9	1.6	1.5	1.8	1.6	1.4	1.3	1.4	1.6	1.6

表8　黄山72峰高度序列表

	峰名	高度（米）	峰名	高度（米）	峰名	高度（米）
36大峰	莲花峰	1864	炼丹峰	1827	石门峰	1823
	天都峰	1810	狮子峰	1690	浮丘峰	1683
	云外峰	1680	紫云峰	1665	丹霞峰	1664
	轩辕峰	1664	云际峰	1645	云门峰	1645
	圣泉峰	1627	飞龙峰	1627	仙人峰	1610
	翠微峰	1589	青鸾峰	1589	石床峰	1574
	望仙峰	1544	仙都峰	1513	棋石峰	1512
	清潭峰	1512	上升峰	1510	九龙峰	1510
36大峰	叠障峰	1500	钵盂峰	1486	石柱峰	1471
	桃花峰	1460	布水峰	1452	容成峰	1450
	硃砂峰	1370	芙蓉峰	1335	松林峰	1310
	石人峰	1310	紫石峰	1122	采石峰	1122
36小峰	鳌鱼峰	1780	莲蕊峰	1776	白鹅峰	1768
	玉屏峰	1716	牛鼻峰	1695	佛掌峰	1690
	观音峰	1686	耕云峰	1685	石笋峰	1683
	始信峰	1683	薄刀峰	1677	虾蟆峰	1642
	笔峰	1610	石鼓峰	1590	一品峰	1535
	老人峰	1530	鸡公峰	1530	五老峰	1486
	引针峰	1481	驼背峰	1469	合掌峰	1450
	青蛙峰	1450	卧云峰	1438	眉毛峰	1430
	书箱峰	1386	宝塔峰	1314	探头峰	1234
	槛窗峰	1222	罗汉峰	1157	轿顶峰	1032
	枕头峰	1005	醉翁峰	1005	道人峰	988
	香炉峰	945	夫子峰	775	磨盘峰	649

三

漫谈灾害性天气

（一）寒潮 ①

1. 北方来的"不速之客"

一到秋天，有的小朋友就喜欢这样唱道：

是谁，把花瓣片片吹落？

是谁，让大树脱下了绿衣裳？

是谁，让雁儿飞回了南方？

是谁，把大地变得金黄？

……

是谁，到底是谁让这些自然景物都变了样呢？"一夜秋风，满庭叶落"，正是新秋时节，北方来的"不速之客"——寒潮初临后的景象。

随着"一场秋风一场寒"，时间老人的脚步很快踏入冬天，接着寒潮这个"不速之客"就一次又一次地来到南方了。这时它会带来奇寒，带来大风雪，冻伤没有防备的农作物。

待到春回大地，草木发出新芽了，这时寒潮还会带来严霜、低温阴雨，甚至是冰雹。试想：正在地里生长的农作物，怎能禁得起霜冻雹击？

因此，每年10月到第二年4月间，气象台不得不尽早地为这个不受欢迎客人的来临发出警报，引起大家的注意和警惕。

寒潮究竟是怎么回事呢？顾名思义，寒潮就是指一种寒冷的空气像潮水一样，大规模地奔流过来的意思。所以，人们习惯上也把寒潮称为寒流。但并不是每一次冷空气侵袭过来的现象都叫作寒潮，还要看这股冷空气势力的强弱。

我国气象部门规定：使某地日最低气温24小时内降温幅度≥8℃，或48小时内降温幅度≥10℃，或72小时内降温幅度≥12℃，而且使该地日最低气温≤4℃的冷空气活动为寒潮。

当气象台发布寒潮警报后，一系列天气变化的"帷幕"接着就拉开了：

----

① 本节以及本章（二）至（十四）节写于1979年。

三、漫谈灾害性天气

伴随着寒潮的出场，先刮起猛烈的北风或者西北风，同时乌云密布天空，出现大范围的雨雪天气。冷空气的"先头部队"——寒潮前锋过后，严寒便接踵而来，夜间和清晨会出现遍野皑皑的冰霜。在黄河以南到江南的广大地区，寒潮前锋过后，会出现大范围的冰凌天气。这些天气，都会给农业生产和其他各项生产事业带来危害，所以寒潮是人们十分重视的一种灾害性天气。

2. 在寒潮的"故乡"……

翻开世界地图，你可以看到，我们伟大的祖国是位于北半球的温带地区。从我国往北去便进入了寒带，进入了蒙古国和俄罗斯的西伯利亚地区；再往北，就到了地球的最北端——北极地区，那里，就是寒潮的"故乡"。

在寒潮的"故乡"，不管什么时候，太阳光总是斜照到地面上，冬天甚至一天到晚见不着阳光。在西伯利亚一带，太阳光也常常斜照地面。而在南方，太阳悬挂高空，阳光是直照到地面的。一年四季，太阳光总是直照在赤道附近；而北极地区离赤道遥远，春分、秋分和夏至时的太阳光都是斜照的，冬至时阳光就根本照不到地面上。

太阳光直照与斜照时，地面受热情况是不同的。同样一束太阳光，直射到地面时，阳光集中，地面单位面积上吸收热量多，温度就高；太阳光斜射时，照到地面上的阳光分散，地面的单位面积上获热少，温度就低。还有一种情况：太阳光从太阳表面射到地面，要经过茫茫的大气层，大气也要吸收一部分太阳光的热量；经过大气层的路程越长，被大气吸收的热量也越多。同样厚的大气层，太阳光斜射时比直射经过的路程要长，地面得到的热量就少，温度也低。日常生活中，人们看到早晨的阳光总比不上正午的阳光强，夏天中午的太阳光比冬天中午的太阳光强烈，都是这个道理。

太阳光直射（左）太阳光斜射（右）

上面的道理明白了，现在再来看看寒潮故乡的情景吧。

寒潮故乡的夏季，白天可以长达 23 小时以上，但太阳光是斜射的，地面在白天所吸收到的太阳热量少，温度仍然不高。入秋以后，那里的太阳光越来越斜，白天也越来越短，地面获自太阳的热量已经很少，而黑夜散放出去的热量却很多，温度便一天天地降下来。一到冬季，太阳光更是倾斜得厉害，北极一带几乎全天看不到太阳，处在漫长的黑夜里，而且还要不断放散热量，因此温度很低，到处冰天雪地。

据测定，北极一带的最热月平均温度只有 0℃左右，最高时也只有 2℃，冬天温度经常在 -20℃以下，甚至是 -40℃。西伯利亚等地在冬季也是冰雪覆盖，1 月份平均温度也达 -20℃左右。在西伯利亚东北角的雅纳河谷的维尔霍扬斯克，气温曾低到 -70℃以下！

空气的温度低了就会收缩，密度增加，重量增大；而冷空气很干燥，就显得更重，于是便下沉堆积在一起。气象学上用气压表示空气的重量。空气较重的地方，气压高；空气较轻的地方，气压低。寒潮故乡的冷空气不断地在地面上堆积，气压随着增高，于是它就像"水往低处流"那样向气压较低的南方流动。当它流到西伯利亚中部和西部地

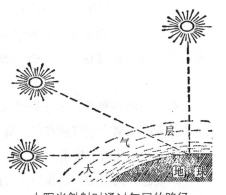

太阳光斜射时通过气层的路径

区，往往又停留下来，继续不断地放散热量，这样就越来越冷，越冷越干，干冷空气也越堆越多，逐渐形成了一个深厚、广阔的冷高压空气团。这个冷高压里的空气，就像拦蓄在高山上的洪水一样，一有机会，就要向南方倾

三、漫谈灾害性天气

泻。当较轻的南方暖空气在某一处的阻挡力量较弱时，冷空气就冲开这个缺口向南方奔去，铺天盖地，一泻千里，这就是寒潮暴发了。

寒潮暴发南下时，受南方较暖地面的影响，就慢慢变暖和一些，经过一个时期以后，天气就回暖了。但在这个期间，西伯利亚又在聚积着冷空气，酝酿着另一次的寒潮。

3. 寒潮的路径和天气

水沿江河奔流。寒潮，也是沿着一定的路径南下。它在向南奔袭时，冲在最前面的冷空气——寒潮前锋所走过的地方，就是寒潮南下的路径。影响我国的寒潮，一般是从北极地区的新地岛以东或以西、冰岛以南这三处移到西伯利亚，然后从那里进入我国。其路径通常有四条，就是西路、中路、东路、东路加西路。

西路寒潮进入我国新疆，移至青海、青藏高原东侧南下，到达西南、江南和华南地区。经过这条路径下来的寒潮次数最多。每年秋末冬初第一次比较强大的寒潮，大都是沿着这条路径下来的。

中路（西北路）寒潮经过蒙古国，到达我国黄河河套一带南下，直达长江中下游和华南。这一路来的寒潮常出现在隆冬期间，势力较强，可以影响我国大部分地区。

东路寒潮经过蒙古国到达我国华北北部、东北南部后，主力继续东移，但低层冷空气向西南移动，经渤海侵入华北、黄河下游，向南达长江中游的两湖盆地。经过这条路径的寒潮，常出现在早春季节，次数不多，势力较弱。

东路加西路寒潮，东路寒潮从河套下游南下，西路寒潮从青海东南下，这两路来的寒潮冷空气常在黄土高原东侧黄河以南到长江一带汇合，然后向南涌流，影响江南、华南。

不同路径的寒潮，对我国天气的影响也不一样。一般说来，从西路来的寒潮，往往在我国产生大范围雨雪，降温幅度不大，但有时造成西南、江南地区明显降温。在安徽地区，西路寒潮往往表现为风向转变和风速短时增大，降温明显，或者伴有短时雨雪天气。从中路侵入的寒潮，在长江以北以大风降温为主，江南为雨雪天气。这路寒潮，常引起安徽地区较长时间的偏北大风，急剧降温；天空很快布满云层，常伴有雨雪，但1～2天内天气转晴。从东路侵入的寒潮，常使渤海、黄海海岸和黄河下游一带出现东北大风，华北出现"回流"降水天气，气温较低。这路寒潮往往从渤海、黄海等海面返回大陆，当它影响安徽时，地面吹东到东北风，低层空气较为潮湿，容易造成较长时间的雨雪天气。东路加西路寒潮，首先造成我国大范围雨雪天气，随着这两股寒潮的合并南下，还会出现狂烈北风、急剧的降温。安徽的沿江江南一带，每年早春常下春雪，出现阴沉多雨的天气。

寒潮是个"急性子"。它的前进速度同普通火车速度差不多，一昼夜约可"奔驰"1000千米。一般从西伯利亚到达我国西北地区只要1～2天，到达华北、东北地区要3天，到达长江以南要4天。中路寒潮南下的速度最快，第一天还在蒙古国，第二天便可到达我国的黄河流域，第三天就能跨过长江。随着寒潮中心越来越近，大风、暴雪、霜冻……各种灾害性天气跟着就发生了。

当寒潮前锋到达的时候，天空会突然变得低沉而灰暗，黑云从北方滚滚而来。冷空气就像没有刹把的自行车从平地转入下坡一样，往南直逼，于是偏北风呼啸奔流。当它奔袭在大陆上，风力可达6～8级；奔驰到海上，风力可达10级。大风既干燥又寒冷，华北叫作"朔风"，一般持续1天左右，在沿海一带可持续3～4天。

在干燥地区，寒潮大风还有一种并发症——"沙暴"：寒潮经过新疆、内蒙古的沙漠地区时，狂风刮起了滚滚黄沙，到达黄土高原，狂风又继续刮起疏松的黄土，沙尘蔽天。沙尘随风南下，范围常可扩及江淮流域。

寒潮冷空气比暖空气重，当它一路与南方的暖空气发生冲击时，暖而轻的空气就很快被冷空气抬举上升，并变冷产生水汽凝结，形成浓密的云层，最后变成雨水或雪花。雨雪区通常是一个从东北至西南方向的狭长地带，长达几百千米到上千千米，宽达几十千米到几百千米。

寒潮中心到达以后，当风雪呼啸而过的时候，接着出现的就是温度急

暖空气沿冷空气斜坡形成浓密的气层

速下降。这种骤然变冷的天气现象称为"暴冷"。在西北一带，一天里气温可降低 15 ～ 20℃，华北、华中和华东一带也可降低 10℃ 以上；就是在华南广州一带，也曾有过一天里气温降低 8℃ 的情况。寒潮所造成的这种暴冷，最冷的时候在内蒙古和东北地区可到 -40 ～ -30℃，华北地区到 -20℃，长江流域也能冷到 -10℃。1954 年 12 月下旬至 1955 年 1 月初，由于强寒潮的连续侵袭，我国气温很低，南方许多地方的最低气温都是历史上同时期少见的。就以 1 月份极端最低气温来说，安徽省寿县正阳关降到了 -24.1℃，武汉降到 -14.6℃，南京降到 -14℃，上海降到 -9.2℃，长沙降到 -8.2℃，南宁也降到 -2.1℃。这次冷空气在江南"休息"一个多星期，又造成了江淮流域持续的大雪。15 年以后，1969 年的 2 月上旬，强寒潮侵袭淮河流域，许多地方又连降中到大雪，极端最低气温也降到了 -20℃ 以下，安徽广大地区的极端最低气温，都降到 -12℃ 以下，甚至 -23℃ 以下。

寒潮南下的方式很复杂。有些寒潮，像潮水怒发，迅速扫过全国广大地区；有些寒潮主力到达华北一带后，又分成一小股、一小股地南下，这叫"冷空气扩散"，也就是气象报告中讲的"冷空气已经扩散南下"的意思；也有些寒潮挺进到一定的地区，受南方暖空气的阻挡或高大山脉等地形影响，中途暂停下来，过些时候再继续南下。寒潮移动的方向，也不光是像前面所讲的那样向东、向南或向东南，也可能成为一个复杂的曲线。

寒潮南下的次数也不相同。我国冬半年，一般强度的冷空气南下次数比较多，大约每隔 8 ～ 10 天就有一次，最少只隔 3 ～ 5 天，只是强度不一定达到寒潮的标准。比较强大的寒潮南下，平均每年只有 3 ～ 4 次。第一次大致在 10 月底到 11 月初，第二次在 11 月底到 12 月初，第三次在 12 月底到第二年 1 月初，第四次在 1 月中旬到下旬，个别年份也出现在 2 月中旬或下旬。根据近年统计，入侵我国的寒潮次数，在一年中有两个高峰，就是 11 月和 3—4 月。而隆冬季节的 12 月至次年 2 月间却不是寒潮最活跃的月份，至于夏季则几乎未见寒潮的踪迹。

由于寒潮南下的季节和经过地区的地理条件不同，它所引起的降温、天气现象和对不同地区产生的影响也不相同。在冬季，寒潮侵袭西北和内蒙古时，常常带来风雪弥漫、寒冷彻骨的天气。例如，内蒙古草原在强寒潮天气影响下，强风卷起了大量雪片，雪片随风运行，铺天盖地，致使道路、田园被淹没，到处呈现一片白茫茫的景象。这种现象就是牧区群众所称的"白毛风"，就是气象上说的雪暴，通常又叫暴风雪。寒潮到达黄河流域时，冷空气仍保持很低的温度，与它"交锋"的暖空气含水汽较少，于是出现了少雨偶雪以及风沙天气。到达长江流域时，冷空气随着增温，所遇暖空气含水汽也较多，因而经常出现雨雪交加天气。到达华南时，冷空气温度更高、水汽更多，往往会产生较长时期的阴雨天气。尤其是经过台湾海峡南下的寒潮，沿途水汽丰沛，自沿海入广东吹东北风，多雨，所以广东群众说："东北风，雨祖宗。"台湾东北部冬雨较多，也是与寒潮有关。因此，寒潮的影响，这是我国冬季天气变化较多的一个主要原因。

春季和秋季呢？在这两个季节里，当寒潮侵入时，除普遍的大风和降温外，北方多扬沙、沙尘暴，尤以春季最为严重。华北地区春季多风沙天气，已成为春季气候的重要特色之一。寒潮侵入到长江流域时，可有雨雪，有时还可引起雷电、冰雹现象。在长江以南地区，寒潮侵袭时常可产生降水，并伴有雷暴现象。寒潮前锋在南岭附近趋于静止时，在锋后可以出现大范围的持续阴雨天气，这在入春以后最为明显。

4. 寒潮的预报

滚滚寒潮，变化复杂，人们怎么能预测它呢？

凡事总有端倪可察，总有征兆可寻，总有前后现象可供思索，具有一定的规律性。寒潮的变化虽然复杂，但它在到来的前后还是显露出种种迹象。

寒潮冷空气南下后逐渐增暖，代表这种冷空气的高气压，气象上叫作"变性冷高压"。当变性冷高压的中心移过本地区时，本地区处在高压的后部，暖空气便乘机北上，风向转为偏南，气温渐渐回升，出现连续几天的反常回暖天气，这往往又是另一次冷空气或寒潮入侵的先兆。所以民间谚语说"一日南风三日曝，三日南风狗钻灶""南风越是紧，北风越是准""南风吹到底，北风来还礼"。

我国南方某些地区在寒潮冷空气影响时，经常刮东北风，伴有阴雨天气。一旦转为西风或西北风，天气放晴，就说明冷空气前锋已过，本地区正处在冷高压控制之下，气温将更低，预兆次日清晨可能出现霜冻，所以谚语有"寒潮过后天转晴，一转西风有霜成"的说法。

冬春季节，当寒潮到来之前，往往天气晴朗，温度较高，湿度较大。这时，受阳光照射的乌鸦，闷热难忍，便群飞狂叫，飞往悬崖峭壁，寻找石缝山洞隐蔽，或到河滩浅水洗澡。所以有"乌鸦成群飞叫，寒潮快来到"的说法。

俗话说："狗怕肚脐冷，猪怕嘴巴寒。"寒潮来临前，猪就衔草垫窝，天气稍冷就把嘴巴塞进草里，再冷就全身钻进草窝取暖。这种现象在母猪身上反映更明显。因此群众说："猪衔草，寒潮到。"不过，母猪快产崽时也会衔草垫窝，观察时要区分开。

目前，我国气象台对寒潮进行预报，主要是运用天气图预报方法。

什么是天气图预报方法呢？

我们知道：地球周围的大气层是一个整体，处于不停息的矛盾运动之中；一个地方的天气变化，同它周围的天气是有密切联系的。根据这个道理，我国各地设立了许许多多的气象台站。气象工作人员在统一规定的时间里，对大气气象要素进行观测，有地面观测，主要观测近地面的云、气压、气温、风、降水、湿度、地温、日照等项目；高空观测，通过气球携带气象探测仪器，测量从低空到20多千米高空的温度、湿度、气压、风向和风速等。同时，人们还利用雷达、火箭，以及人造卫星来探测周围和更高层大气的气象要素。按统一的格式、规定的符号，将各地同一时间气象要素填到一张空白的地图上。这张地图就叫作"天气图"。这是把各地零零碎碎的气象记录汇总起来，变成各地同一时刻的天气实况图。

天气图可分为两种：一种是地面天气图，上面填着地面观测到的各种气象要素的数值和符号；另一种是高空天气图，上面填着某一高度上所探测到的各种气象要素的数值和符号。这两种图涉及的范围都很广，有全国的，有亚欧大陆的，甚至整个北半球的。

有了同一时间的地面和高空天气图，气象台预报人员就可以根据它了解什么地方在下雨，什么地方在刮风（包括风向、风力），什么地方是晴天，什么地方是阴天，以及气压、温度、湿度、云层等气象要素的情况，同时了解高层大气结构的情况。根据这些情况进行对比分析，判断冷、暖、干、湿不同性质的空气盘踞区域和"交战"场所，区别风、雨、阴、晴等各种天气的地区分布和强度分布状况。这时，气象工作人员再把几天以来多张天气图联系起来进行比较，分析天气的变化和发展趋势，然后就可以按天气变化的基本规律，结合当地历史气象资料的分析，以及预报人员的实践经验，进一步推断它们未来移动的方向、强度及性质变化情况，从而预报未来的天气变化了。

那么，气象台又是怎样运用天气图来预报寒潮的呢？寒潮预报的关键，一是有没有足够强大的冷空气，二是冷空气能不能南下，三是要看冷空气南下的路径。对于第一个问题，预报人员的实践经验证明，在冬季要特别注意东西伯利亚一带，那里气温经常在 −60 ～ −40℃ 之间，是一个不可忽视的冷源。同时，还要注意蒙古国附近地带，那里上空 700 百帕[①]的冷中心达 −36℃ 以下，500 百帕达到 −40℃ 以下；当地面高气压达到 1065 ～ 1075 百帕时，冷空气就往往在有利的天气形势[②]下向南暴发为寒潮。对于第二个问题，预报人员也在实践中获得了一定的解答。一般认为有两个条件对寒潮暴发有利：一个是高空气流方向发生明显的改变。就是在寒潮酝酿过程中，地面冷高压上空经常吹的偏西风转变为偏北方向时，冷空气才会随高空偏北气流南下。冷空气上空的偏北气流越强，寒潮南下越迅猛；另一个条件是在南下的冷高压前方，有一个低气压发展。这样，从高压到低压之间的气压差就会大大增加，低气压引导大量冷空气南下，而成为寒潮暴发。预报人员还总结了大量引发冷空气南下的天气形势，并确定了这些天气形势下所遵循的路径，使寒潮预报中的第三个问题也迎刃而解。这样，人们就能够依据天气图来做寒潮的预报了。

气象部门除采用天气图的方法和群众经验进行寒潮预报外，还采用计算机来预报寒潮。这种方法是应用流体力学、热力学的原理来研究大气变化规律的。它是根据大气运动的特点，拟出一套能反映这些物理规律的"天气预报方程组"，然后将一些观测到的和预报项目有关的各种气象要素，如气压、温度、风、湿度等，代入方程来推算某种主要气象要素（如气压）未来的变化，进而作出客观、定时、定量的预报。这种方法叫作"数值预报"。

气象学是一门比较年轻的科学，较系统的天气预报方法的产生到现在才不过一个多世纪，还有一些天气变化规律，尚待人们进一步通过实践去发现。

---

① 等压面为 700 百帕（大约 3000 米的高空）、500 百帕（大约 5500 米的高空）的天气图是气象台最常用的两种高空天气图。此外还有等压面为 850 百帕（大约 1500 米的高空）、300 百帕（大约 9000 米的高空）、200 百帕（大约 12000 米的高空）等的天气图。
② 天气形势包括高气压、低气压、高压脊、低压槽、锋等。

5.抗寒保暖

寒潮侵袭时，主要是出现大风、严寒、暴冷和霜冻。寒潮大风能吹坍简陋的房屋，吹坏不牢固的防寒设备，刮倒和折断树木、庄稼，毁掉成熟的果实。在西北地区，狂风刮起滚滚的黄沙，能刮走土壤表面的细土，掩埋沿途田园，摧毁禾苗，还会伤害牧区的人、畜。同时，寒潮大风对江湖海面上的渔民作业、水上运输以及航空等，也都有很大的危害。大风呼啸后出现的暴冷，能直接影响植物有机体的生活机能。当温度低于5℃时，作物停止生长，低于0℃或-2℃时，花蕾和花果大半死亡。晚秋和晚春出现的暴冷，对作物危害更大。寒潮来时温度骤降，寒潮一过，天气又往往马上转晴，阳光强烈，把作物细胞里渗出来的水分很快蒸发掉，使作物干枯或受到损伤。寒潮过后经常引起的霜冻，又会使作物和果树受到冻害。早春由寒潮而造成的低温连阴雨天气，常造成大面积烂秧。

寒潮虽然凶猛，但只要及时做好抗寒保暖工作，是可以减少或避免损害的。小面积育苗地、菜畦等，一般可采用冷床、温室、风障和塑料薄膜覆盖等措施，御寒防冻。

风障，就是用高粱秆、玉米秆、稻草或芦苇等，做成一人多高的篱笆，围在菜畦或育苗地的北面（稍向南倾斜），挡御或削弱寒风侵袭。

冷床，常用土墙做成，前墙高4～5寸，后墙高1尺5寸，向南倾斜，上面覆盖塑料薄膜（或玻璃），这样可以充分透光，拦截地面热量放出，隔断外面冷风的侵入。

温室的构造和冷床大致相同，所不同的是床土下面埋置能发酵生热的厩肥，保温效果比冷床好。在青藏高原上的拉萨，温室栽培的蔬菜已达40～50种之多，连北京的西红柿和上海的油菜也在那里"安家落户"了。近几年来，用温室进行早稻育秧和棉花育苗，得到进一步推广，特别是温室育秧发展很快，而且出现了"温室无土育秧"的新技术。正如群众所说的："你打你的霜，我育我的秧，你来你的寒潮，我育我的秧苗。"

用塑料薄膜覆盖育苗的方法，现已广为采用，其中用于早稻育秧最为普遍。塑料薄膜能够透过太阳光，拦截地面热量向外散逸，保温增温效果很好，可以培育壮秧，能使早稻播种期提早20多天。此外，塑料薄膜覆盖还适用于蔬菜、山芋、玉米、高粱、棉花、烤烟、瓜类、果树的育秧，以及绿萍、水花生等水生植物的保苗越冬。

近年来，在我国北方，还试用和推广了多种形式的塑料温棚。严寒季节，原野里冰封雪飘，可是塑料温棚内却是春意盎然，那红艳艳的西红柿、绿茸茸的黄瓜、翠滴滴的青椒、紫微微的茄子，娇嫩喜人，真是"棚外冰天雪地，棚内满园春色"了。

利用风障结合塑料棚进行水稻、棉花的阳畦育苗，在我国北方大田生产中已普遍应用，效果显著。我国西北地区在春季，对大面积苗期作物还采用沙土或细土覆盖防冻，一般盖土 2～3 厘米，霜冻结束后将土及时扒开。此外，采取麦田压土、油菜壅根培土、蔬菜低沟种植等办法，也能防止作物受冻。

任何事物都是一分为二的。寒潮也不是一无是处，它有时也能带来一些益处。例如，冬季寒潮带来的大雪，可以保护越冬作物的正常发育和提供春季丰富的水源；寒潮造成的剧烈降温，可以冻死越冬虫卵，减少第二年农作物的病虫害；寒潮大风也可以为人们所利用。"自然科学是人们争取自由的一种武装"。人们掌握了寒潮知识，就可以根据气象台、站发布的寒潮报告或警报，以及当地群众所掌握的寒潮天气规律，积极地开展群众性的预防工作，这不仅减小或避免寒潮带来的危害，而且可以变害为利，使大自然为人类服务。

（二）霜和霜冻

1. 霜和霜冻是一回事吗

"月落乌啼霜满天""肃肃霜飞常十月"，我国古诗中往往这样提到霜。其实，霜并不是天上"飞"下来的。

霜，是近地面水汽的一种凝结现象。

在晚秋、冬天或早春的夜晚，天气晴朗、无风或微风，土壤和植物表面强烈散热，或北方冷空气南下，使近地面的温度降到0℃以下，附在地面或地面物体上的水汽就直接凝华成白色的冰晶，这就是霜。

霜和露水的成因一样，都是由于气温下降，使空气中水汽达到饱和而在地面或地面物体上的凝结物。所不同的是：形成露水时近地面温度在0℃以上，而形成霜时则在0℃以下。霜、露和雨、雪不同，前者是从近地面水汽中凝结出来的，而后者是从云中降下来的。

人们常见到的霜又叫"白霜"。

随着"白霜"的出现，便会产生"黑霜"，气象学上称它为霜冻。霜冻是一种严寒，指气温突然下降到低于作物生长的最低温度，使农作物遭受冻害的现象。

各种作物生长所要求的最低温度不同，遭受冻害的指标也不同，但多数作物当温度降到0℃以下时，就要受害，所以现在一般把最低地面温度降到0℃就算出现霜冻。我国古诗"霜打万顷枯"中的"霜"，就是指的霜冻。有霜时往往有霜冻；出现霜冻时可以有霜，也可以没有霜（因空气中水汽稀少）。只要温度降低到作物生长所能耐受的最低温度时，都能引起冻害的产生。

霜冻的关键是在"冻"，而不在"霜"。

2. 农作物的冻害

数九寒天，低温严寒，对植物是个严峻的考验。你看，有些植物禁不起寒风冰霜的摧残而死去了，有些植物遭受了冻害，但是，也有些植物却能在风雪中傲然屹立、绽开鲜花。这是什么原因呢？

让我们先来看看寒冷是怎样冻伤植物的。

大家知道，植物的果实、叶子、茎秆、根等，都是由一个个极小的细胞组成的。当寒潮袭来时，气温突然下降到0℃以下，植物细胞间隙的水最先结冰，水溶液逐渐变成冰晶。这样，溶液的浓度增高。在尚未结冰的细胞里面，细胞液的水分便向细胞间隙的高浓度溶液渗透，细胞失水了，细胞壁和原生质分离了，细胞壁皱褶，原生质失水凝固而丧失代谢能力。气温继续下降，不仅细胞间隙结冰，细胞中也会结冰，这样，细胞内外的冰晶的机械挤压，细胞壁和原生质就会损坏，时间一长，细胞死亡，植物被冻死了。这种冻害，通常叫作生理死亡。

在我国北方，蔬菜和冬小麦等作物，常常是在晚秋初冬突然袭来的寒潮霜冻中死去，或者在早春的渐暖骤冷中冻死。这是因为，秋末天暖，作物还没有做好过冬的准备，尚未来得及转化和积累较多的糖。而早春天暖，气温回升，作物贮藏的糖类物质开始分解并运输到生长器官中去利用，也就是说过早地解除了御寒"武装"。因此，晚秋和早春的寒潮霜冻，最容易使植物受冻而死。

一杯清水在0℃就结冰，而一杯糖水却不会。冰点下降几度糖水才会结冰呢？这主要决定于糖水的浓度。浓度越高，冰点下降的度数也越多。

作物细胞中水溶性糖分含量高，细胞液的浓度就高，细胞便不易因结冰而冻死，这是越冬植物抵御严寒的第一步。以后，细胞中原生质特性发生一系列变化，胶体弹性以及可塑性大大增强，植物便能抵御更低的气温而不致被摧残死去。因此，播种适时，底墒好、基肥足，苗全苗壮，越冬前天气多晴少云，以及加强越冬肥水管理，促进光合作用，糖在作物体内充分贮藏，都能增强其抗寒力；播种过晚，或者土质瘠薄，作物发育不良，体内糖分积累少，原生质稀薄，耐寒力减低，则冬季死亡率高。

据研究，冬小麦在冬前积累的糖分，主要运转到叶鞘贮藏。在越冬前期，随着部分叶片的死亡，叶片的糖分逐渐转移到叶鞘及残留的叶片内。在越冬期间，叶鞘不断把糖分供应给分蘖节，以保证分蘖节有较稳定的含糖量。分蘖节，是生根长蘖的重要器官，它受土壤保护，本身糖分含量较多且稳定，具备较高的耐寒力。在易受冻害的麦田里，注意适期播种，播种深度适当，使麦苗分蘖节在土壤里深浅适度，并且选用冬性耐寒的品种，是保证小麦安全越冬的关键之一。越冬前期，适当锄地壅土，盖粪埋苗；对坷垃多、漏风土的麦田，冬季加以磙压，都是保护分蘖，争取小麦安全越冬的好措施。小麦返青前后，由于温度回升，呼吸作用加强，叶鞘含糖量大大减少，分蘖节得不到充分的糖分供应，植株的抗寒能力减弱。这个时期温度常不稳定，如果骤然下降，就会冻死麦苗。这便是冬小麦在越冬后期往往发生大量死亡的道理。

对植物进行逐步地降温处理，就能大大地提高植物的抗寒性，这种抗寒锻炼的方法在农业生产中已被广泛应用。如冬小麦，在秋末冬初经过几天 5 ～ 6℃的锻炼以后，就能经受 -20 ～ -17℃的严寒而不致死。同样，也可以使苹果花芽的抗寒性由 -17℃提高到 -35 ～ -30℃。有人曾在"人工气候室"里，把苹果、白桦枝条在逐渐降温（从 -90 ～ -5℃）处理下进行锻炼后，能经受液态空气中 -250 ～ -156℃的低温而不致死，24 小时后移出栽培还照样能生活呢！

值得注意的是，农作物的冻害除生理死亡以外，还有另外的原因。当温度降到 0℃以下时，土壤表面的下层开始冻结。冰的体积比水大，结冰土层就把土壤和作物根一同"举"起来，造成"冻拔"现象，形成地面龟裂，根被拉断，造成死苗，这种现象在黏性土壤里常常发生。有的年份初冬较暖，土壤未封冻前就下了较多的雪，越冬作物的根在雪层覆盖下继续生活和进行呼吸作用，但地上部分由于光线缺少，光合作用很难进行，因而形成"亏死"现象，也有相反的情况，在早春土壤表面正在融化时，下层土壤仍在结冻，这时叶片开始恢复蒸腾作用，而根部不能呼吸水分和养分，于是便产生"干枯"或"饥饿"现象，重者也会引起伤害。

农作物受冻害的轻重还与作物品种的抗寒性、生长发育情况，以及霜冻强度和持续时间有关。一般认为，抗寒能力最强的作物有春小麦、豌豆等。这些作物在幼苗期能抗御 -10 ～ -7℃的低温（指地面最低温度），成熟期能抗御 -4 ～ -2℃低温。抗寒力较强的作物有扁豆、蚕豆、麻类、冬油菜等，苗期和成熟期能抗御 -3 ～ -1℃低温。不抗寒的作物有棉花、烟草、瓜类等，苗期和成熟期能抗御 -1 ～ 0℃的低温。另外，水稻及菜类中的豆角、茄子、辣椒、西红柿等，抗寒力也是很差的。一般持续时间较长的霜冻，要比持续时间短的霜冻危害大，温度暴降猛升比温度缓降微升更容易引起作物死亡。

3. 霜冻的形成

霜冻是由于强烈降温而引起的。造成降温的原因大致可以分为三类。一类是北方寒潮冷空气爆发南下，使温度迅速下降而形成的霜冻，称为"平流霜冻"。这类霜冻的范围较大，影响严重。每年霜冻出现的早晚，第一次严重霜冻的出现，都与冷空气暴发南下有关。第二类不是由于冷空气的侵袭，而是由于晴朗无风或微风的夜间，地面的热量辐射降温而形成的霜冻，称为"辐射霜冻"。这类霜冻的范围小，强度较弱，多出现在早秋或晚春。第三类是一般常见的霜冻，受平流及辐射两种条件共同作用而形成的霜冻。先是冷空气从北方侵袭过来，使温度大幅度下降，冷锋过后，在晴朗、微风、干燥的冷高压控制下，夜间强烈辐射使温度进一步下降，形成霜冻。这类霜冻称为"平流辐射霜冻"或"混合霜冻"。它影响的范围广，降温幅度大，持续时间长，危害也最大。

霜冻的产生，除了主要受冷空气侵入影响外，与天气、地形、地表性质也有密切关系。一般在晴朗、微风、湿度小的夜间最容易出现霜冻。洼地、谷地、盆地风速小，冷空气容易沉积，霜冻特别重，"雪打高山霜打洼"就是这个道理。干燥、疏松和沙性较强的土壤热容量①小，导热性②差，夜间散热快，又不容易从较深的土层中得到热量补充，霜冻也更重一些。冷空气经过水塘，性质变得暖湿些；经过村庄，风速减小，温度上升。因此，在水塘和村庄的下风方向，霜冻较轻。靠近水塘边、河边、湖边的地方，夜里受到水面上流来的较暖空气的调节，温度下降比较慢，不易发生霜冻。

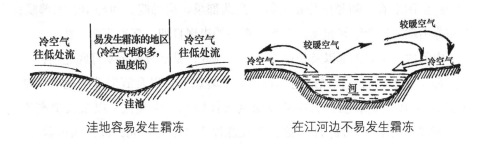

洼地容易发生霜冻　　　　　　在江河边不易发生霜冻

---

① 容积1立方厘米的某种物质温度升高或降低1℃时，所需要吸收的或放出的热量，叫作该物质的热容量。热量大，升温慢，降温也慢；热容量小，升温快，降温也快。
② 热能从物体温度较高的部分传到温度较低的部分，称为导热。各种物质的导热能力不同。传热慢的物质也叫它导热性差。

发生在秋季的霜冻，称为早霜冻，其中的第一次叫作初霜冻。发生在春季的霜冻称为晚霜冻，其最后出现的一次叫作终霜冻。它们都能给农作物带来不同程度的危害。安徽省晚霜冻比早霜冻危害大；秋天的早霜冻会使将成熟的晚稻、棉花、山芋、蔬菜等作物受损害，生长得不好；春天的晚霜冻会使许多发芽生长的作物死掉，特别是淮北地区作物受害较重。

出现在安徽的霜冻，主要是由于平流、辐射两种作用综合影响而形成的。因此，地理位置越偏北，年平均温度越低的地区，早霜冻出现得愈早，晚霜冻出现得愈晚（因为冷空气由南向北退却），即霜冻期愈长。初霜冻在淮北北部的砀山出现最早，大约在10月中旬（霜降以前）；宿州、阜阳、滁州、六安四个地区以及大别山区和皖南山区，初霜冻一般出现在11月上旬（立冬前后）；巢湖、芜湖、池州三个地区，以及安庆地区的西部山区，一般都出现在11月中旬（立冬以后）；安庆和池州地区的沿江一带出现最迟，一般在11月下旬（小雪前后）。晚霜冻以淮北各地出现最晚，一般在4月上旬（清明前后），最迟在4月下旬，"谷雨断霜"。向南去，滁州、六安两地及江南南部，晚霜冻平均出现于3月下旬（春分前后）。最迟晚霜冻，滁州、六安两地在4月中旬，江南南部在4月上旬。晚霜冻结束最早的是沿江一带，西部平均晚霜冻在3月中旬，东部在3月下旬，东西两部最迟晚霜冻都在4月上旬。各地的霜冻期，以淮北地区东部的泗县最长，接近170天，合肥以南地区都不足140天，沿江一带霜冻期最短，一般只有120天。但由于每年冷空气南下的迟早不一，也有例外。特别是终霜冻，会推迟到4月底，如1959年4月21日，淮北泗县就普遍出现过霜冻。

从全国来看，初霜冻分布的特点是北部早、南部晚，西部早、东部晚；终霜冻出现的日期恰好相反。平均初霜冻的出现日期，新疆北部、甘肃、宁夏、内蒙古、东北大部以及长城以北广大地区，是9月初至9月底之间；新疆南部、辽东半岛、长城以南到黄河、秦岭以北，以及藏南部分地区，是10月初到10月底；黄河、秦岭以南到长江以北广大地区，以及云贵高原中、西部，是11月初到11月底；在长江以南到南岭以北，以及四川盆地，是12月初到12月底。华南沿海及台湾大部分地区，只有在冷空气特别强的年份，才会在1月份出现霜冻。黑龙江省最北部、天山山地及青藏高原大部分地区，一年四季都可出现霜冻。

4. 霜冻的预报

大范围的霜冻，气象部门是可以做出预报的。但是，由于各地地形、地势、自然条件的差异和地方性天气特点不同，还要结合当地的具体条件进行更准确的预报工作。

在中长期预报方面，人们注意到，夏、秋雨水的多少和初霜冻出现早晚有关，如华北地区有"夏雨淋透，霜期退后"的谚语，华北、西北一些地区还有"夏雨少，秋霜早"的说法；东北地区也有"秋季透雨，霜期远离"和"秋雨涝山，风霜迟"等天气谚语。夏、秋季雨水多，由于水的热容量较大，温度不易下降；又因近地层水汽较多，凝结时放出热量，而且水汽也阻碍热量的散失。所以，在同样强度的冷空气侵袭或辐射降温时，夏秋季雨多的年份温度下降缓慢，不利于霜冻的形成，秋霜冻便会偏晚。

盛夏气温高低，对于秋霜的早迟也有一定指示意义。如在西北地区有"伏里热，霜迟；伏里冷，霜早"的说法；甘肃省环县有"糜头向南倒，初霜来得早"的谚语，指出糜子抽穗期（环县一般在 8 月份）的风向和秋霜的早晚有关。由于地理条件不同，在黑龙江省西部地区还有"糜头向东倒，秋霜来得早"的说法。

某些天气现象也可能是秋霜冻出现早晚的先兆。河北省平原县就有"初霉苦，一百五"的谚语，意思是初霉后隔 150 天左右见霜。谚语中的"苦"，就是指秋季的第一场严霜，它可以冻伤许多植物，所以也称它为"苦霜"。

冬季和春初的冷暖都与终霜冻的迟早有关。山东、河北两省有"冬天暖，春霜晚"，山东临沂还有"立冬暖，春霜晚"的说法。华北地区流行的"暖春头（立春为春季开始），冷春尾"谚语。据验证，"暖春头"的年份终霜冻偏晚，"冷春头"的年份霜冻偏早。此外还有"初雪早，终霜早"（山东）、"秋露春霜"（河南）等谚语。

在华南，也有不少关于霜冻的天气谚语，如福建、广东一带的"有奇热必有奇寒""六月田里晒死鱼，腊月有霜冻""中秋月明，霜雪腾腾""冬至在月头，霜雪满门楼；冬至月中央，无雪又无霜；冬至在月尾，寒冷正二月"等。

上面所说的物候现象和天气谚语，都可用来作为中长期霜冻预报的参考。此外，也有不少气象站用夏季（6—8 月）温度的高低和雨量的多少与初霜早晚的关系，结合数理统计方法，来预报初霜的日期；也有用秋季冷空气活动的间隔天数及降温幅度，做 10 天左右的初霜预报的；还有按大气环流型预报冷空气的强弱来做初霜的预报。

在短期预报方面，主要是根据头一天 14 时或 20 时的气温，计算各种天气条件下至第二天清晨最低气温的差值，先预报出下午到夜间的天气条件，再用 14 时或 20 时的气温减去某种天气条件下气温下降幅度，就得到次晨最低气温。一般最低气温在 5℃以下，晴朗无风，近地面温度就会在 0℃以下，有霜冻出现。

观天察色也可以判断有无霜冻发生。例如：夜间天空多云，风大，地面温度下降缓慢，霜冻就不会发生。白天先吹偏南风，以后转成西北风，一直吹到夜里两三点钟，忽然风停，天空无云，人感到冷，凌晨就可能出现霜冻。白天晴好，微吹北风，傍晚风停、无云、转冷，温度下降快，夜间也会有霜冻出现。有时，连日吹北风，风力较大，天气阴沉无雨，傍晚突然风停，云散天开，温度直线下降，第二天早晨也将出现霜冻。预测霜冻的天气谚语也很多，如"八月初一（农历）雁门开，大雁脚下带霜来""冬天吹北风，日头红样红，日落红霞现，风停霜必浓""张嘴讲话气成雾，牛马鼻孔冒白烟""久雨新晴，北风寒彻，是夜必霜""天空无云，寒风凛凛，手冷脚冷，定有霜冻""寒夜风云少，霜冻快来了"等。

大雁南飞

在预测霜冻时，要知道温度下降的情况，可采取简便的观测方法：取两个树丫插在田里，丫杈上平放一支棒状的温度表，距离地面最好跟作物一样高。在傍晚后，每隔 1～2 小时观察一次，到后半夜或至凌晨，如发现温度逐渐降到 1～2℃，而且天晴、风小，就说明霜冻将要出现。也可以将潮湿的布或较大的铁器（如铁锹、铁板、斧头等），放在比较低洼的田里，当看到上面出现霜花时，一般再过一小时左右会出现霜冻。

5. 霜冻的防御

为了防御霜冻，就要提高田间土壤和农作物环境的温度。各地农村群众经常采用的有以下几种方法。

熏烟：1400 多年前，北魏贾思勰在《齐民要术》第三十二篇中，已有关于霜冻及熏烟防霜的记载。在那时，人们就已应用柴草熏烟法预防霜冻了。这种方法迄今仍为一些柴草较充裕的地方所采用。

在发生霜冻的前 1～2 小时，在上风向燃烧麦秆、豆秆、谷壳、杂草、残枝落叶，或燃烧生烟无毒的化学药剂如赤磷、硫磺、萘等，使整个大田笼罩一层烟幕，能阻挡地面热量散失；燃烧时放出的热量，能提高作物周围环境的温度；烟幕的微粒可以吸收空气中水汽，促使水汽凝结放热，减缓空气温度下降。这样，可使温度提高 1～2℃。此外，熏烟增温还可以促进空气的流动，使冷空气不易聚集，破坏霜冻形成的条件。

采用化学药物发烟也有防霜效果。陕西省榆林地区就试用"防霜烟雾弹"。这种防霜弹是以 20% 沥青、5% 废柴油、42% 锯木末和 33% 硝胺配制而成，制作简单，发烟浓厚，使用方便，价廉效高。据宝鸡市千阳县在50～100 亩范围内试用的效果鉴定：在风速小于每秒 5 米的条件下，1 千克燃剂的霜弹，每个发烟 5～7 分钟，每亩平均 1～2 个，防霜地段构成烟幕平均高度 5～7 米，增温 1～2℃。

在国外，现在除用风扇、直升飞机等传统手段外，泡沫防霜冻是一种新技术。泡沫有制服霜冻的一些特殊"本领"：它只存在有限的几个小时便破灭消失，不需要事后去除防霜物质；泡沫由氨基酸或水解蛋白溶液构成，在它破灭后，增加了植物的氮素供应。试验表明，泡沫还具有优秀的绝热性能，夜间用泡沫防霜可提高温度 6～7℃。不过泡沫防霜成本高，有风时使用效果较差。

灌水、浇水和喷灌：霜冻发生前，在田间灌水，可以增加近地层空气温度，使地面热量不易散失，水汽凝结时放出一定热量又能提高空气温度；同时，灌水后还可以使土壤导热率增大，有利于土壤深层的热量向上传递，使土壤表层及近地面平均温度下降变慢。灌水后，近地面可增温 3～5℃，作物叶面增温 2.5℃。灌水时间最好在霜冻前一两天进行较好，受冻的作物如能补灌还有一定的效果。近年来，经有关部门研究，在地面最低温度即将降到 0℃时，组织浇水防霜冻，既省水，保温效果又比提前灌水更好。我国北方冬小麦区，到了冬季地上部分将要停止生长时，总要给它浇上一次"越冬水"，这不仅可以稳定地温、减少冻害，而且有利于小麦越冬及第二年春天水分的供应。

除了浇灌以外，喷灌技术也能有效地防御霜冻。这种方法是将水压送到灌溉地段，喷射到空中，散成细小的水滴，均匀地洒在田间进行灌溉。在霜冻出现前，将水喷洒在作物和土壤上，也具有浇灌增温的同样作用。同时，喷射而出的水雾，可以形成一片毛毯似的"保护层"，覆盖地面，减少热量散失。霜冻发生期间，在作物体表面和浮悬于近地层的小水滴，由于冻结而释放出的热量，使植株温度保持在 0℃附近，不至于破坏其内部细胞组织，使作物免受冻害。需要注意的是，开展喷灌防霜冻，一般应在气温下降到 0℃时进行；同时，喷灌应持续不断地进行，直到作物表面形成的冰层全部融化以后才能停止，以免冰融时使作物体温降至 0℃以下而受到冻害。

覆盖，对一些小面积的苗期作物（如蔬菜等），在霜冻来临的头一天下午，盖上稻草、麦秆、树叶杂草、草帘、泥碗、塑料薄膜等，既可防止外面冷空气的侵袭，又能减少地里热量向外发散。用草覆盖可提高温度 3～6℃；泥碗覆盖保温效应在 4℃左右。面积大的苗期作物，可采用土埋法，就是将土覆盖幼苗（2～3 天后将土扒开），埋土深度 2～3 厘米，其保温效应 3～5℃。另外，设置风障，培土，施厩肥、堆肥和草木灰等，都能起到一定的防霜效果。

以上是直接防御霜冻的方法。此外，还可采取农业技术措施防御霜冻，如选育适宜的良种（耐寒性较强、返青拔节较迟的品种等），改进耕作技术，按地形特点进行耕作，合理配置各种农作物的比例，选择适宜播种期及大田移栽期等，都是行之有效的方法。北方农民播种棉花时，有"霜前播种，霜后出苗"的经验，使棉花幼苗错过霜冻低温危害。有些地方进行"火炕营养钵育苗"，等霜冻过后才把棉苗移栽到大田。

在霜冻前，还有加强田间管理、采取促进作物早熟的各项防霜措施。如对秧田作物，注意后期肥水不宜过多，以防植株恋青徒长；灌水后或下雨后抓紧中耕、培土、锄草等，以提高地温，促进早发育早熟。棉花后期及时整枝、打顶、去老叶，促进早吐絮。在霜冻出现前 3 ～ 5 天进行棉株断根可以促进早吐絮，增加霜前花。

霜冻出现以前的防御工作很重要，但霜冻后的田间管理更应重视，特别是受过冻害的作物，要采取追肥、浇水、锄地、松土等方法，争取很快地恢复生长能力，促进农业的丰产丰收。

（三）春季低温连阴雨

1. 什么是春季低温连阴雨天气

垂柳鹅黄，芳草嫩绿，鸟语花香。春天，是一年中最美丽的季节。

春天也是播种的季节。谁不知道"春种一粒粟，秋收万颗子"的道理呢？每年 2 月中旬到 4 月底，华南和江淮地区的水稻、棉花等喜温作物都得落谷下种了。

春播时节，要求连续 3 天以上日平均气温大于 12℃，最低气温大于 6℃的晴暖天气，以利种子发芽、扎根和出苗。可惜，这时的天气并不是像所要求的那样经常能得到满足。相反，由于北方冷空气的频繁活动和侵袭，每隔几天天气就会突然变化。有时乌云漫天，细雨蒙蒙；有时阴晴不定，还会出现冰霜；有时随着 6 级左右的偏北风的吹袭，气温暴降，气压陡增，出现了乍暖还寒的"返春"现象。这就是人们常说的"春寒"天气。

在春播季节里，凡出现连续 3 天或 3 天以上日平均气温小于 12℃，最低气温小于 6℃的阴雨天气，气象上称它为春季低温连阴雨天气。

春季低温连阴雨天气是一种灾害性天气。由于在这种天气影响下，低温阴雨的范围广大（雨区达上百万平方千米），持续时间长（一两个星期，甚至 20 天），雨量不大（30 ~ 100 毫米），日照稀少，气温偏低，所以能造成大范围烂秧（种）。重新播种，不仅造成上百万斤稻谷的浪费，而且延误了春播季节，影响一年的农事安排。这种天气对棉花、玉米的播种和管理也极为不利，对铁路运输、航海、航空和仓库管理等方面都有一定影响。

那么，春季低温连阴雨天气是怎样产生的呢？

大家知道，多雨的发生，必须经常有暖而湿的气流来，同时又要有不断的冷却凝结过程。春季，华南和江淮流域一带接受了从东南部海上和南部孟加拉湾的海面上流来的暖湿空气，这类空气不断产生从地面向高空的垂直运动，使空气变冷，水汽凝结，因而就在空中形成云和雨了。春季阴雨连绵，就是因为在这段时间里经常具备了这样的条件。

大地回春以后，太阳直射点已经越过赤道，移到北半球来。我国南方的大陆和海洋开始增暖，暖湿空气逐渐活跃，并向北半球加强；同时，北方的干冷空气势力还没有显著减弱，冷空气活动次数很多，势力也强，经常从内蒙古向东南移动，经过华北到长江流域入海。到了春分、谷雨时节，江淮流域一带细雨绵绵，连日不断，就是因为冷暖空气经常在这里交汇，双方势均力敌，相互对峙，很少进退移动，形成气象上所说的"准静止锋"的天气。有时由于准静止锋两侧冷暖空气势力强弱对比和发展情况不同，使静止锋产生向北或向南呈波形摆动。当冷空气向南推进，其上的暖湿空气被迫强烈抬升到高空，气温降低，空气中的水汽达到饱和过饱和，多余的水汽凝结成云雨，这时可使降水增强到中雨或大雨。

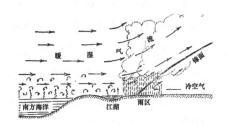 

水汽从水面蒸发出来，沿锋面向上爬升，成云致雨　　　准静止锋天气

　　特别是春播时节，北方冷空气一改冬天整股暴发南下的形式，常常以一小股一小股的形式不断扩散南下。这种冷空气每南下一次，就把南方的暖湿空气抬升，形成一次阴雨天气过程。所以，常常是一次阴雨过程刚刚过去，另一次阴雨过程紧接着不断袭来，以致造成时阴时雨，久不转晴。

　　据气象部门研究，在低温连阴雨天气发生前的 7～10 天，北方冷空气南下侵入我国中部，经江淮流域入海，造成长江流域和安徽省持续北风，气温降低，气压上升；冷空气入海后，江淮流域持续刮偏南风，空气暖而潮湿。但是，"南风吹到底，北风来还礼""南风不过三，过三有几天（阴雨）""一日南风三日曝（高温），三日南风狗进灶"，当南风超过 3 天后，再一次冷空气南下时，就在准静止锋附近形成连续低温阴雨天气了。

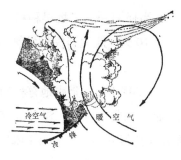 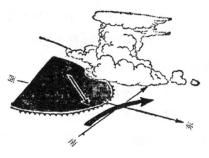

锋面抬升　　　　　　　　"南风吹到底，北风来还礼"

2. 战胜春季低温连阴雨

春季低温连阴雨天气主要威胁早稻育秧，使秧谷出苗慢，种芽烂，秧苗僵。此外也影响棉花、玉米适时播种和越冬作物的生长发育。

究竟春季气温低到什么程度、阴雨多长时间就会引起烂种烂秧呢？

让我们先从水稻的生理特性谈起吧！

水稻种子萌发的最低温度为 10 ~ 12℃，适宜温度为 25 ~ 35℃。据测定：种芽的致死温度在 1℃ 以下，秧苗的致死温度在 5℃ 以下。不论芽期、苗期，日平均气温在 12℃ 以上，可以微弱生长。秧苗的正常旺盛生长要在 15℃ 以上。当日平均气温持续几天低于 2℃，庄稼幼苗根毛细胞的原生质流动减慢，10℃ 时根毛原生质几乎停止流动，这就会使稻谷出苗慢，甚至引起僵苗不发，棉花、玉米也难以适时播种。在低温条件下，土壤中水的扩散速度降低，影响幼苗对水肥的吸收，由于这时日照少、气温低，又使幼苗光合作用减弱，生理机能发生障碍，养分消耗加速，引起烂秧、烂种。

造成烂种、烂秧的低温连阴雨天气，可以分为两个类型：一是阴雨低温型，就是 3 月下旬日平均气温低于 10℃，连续阴雨 5 天以上；或 4 月日平均气温低于 12℃，连续阴雨 5 天以上的，都属于这种类型。二是低温霜冻型，就是 4 月份最低气温降到 5℃ 以下，出现霜冻或接近出现霜冻。这种天气多出现在冷空气过后夜间突然转晴，或转晴后的第一个晚上。由于天空无云，地面辐射很强，冷却快，就可能出现霜冻，有时虽然没有白霜，但有极冷的水珠凝结，群众称之为"水霜"。它对于作物苗期，特别是对三叶期的秧苗危害较大。

"秧好半年稻，苗壮产量高。"为了战胜春季低温连阴雨天气，防止早稻烂秧，培育壮秧，安徽省农村群众已总结出了一整套丰富的经验。除选育抗寒品种和做好种子处理外，在育秧方式上，各地已普遍地采用小苗带土移栽技术，近年来又已改革为"壮苗带土移栽"。当播第一、二批早稻秧时，采用薄膜育秧，播种期比露地育苗的可提早 7 ~ 10 天，能适当提早成熟期，有利双季晚稻及时栽插。

当早春平均气温持续 5 ~ 7 天稳定在 10 ~ 20℃ 时，正是露地育秧的始播期，这时应当严密监视风云变幻，在寒潮来临时抓紧"冷头"浸种催芽，到冷尾暖头时正好落谷，可以使秧苗在晴暖天气扎根立苗。万一浸种催芽后，遇到低温阴雨时间较长，不好落谷，也可临时采取"雨天摊谷（维持 3～5 天，注意适当湿润），晴天出田"的补救措施。稻谷播种后还要灵活掌握秧田水的排灌，以适应秧苗生长时对水、温、气、光的需要。如遇晚霜冻，在降温以前，可以灌上露尖水保秧，次日早晨排除霜水，换上浅水。如有冰雹，应在下雹前灌深水护秧。

为克服长期低温阴雨后造成苗势僵慢的现象，各地也总结出了不少的办法。如"白天铜板水，夜晚拦腰水，天亮勤换水"，以及"灌水促，薄肥催，肥水吊"等。此外，提高播种质量，注意防治病虫害，也是十分必要的。

1977 年以来，安徽省各地大力推广的早稻温室无土育秧，不用泥土，不受早春低温连阴雨天气的限制，可以按照人们的意愿和要求在室内育出青嫩壮秧，保证了栽插任务的完成。

"一年之计在于春。"只要我们对农业生产能做到精心组织，精心指挥，就一定能战胜种种自然灾害，夺取稳产丰收。

（四）干旱风

1. 来自天上的"杀麦刀"

4月下旬到6月上旬，安徽淮北地区经常出现一种干热的南风或西南风。在这种风的影响下，天气又热又干，风速和蒸发量大。这就是"干旱风"，又称"干热风"。

干旱风不光常在安徽省淮北地区出现，我国华东北部、华北、西北、内蒙古及东北都可能出现，其中以华北地区受威胁最大。

提到干旱风，人们还往往把它和干旱相提并论。事实上，干旱风虽在干旱地区和长期干旱天气的情况下最常出现，但它却和一般的干旱不同，它是一种持续较短的特定的天气现象，作物受害的症状也不一样。受干旱的影响，植株慢慢地由下往上黄枯，而干旱风则使植株很快地由上往下青干——植株还青着就干枯了。

农谚说："西南风，杀麦刀。"干旱风对夏熟作物，特别是小麦生长后期的危害最显著。淮北小麦4月下旬开始开花，5月下旬进入乳熟期，直到6月上、中旬成熟，这一段时期恰是干旱风的盛发期。如果出现连续几天最高气温高于或等于30℃，空气相对湿度等于或低于30%，风速大于或等于3级，那么，小麦输导系统给水力与叶面蒸腾强度不相适应，植株内水分失去平衡，根部吸水率降低，体温增高，正常热力状况也被破坏。由于高温和旺盛蒸腾条件的配合，使小麦植株内水分和无机盐类输送滞缓，光合作用的同化物质累积运转受到抑制，呼吸消耗加强。这样，必然引起小麦青干逼熟，出现所谓"风干不实"和"谷粒干缩"现象。麦子得这种病来势急，茎叶干枯快，因此群众叫这种症状为"急死""假熟"。麦子急死多发生在灌浆乳熟期到成熟期，因这时麦子已"年迈"，根系开始衰残，"胃口不好""弱不禁风"了。正如农谚所说："树怕老来空，麦怕老来风。"

干旱风危害作物的程度，通常同它的本身强度和持续时间有关。新中国成立后，安徽省宿州地区小麦受强干旱风影响严重减产的有1958年、1962年、1969年；在1969年5月28日到6月1日的连续5天燥热、大风天气中，尤以 6 月 1 日风速达每秒 6 米、相对湿度为 26%、最高温度达 39.2℃危害最为严重。干旱风危害程度，还同它发生的时期有关：在小麦生长后期，出现时期愈早，危害越大。

根据各地农民的经验，干旱风在这几种情况下危害也很大：从播种早晚来看，对晚麦不利。农谚有"早谷晚麦，十年九坏"。在黄淮地区有"大麦不过小满，小麦不过芒种""小麦到芒种自死""寒食（清明）后六十天以前吃肥麦，六十天以后吃秕麦"等谚语，都是农民对当地干旱风发生为害的时间规律所做的总结。该地常年小满至芒种（5 月下旬到 6 月上旬）正是高温干旱期，也是小麦灌浆成熟期，要求小麦在小满能灌浆。从作物品种来看，安徽省宿州 1969 年在强干旱风危害下，小麦品种'徐州 14 号''安徽 3 号'减产很少，但'农大 45 号''碧蚂 1 号'却减产很严重。从土壤湿度来看，如春雨偏少，土壤干旱，紧接着发生干旱风危害就重。从天气情况来看，如春雨连绵，气温较低，小麦成熟期推迟，再遇干旱风危害就加重。群众说得好："麦是火里炼金""春雨成河，麦子稀薄。"麦子最怕雨后刮的干旱风。农谚有"雨后西南杀麦刀""雨后西南风，三天落场空"等。有人认为这一阵雨会沤死麦根；有的认为，可能与阵雨前后土壤温、湿度或株间温、湿度发生剧烈变化有关，影响到根部缺氧或土壤缩胀拉断麦根；还有的认为，雨后叶面的气孔张开，干旱风来时蒸腾失水太快。另外，在同一地区，因地形、土壤等因素不同，作物受害程度也有差别。

2. 干旱风的成因

干旱风大都出现于每年的 4—10 月。在我国东部地区，干旱风以 5—6 月为最多，但长江中下游平原主要出现在 7—8 月。西部地区，干旱风最早可发生在 3 月，7 月达最大值。

由于各地自然特点不同，干旱风成因也不同。黄淮平原，干旱风形成的主要原因是以区域大气干旱为基础。春末夏初，在干燥气团控制下，这里天晴、干燥、风多，地面增温快（平均最高气温可达 25 ~ 30℃），行云致雨的机会少，容易形成干旱风。这种干旱风对小麦后期的生长发育很不利。

就拿安徽省淮北干旱风的成因来说吧：入春以后，北方常有一个干冷气团（冷性高气压）偏西南下，独占淮北地区的上空。由于上空气流下沉而增温减湿的作用，不但促使云层消散，也阻碍了云雨生成，因此地面吸入太阳光热多，使平原上春温迅速上升，5月份平均最高气温可达25.5～27℃。春温回升快，相对湿度变小，凝结高度升高，行云致雨机会就很少，5月降雨量不过50～80毫米，因此淮北有"十年九春旱"之说。同时，在日益暖燥的地面影响之下，停留在这里的干冷气团，因为白天（特别是午后）太阳辐射和乱流混合作用，地面与近地层大气间热量及水汽的交换，使干冷气团逐渐改变了它原有的特性，使近地层空气变得更加干热起来，从这里吹出来的风，往往就形成干旱风。

尤其是春夏之交，淮河以南上空常常有一个暖燥空气团（暖性高气压），而在东北地区则有一个低压槽①伸向淮北，因此，在淮北地区，形成了南高北低的气压形势，经常吹刮干燥的偏西南风，这就是一种干旱风。暖性高气压有时还和南下的冷性高气压叠加在一起，经常持续较长的时间，强度也较强，在这种情况下，干旱风就越加明显。

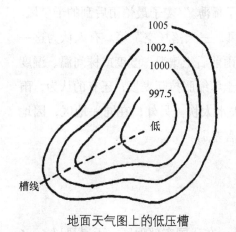

1005
1002.5
1000
997.5
低
槽线

地面天气图上的低压槽

在河西走廊，干旱风的形成常与一强大的干热气团的移动和停留有关。这个干热气团来自河套地区及蒙古国和我国新疆交界地区。它离开源地后，沿途经过干热的戈壁沙漠，变得又干又热。同时，河西走廊上空常出现下沉空气，更加剧了空气的干热。强烈的干旱风，对该地区小麦、棉花、瓜果造成危害。塔里木盆地位于欧亚大陆中心，气候极端干旱，强烈冷锋越过天山、帕米尔高原后产生的"焚风"，往往引起本地区大范围的干旱风发生。

至于长江中下游平原，梅雨结束后天气晴干，偏南干旱风（群众称为"火南风"）往往伴随"伏旱"同时出现，对双季早稻或中稻抽穗扬花不利。

① 海拔相同的平面上，如某一区域内，其气压低于毗邻三面，而高于或等于另一面时，该气压区域称为"低压槽"，简称低槽或槽。若等压线开口朝南，则称"倒槽"，因为槽内气压低，外边气压高，空气由槽外向里流，气流在槽内汇合产生上升运动（辐合），大气不稳定，容易成云致雨。

3. 干旱风每年出现多少次

由于各地地形、距海远近、干湿状况不同，干旱风每年出现的次数多少也不同。一般平原、河谷、盆地多于高原，内陆多于沿海地区。

在安徽省淮北地区，干旱风平均每年出现 14 次，最多可达 20 多次，最少是 4～5 次。各地干旱风每年出现的平均日数，一般北部多于南部，其中以砀山和涡阳出现最多，平均各为 8 天，最多年份为半月左右；而沿淮河一带干旱风出现最少，平均每年不超过 5 天，最少不足 1～2 天，这是由于淮河调节了气温，增加了湿度，从而削弱了干旱风的缘故。干旱风的持续日数，最长的一般在 4～5 天，只有砀山和亳州可达 6 天之久，都发生在 5 月下旬和 6 月上旬，但出现次数只有 1～2 次。干旱风持续 3 天的，砀山有 6 次为最多，萧县、涡阳和界首各 5 次，其余一般为 3～4 次，五河、颍上和怀远各少至 1 次，持续 2 天的，砀山为 14 次，灵璧为 12 次，涡阳、界首各 10 次，亳州、濉溪、蒙城、泗县各 9 次，萧县、宿州、阜南分别为 8、7、6 次，其余为 3～4 次。

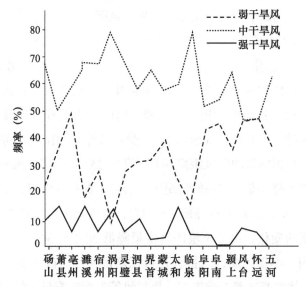

安徽淮北地区各地各级干旱风出现的频率曲线图

干旱风的强度，以安徽省淮北冬小麦受害的轻重可分为弱、中、强三个等级。弱干旱风，小麦受害植株百分率大于或等于 1%，茎叶受害较轻，有籽粒缩瘪现象；中等干旱风，小麦受害植株百分率大于或等于 50%，有卷叶、开芒和籽粒缩瘪现象；强干旱风，小麦受害严重，植株有较大的死亡，

三、漫谈灾害性天气

产量有显著下降。

各级干旱风中，以中等干旱风出现最多，强干旱风最少。中等干旱风占各级干旱风的 47%～79%，其中以临泉最多，凤台最少。强干旱风一般占 15% 以下，其中涡阳强干旱风多于弱干旱风，阜南、颍上和五河强干旱风极少出现。强干旱风有一半以上是出现在 6 月上旬，少数出现在 5 月中下旬，而 4 月下旬到 5 月上旬却极少出现。

4. 与干旱风作斗争

长期以来，劳动人民积累了不少与干旱风作斗争的实践经验，采取了一些行之有效的方法。这些方法主要有选育丰产、早熟、抗锈、抗干旱风能力强的作物品种，适时早播、早栽，加强田间管理，争取避开干旱风的危害。冬春干旱时，灌好越冬水、返青水、拔节水，促使小麦根系发育，植株生长健壮，在干旱风来临前，灌好麦黄水，以改善农田小气候，以及喷洒石油助长剂，使小麦减少植株蒸腾，增加叶片含水量，提高光合作用功能，这些，都可以增强小麦抗御干旱风的能力。此外，氮肥施用要早，灌浆期对氮肥适当控制，基肥里增加磷肥，有利于小麦灌浆，对防御干旱风有一定的效果。

从长远的观点看，大力营造农田防护林带，可以更有效地防御干旱风。这是因为，防护林带作为一种障碍物对风有很大的阻挡作用。吹来的强风遇到林带后，就会由于树干、树枝、树叶的阻拦和机械摩擦而降低风速。在刮强风时（风速每秒 5 米以上），受林带保护的田地上可使风速降低 10%～80%。护田林带的防风距离为其树高的 25～30 倍。风速的降低还会引起温度和湿度的改变。在一般情况下，有林带保护的农田，空气温度在冷天可提高 1～3℃，在热天可降低 1～4℃；空气湿度可提高 3%～9%。由于空气温湿度的变化，也使土壤的蒸发量降低 20%～30%，这些水分就可供农作物使用。不仅如此，防护林还可以增加降水，改变农田小气候。因此，农田防护林在避寒潮、防霜冻、拒旱风等方面都有显著的作用，被人们誉为"绿色的农田卫士"。

（五）雷与闪电

1. 从积雨云谈起

夏日晴空，阳光灿烂。突然，在远处天边浮游着的灰白色的云块中，有的迅速增长、发展，颜色越来越黑，成为一块庞大的砧状积雨云。不久，"山雨欲来风满楼"，乌云密布，狂风四起，真有乌云压城城欲摧之势。瞬间，一道闪电划破长空，震耳的雷声回响四周，接着暴雨倾盆而下。有时随着积雨云体的移过，还抛下了碎石般的冰雹，卷起龙卷……

那么，积雨云是怎样诞生的呢？

积雨云多半出现在夏天。

夏季的晴天，地面经太阳照射而变热，一到下午就把地皮晒得有点烫手了。地面得到的热量传给贴近地面的一层空气。空气受热后，体积变大，重量变轻，就飘飘然地向上浮升，形成上升气流；而它空出的位置，由周围较冷的空气来补充。这个过程不断地进行，形成了空气的上下对流。

当天气酷热时，在烈日的烘烤下，土壤里、植物体内、江湖河海中的水分不断被蒸发变成水汽，这些水汽随同上升气流被夹带到高空。

一团空气上升后，由于高空空气稀薄，它所受周围空气的压力减少，这团空气的体积在上升过程中就不断膨胀。空气膨胀时要消耗一些能量，于是温度渐渐下降。据观测，一团未饱和的空气，每上升 100 米，温度大约要降低 1℃。这个过程在气象上称为"绝热膨胀"。当这团空气上升到一定高度（这个高度称为"凝结高度"）以后，空气中的水汽达到了饱和，便凝结成千千万万颗小水滴。大量的小

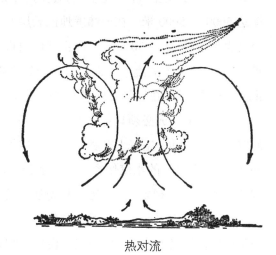

热对流

水滴悬浮聚集在空气中，我们在地面上望去就是云。

对流开始阶段，上升气流达到的高度仅稍高于凝结高度，所形成的只是个体较小的云块，云顶一般在0℃等温线以下，云内上升气流的速度，一般不超过每秒5米，云中乱流也较弱。它的高度通常在500～1200米，厚度约为几百米，甚至2000米。云体全由水滴组成。这种云，底部平坦，顶部凸起，孤立分散着，很像馒头，在蔚蓝的天空中悠然地飘移，人们叫它"馒头云"，在气象上称为淡积云。它是积雨云的"初生阶段"。

有时，对流发展比较旺盛，上升气流达到的高度大大超过了凝结高度，淡积云就继续发展。这时，云的厚度可达4000～5000米，云顶常可伸展到温度低于0℃的高度，上升气流的速度比淡积云中大得多，可达每秒15～20米，云中乱流也比较强烈。这时的云体变得高大臃肿，顶部耸起，很像菜场里出售的花椰菜，人们叫它"花椰菜云"，在气象上叫浓积云。它是积雨云的"青年阶段"。

浓积云出现以后，如果对流发展得特别旺盛，上升气流的高度高于冻结高度，云顶伸展到温度为-30～-20℃的高空。在冻结高度以上，云中的小水滴，有一部分就冻结成小冰粒和小雪花，一部分小水滴虽然温度低于0℃，但仍不冻结，成为"过冷水滴"，云顶也失去原来清晰的圆弧形轮廓，出现丝缕结构，并在云体前进的方向伸展得更远。淡积云发展到这个时候，其整体很像一个顶部平衍的铁砧，其结构明显的可分为三层：低层（0℃等温线以下）基本上由大小水滴组成，中层由小冰粒、小雪花及过冷水滴混合组成，上层由冰晶、小雪花组成。这时云的厚度也很大，在中纬度地区云层厚达5000～8000米，在低纬度地区云层厚达10000米以上。云中上升气流速度大到每秒20～30米，云内也开始出现有规则的下沉气流，速度可达每秒10～155米，乱流十分强烈，并开始出现雷电。这时的云，就是人们所说的"过雨云"，在气象上称它为"积雨云"。

积雨云的形成必须具备三个条件：一是空中要有充足的水汽。二是强烈的空气上升运动，空气上升膨胀降温，空气中的水汽含量容易达到饱和过饱和状态，"多余"的水汽便容易凝结成云了。三是环境能不断提供云体增长的能量（层结不稳定）。在初春和晚秋，特别是在冬季，这些条件不具备，一般不会形成积雨云。在夏季，空气潮湿，太阳照射强，经过一上午特别是中午以后，加热了地面上的空气，温度很快升高，暖湿空气迅速上升，天气闷热无风，这时就容易见到淡积云；如果闷热得厉害，淡积云就会逐渐发展成浓积云和积雨云，一场雷雨、甚至夹杂着冰雹就会很快来临了。

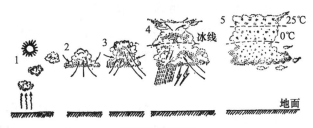

积雨云的演变

1.热空气上升；2.淡积云；3.浓积云；4.积雨云；5.积雨云的三层结构
＊表示雪花， ·表示过冷水滴，○表示水滴

从积雨云的气流场结构看，它主要由一股强上升气流和另一股相对应的强下沉气流所构成。上升气流源源不断地向云中输送水汽，并支撑住云中水滴和冰雹，在云体中上部形成水量积累区。上升气流是由云体前部低层大范围空气向云体辐合而造成的，在高层又随高空气流辐散，于是在云体前部形成一个环境联通的环流。与此同时，下沉气流则不断地把云里生长成熟的雨、雪、冰雹带到地面，它们构成了云中平衡系统，使云体维持一定时期的生命史。积雨云初生时，上升气流强于下沉气流，云体增长发展；平衡时，云体持续；下沉气流增强之后，积雨云体便趋向消亡了。

2. 雷雨的来历

天空中的砧状积雨云向头顶盖来，霎时间就会雷电交加、阵雨大作了。下雨而同时又发生雷电的现象，就是人们所熟悉的雷雨。有雷雨的积雨云，气象学上称它为雷雨云。

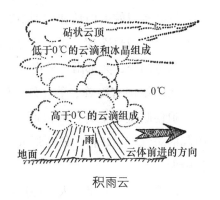

积雨云

在雷雨云里，空气动荡不定、上下翻腾，云的上部温度低于0℃的云滴互相碰撞，在冰晶上面冻结，使冰晶变大。当冰晶增大到上升气流支托不住时，它们就会降到云的下部而融化成大水滴。一些大水滴再通过破裂，及与

其他小云滴碰撞并增大，水滴又不断变大和变多。于是一部分大水滴就落到地面，成为雨；另一部分随气流上升到云顶附近冻结成小冰珠，小冰珠随气流的升降，来回反复，合并增大，落到地面便是冰雹。

这样看来，一块雷雨云就好像是一架庞大的机器，它把大量的水汽"制造"成雨滴、冰雹。同时，它还能"制造"大量的电荷，引起大规模的闪电和巨大的雷响！

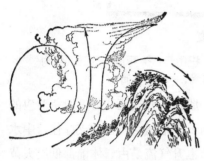

地形抬升

你看，那闪电最频繁的地方，正是雷雨云最强烈的部分。如果你看见闪电是垂直闪动的，说明你正处在雷雨云前进的方向，猛烈的雷雨很快将会袭来，如果闪电是水平的左右闪动，你就处在雷雨云的旁侧。

由于引起空气对流的原因不同，雷雨可分为两个"品种"，就是地方性雷雨和锋面雷雨。

地方性雷雨，又包括热雷雨、地形雷雨和夜雷雨三种。热雷雨主要由于太阳强烈照射，地面急剧增温，使空气产生强烈对流形成的。因此，天气晴朗，太阳强烈，微风或无风，湿度大，空气闷热，是形成热雷雨的条件。这种雷雨以夏天下午最热的时候最多，但每次持续的时间不过 1 小时左右。它的影响范围一般只有几千米到几百千米，有时范围更小，所以有"夏雨隔牛背"的说法。地形雷雨是由于暖湿空气经过山坡被迫滑升时形成的。这种雷雨在安徽省以皖南山地和大别山地出现较多。夜雷雨主要由于夜间云层顶部不断向高空散热冷却，而底部尚较暖，云顶和底部发生对流而形成。地方性雷雨的范围窄，大都雨量较小。

锋面雷雨有冷锋、静止锋、暖锋三种雷雨。冷锋雷雨是由于冷空气侵入，迫使暖空气上升、对流而形成。如果冷空气特别强，运动速度特别快，引起的对流特别旺盛，还可形成冰雹或龙卷。锋面雷雨范围广、势力强、雨量较大。

雷雨的强度如果很大，往往会造成山洪、内涝、雷击等灾害。猛烈的雷雨常常伴有 7 ～ 8 级以上的大风，甚至带来冰雹和龙卷，造成人们生命财产的损失。但是，多次雷雨却能充实河流、水库水量，利于灌溉、航行和发电。雷雨还能使 7、8 月间缺水的庄稼获得甘霖，有利于作物生长。正如古诗所说："雷惊天地龙蛇蛰，雨足郊原草木柔。"同时，闪电瞬间所造成的高温高压，还可以使空气中的氮转化成植物需要的硝酸态氮肥和氨态氮肥。一次闪电有几十里长，所造成的氮肥，可达 1000 ～ 2000 千克。这种氮肥随雨水降落，既能被作物的根部吸收，又能由作物叶子加以利用。

雷电还直接对庄稼有好的影响。有人曾观察到：在雷电较多

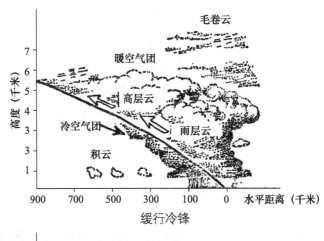

缓行冷锋

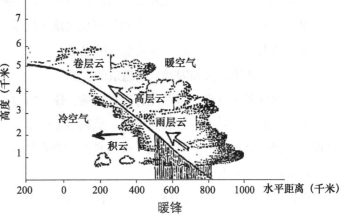

暖锋

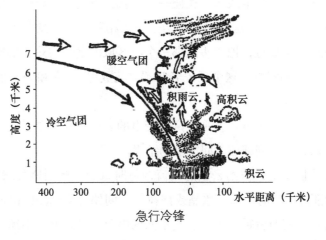

急行冷锋

的地方，植物的倍数增生现象也显著得多。有人曾在园圃中建立一些类似避雷针的装置，把天空中的电引入地里，结果作物的收获量有显著增加。一种说法认为，这是由于导入土中的电促进了肥料的分解，使养分较易为作物吸

收的缘故。据说高压电线下的作物，往往生长得比较好，秘密也就在这里；这和雷电对作物的影响正好互相印证。

更有趣的是，有人为了验证人工闪电制肥的实验效果，在实验室里做了实验。结果，经过闪电处理的豌豆比没有处理的提早分枝，分枝数目也有增加，开花期也提早 10 天左右。处理过的玉米抽穗提早 7 天，处理过的白菜增产 15% ～ 20%，这些都证明了闪电对作物确有一定好处呢！

3."吐火挥鞭"话闪电

狂风呼啸，乌云密布，随着电光闪烁，便可听到阵阵雷声。

过去，人们缺乏科学知识，看到具有很大威力的雷电现象，就认为是天神在显示威力。我国过去也有雷公电母的说法。

现在我们知道，雷和闪都是电造成的。

早在两百多年以前，富兰克林做过实验，探讨雷电的成因。在一个雷雨的日子里，他把一只大风筝放到天空，从风筝上引下一根很细的铜丝，企图从铜丝上得到电现象的启示。风筝乘风直上，当它钻入云里以后，不久，在铜丝末端就出现了电火花。

你也可以做一个实验：找一个小电池，从电池的正负两极各引出一根电线，然后把两根电线头互相碰一碰，就会发现线头附近冒出火花，同时还有"啪啪"的声音。这是因为，两个线头相距很近、没有完全接触上，电流可以从空气中通过，把线头间那一个小区域的空气灼热，形成一个小爆炸，发出了光亮和响声。这个现象名叫"火花放电"。它和天空里发出的鸣雷闪电的道理一样。

天空中的雷电，就是在两块带电的云层之间，在云层与地面之间，或者在一块云的不同部位之间放电的结果。

我们知道，雷雨云里的气流，每时每刻都激烈地翻腾着的，这样一来，温度低于 0℃的云滴、冰晶或霰粒[①]之间便发生剧烈的碰撞或摩擦，因而破裂分离，同时就带上了正、负不同的电荷。带正电的小冰晶被气流带到云的顶部，而带负电的大冰晶较重，则下沉到云的下层，融化为带负电的水滴。

---

① 霰粒由冻水滴集合而成，白色，较松脆，俗称霉子。

这时水滴受上升气流的冲撞，又分裂成许多带负电的小水滴或带正电的大水滴，带正电的大水滴集中到云底，带负电的小水滴又被上升气流抬高。这样，在云的不同部位就积聚着不同的电荷，它们之间的电位差愈来愈大，有时就往往发生一场"吐火挥鞭"的战斗——放电。

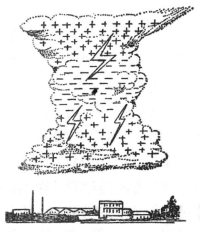

雷雨云中的雷电现象

最常见的放电现象是线状闪电。它是一些非常明亮的白色、粉红色或浅蓝色的光线，好像倒悬在天空中的枝杈纵横的树木。据观测，这种放电现象是由一个很暗的先导闪击开始的。先导闪击是沿着一条路径一步一步地伸向地面的，这种情况叫作"逐级向下的先导闪电"。但是，先导闪击有时也会毫不停留地一直向下伸延，这种情况叫作"直窜先导闪电"。紧跟在先导闪击之后的是主闪击。紧接着主闪击而来的是一系列的放电，它们数目可达到 20 个以上，整个放电过程可持续半分钟。完成一次放电的时间如此短暂，从而使每次放出的电流都十分大，可以达到 1 万安培，甚至超过 10 万安培（一个 40 瓦的照明灯泡中的电流只有 0.2 安培左右）。这样大的电流将使直径只有十几到几十厘米的放电路径迅速增温至几万度。炽热的高温使放电路径上的空气几乎完全电离，因而发出耀眼的光亮，这就是闪电。

在线状闪电以后，也许天空中会突然出现一个火球——球状闪电。这是一种罕见的闪电。它大多出现在强雷雨的恶劣天气里。这种闪电的大小不一，从直径看，大的有几米，小的只有几厘米，但也有几十米的。它们沿着弯弯曲曲的路径在天空游荡，有时随着气流慢慢飘动，有时却悬在空中；有时发出白光，有时发出粉红色的光。这种火球还喜欢钻洞，有时从烟囱、窗户、门缝窜入屋内，在屋子里转一圈后又溜了出去。它消失时常发出一声沉闷的巨响。球状闪电从出现到消失，时间只有几秒钟到几分钟。

球状闪电的这些怪"脾气"，有人认为是由化学过程引起的。在线状闪电发生时，由于闪电通道里的空气温度很高，使空气中的水分解成氢气和氧气。在某些条件下，闪电通道裂成几块，组成一团团含氧气和氢气的气块。

当高温气体冷却到 3500℃时，氢气和氧气又化成水。这种化学反应剧烈地发生类似一种爆炸。也有人提出，球状闪电所以能存在那么长的时间，是因为它吸收了闪电时产生的超短波辐射。当它把这部分能量释放出来的时候，就发出光和爆炸。

在线状闪电的路径上，还偶尔会出现一种少见的闪电——链状闪电。它好像一排发光的链球，挂在天空，在云层的衬托下，又如一条虚线在云幕上慢慢滑行。链球的数目大约有 20～30 个。

更有趣的是一种电晕放电。航海人员有时看到船桅附近冒出的蓝火，在一些尖屋顶上、烟囱顶部、避雷针上看到的冒烟和发光；登山运动员有时头发会冒火花，等等，都是这类的电晕现象。这是大气中的一种无声的放电现象。它们大都发生在雷雨时，因为这时大气中有很强的电场，而地面尖端物体附近的电场更强。当尖端邻近的电场超过每厘米 3 万伏时，大气里的自由电子在尖端附近飞快地运动，途中又撞击很多空气分子，使空气分子电离，最后就要导致电离空气击穿而产生放电，引起物体尖端附近的发光现象。

闪电之后所出现的雷声，就是放电时发出的声音。放电路径上的电能可以在十万分之几秒的极短瞬间内释放出来，于是形成爆炸。爆炸时，放电路径以 30～50 个大气压力向外膨胀，形成冲击波。这种冲击波约以每秒 5 千米的速度向外扩展，这样，位于闪电附近的人便听到震耳欲聋的霹雳。大约经过 0.1～0.3 秒以后，冲击波逐渐衰减为正常的声波，以每秒 340 米左右的速度继续向四周传播，这就是我们平常听到的雷声。

打雷时我们所听到的"雷声隆隆"，这是由于一次闪电可达 3 千米长，而且曲折的闪电路径上各点离开我们有远有近，声波传来有先有后的原因。又由于声波遇到云层、山岳、建筑物时被反射，有的声波经过几次反射，可能几次传入我们耳中，这样，雷声不仅被加强了，而且拉长了，前后可延续 9 秒钟。此外，当闪电引起的爆炸波分解时，产生许多音波，这些音波互相干扰或加强，听起来雷声就是一连串的轰隆轰隆声了。

光的传播速度是每秒 30 万千米。人们几乎总是在发生闪电时立刻能看到它。但是声音走 1 千米则需要 3 秒钟，于是只要用 3 来除闪电和雷声之间的时间间隔，就能得到发出闪电的地方距离我们有多少千米。20 千米以外的雷声，一般是很难听到的。

在夏天的夜晚，有时会看到远处的夜空出现一闪一闪的闪光，这是远处的闪电被云反射过来的亮光。由于雷声在云雨中传播损耗太大，同时在雷雨时空气随着升高温度降低很快，高层空气密度小，低层空气密度大，而声音在密度不同的空气介质中传播速度不同，当雷声从高空传向地面时又逐渐被折射回天空，因此，远处有雷电发生时，我们往往只见闪电，不闻雷声。

雷鸣电闪时，往往是要下雨的。这是因为：在雷电冲击波向外扩展的途中，它猛烈地冲击云中水滴，使水滴产生剧烈的加速运动。在短暂的一瞬间，使大小水滴之间产生碰撞，造成云里的水滴迅速增长，迅速下落成雨。闪电冲击波作用时间短，云滴增长的速度快，所以在隆隆的雷声不久，大雨就会滂沱而下。但有时云下空气干燥，雨滴在到达地面以前已经汽化，就会出现"光打雷不下雨"的干雷，有时云中起电作用不强，构不成放电现象，就又会光下雨，不打雷。

4. 谨防落地雷

天空中的雷电，一般是不会有多大危害的，这叫"高空雷"。危害最大的，大都是从云层到地面的云地闪电，它叫"落地雷"。

当云中闪电下伸到接近地面时，地面就与闪电末端间的距离愈来愈近，电位差愈来愈大，许多地面物体的尖端部分就同时向空中很快地排出大量的正电。当闪电下伸发生的尖端放电，将要接触地面时，地面正电荷打破空气的约束主动迎上去，造成空气迅猛加热，剧烈膨胀，发生"咔嚓嚓"声，继之是一阵霹雳，这就是落地雷了。

落地雷所形成强大的电流，炽热的高温，丰富的电磁辐射，以及伴随的冲击波等，具有很大的破坏力。

落地雷威胁着户外来不及躲避的人、畜安全。雷雨时，雷雨云和地面上的行人，一般离得很近，一旦带正电的云层冲下来和人身上的负电会合，就是人遭到雷击了。强大的电流通过了人

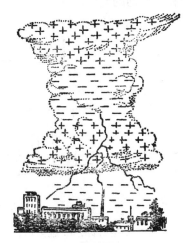

落地雷

身，皮肤上出现灰白色的肿块和线条，这叫作"电的烙印"。过去一些不懂科学道理的人，说这是"天神留下的罪状"。其实雷击和触电一样，无论是谁碰上了都得受害。在闪电路径经过的地方，因高温而使物体燃烧，会引起火灾。这对易燃物仓库的威胁最大，也是森林起火的重要原因之一。

雷电引起的冲击波，能使建筑物中的玻璃物品碎裂，甚至使烟囱崩毁、墙垣倒塌。雷电还常破坏高压输电系统，造成停电事故；有时还破坏有线通信，甚至会沿着电话线窜入室内，使工作人员遭受危害。

雷电所产生的静电场和电磁辐射，干扰电话通信，甚至使通信暂时中断。铁路上的自动信号装置、导弹的遥控设备等，都会因雷电的静电场和辐射场的影响而完全失灵。

落地雷是可以预测的，如果雷雨云底的高度很低，例如离地面只有100～200米左右，就有发生落地雷的可能。如果出现垂直的枝状闪电，也有可能发生落地雷。至于球状闪电，它通常是沿着地面滚动或在空中飘行，很少发生落地雷。

为了防止雷击，在雷雨发生时，人、畜都不要到大树、高塔和高墙下避雨，不要靠近和接触潮湿的、带电的、金属的东西，不要在架空线路下和电线杆下行走，不要在河岸边停留、划船，不要扛着铁制农具乱跑，或站在空场地上。装有室外天线收音机的，雷雨时应将天线接地。

建筑物防雷，安装防雷装置是个有效措施。防雷装置一般由避雷针、避雷带、引下线、接地极几部分组成，其作用是把雷电流引入大地，以保护人身和建筑物的安全。

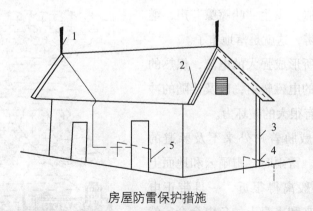

房屋防雷保护措施

1.避雷针；2.避雷带；3.引下线；4.地下极连接线；5.接地极

雷击是具有选择性的。一般屋面坡度小于27°，而长度小于30米时，雷击点多发生在山墙脊面处；房屋顶为平面屋时，雷击点多发生在四个屋角处。为了防止坡屋面建筑物直接受雷击，可在山墙屋脊面处安装短针和避雷带。引下线沿外墙明装，入地后与接地极（埋深0.6～0.8米）连接。安装接地极要离开人，畜经常行走地方3米以上。接地极的接地电阻值，一般民用建筑物为30欧姆。防止平屋面建筑物直接受雷击，可沿平顶屋檐安装一圈避雷带。引下线和接地极做法与坡屋面的做法相同。

避雷带沿坡屋面安装时，可用石灰砂浆墩固定，每隔1米一个；平屋面沿屋檐安装的避雷带，则在捣制屋檐板时先预埋支架（用直径8毫米圆钢），每隔1米一个，与避雷带（支起10～15厘米高）焊接固定。引下线沿外墙引下时，可用卡钉每隔1～1.5米固定于墙上，防雷装置的所有金属连接处都要焊接，使之成为一个电气整体。

安装避雷针也可利用房屋附近的高树及其他地物、地形。为防止线路感应高电位引入建筑物内，进户线与防雷设置的距离要1米以上。另外，要求用直径8毫米圆钢将进户线之瓷瓶铁脚进行接地，其接地电阻值不要大于20欧姆。

露天的输电导线上要悬挂避雷线。避雷线是一条接地良好的钢导线，也叫架空地线。它的保护空间像个帐篷，呈三角柱体，保护角为50°。露天的铁道信号塔、各种遥控装置、设有室外天线的仪器设备等，一般都装有各种避雷器。当雷电产生的大气过电压超过安全值时，避雷器就被击穿导通，闪电电流通过它传入地下，从而保护了设备的安全。

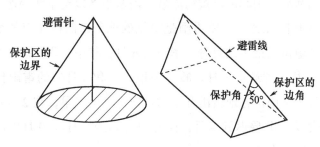

避雷针和避雷线的保护范围

人们还利用雷电探测仪来了解雷电活动的分布，帮助避免飞行事故，保证导弹安全发射，并为及时发现森林雷击火提供可靠依据。

5. 雷雨的"足迹"

地球上，任何时候都有雷雨在发作，几乎每秒钟都爆发着闪电。世界的"雷都"是印度尼西亚的茂物，那里几乎每天正午都下雨，每雨必雷。而撒哈拉沙漠平均 5 年才可以听到一次雷声，是世界上打雷最少的地方。

根据世界各地统计，雷雨现象，赤道地带比两极的多，陆地比海洋多，高山比平原多，湿润气候区比干旱地区多，南方比北方多。

雷雨在我国，一般是山地比平原多，内陆比沿海多，南方比北方多。高温和潮湿是形成雷雨的基本条件，南方具有的这种条件比北方多，雷雨出现的机会也多。长江以南平均每年有 40 ～ 80 个雷雨日，而长江以北平均只有 25 ～ 40 个。山地因为高低不平，暖湿空气移来以后就被迫抬到上空去，容易凝结形成雷雨。像云贵高原和西藏高原一带都是雷雨活跃的地区。西藏的拉萨，平均每年有雷雨日数 51 个，而在同一纬度的杭州平均每年雷雨日只有 28 个。海洋热容量大，水温升高慢，近海面气温也就升高得少，就不利于产生热对流。如青岛平均每年有 16 个雷雨日，而在同一纬度的石家庄一带则有 35 个。我国台湾位于海中，由于受地形影响，每年有 30 ～ 50 个雷雨日。地处内陆的新疆、青海、宁夏、内蒙古等地有广大的沙漠地区，空气非常干燥，雷雨很少。全国雷雨最多的是在岭南一带，特别是海南岛、雷州半岛等地，每年平均有 100 个雷雨日。在海南岛的儋县每年平均有 130 个雷雨日；最多的时候，一个月竟有 27 天下雷雨。

全国大部地区都是夏季雷雨最多。江南丘陵地区的春季雷雨较多，这主要是由于锋面活动而引起的。黄河流域、山东半岛以至东北等地，秋季雷雨明显增多。在我国北方，冬季雷雨是罕见的现象，而在江南冬季却偶尔有雷雨出现。各地雷雨最多的月份，华南是 6 月，华中、华北多在 7 月，而陕西、甘肃、青海各省却在 8 月。岭南山地 4 月和 6 月份的雷雨日数大约相等。东北 9 月多雷雨。各地雷雨开始的月份，岭南最早，在 2 月；长江流域在 3 月，华北及东北要迟到 4 月，西北更延迟至 5 月。10 月以后，除江南地区外，雷雨便结束了。

雷雨在安徽，一般集中春末到晚秋的温暖季节里，特别是夏季雷雨最多。淮北地区夏季雷雨约占全年雷雨日数 70% 以上，黄山和大别山夏季雷雨也占 45% ～ 50%。各地雷雨的起始时间，一般淮北要来得晚些（3 月下旬），结束得早些（9月下旬）；皖南则来得早些（2月中旬），结束得晚些（10月中旬）。到10月下旬以后，各地雷雨也很少出现了。

安徽雷雨分布的地区，一般是山地比平原多，南方比北方多。黄山山地的全年雷雨日超过50天，其中宁国为58天，屯溪为61天。大别山地全年雷雨日也在40天以上。淮北的雷雨日一般只有32天。向南去，江淮之间有38天，江南地区有43天。

6.人工影响雷电

雷电是一种灾害性天气。随着生产的迅速发展，今天无论在高度集中的工业区，在浩瀚的林海，还是在宇宙飞船发射场或军事需要的特殊时空，都迫切要求人工减少雷电的危害。这样，人工影响雷电的科学实验就由于这些需要而开展起来了。

人们发现，利用人工影响雷雨云的电场特征，能减少或削弱雷电活动。1964年，有人做过这样一次实验，在雷雨云可能形成的雷电区里，用高射炮或飞机及时投入大量的金属细丝，或投入镶着铝箔的尼龙细丝以后，云体电场强度明显减弱。这表明，对雷电的人工影响是完全可能的。另一次实验是向雷雨云中过冷区播撒碘化银，人为地产生大量冰晶，增大了云体导电性，于是，减小了云中的电场强度，也减少了闪电次数。据统计，对于同一个雷雨云，它对地面放电次数，在撒播后只有撒播前的二三十分之一，而且长放电现象几乎消失了。

影响雷雨云电场特征，还可利用地面的高压电线控制云中的电。据实验，在离地面10米的空中，架设几条长达10千米的细金属线，每当这一地区上空将要下雷雨时，就给导线加上几十万伏的高电压，这时由于电晕放电，就会有大量的电子从电线上跑到空气里，并被空气分子、灰尘等"捕捉"而形成许多空气离子，就这样，人们终于在大气里人工制造了电荷。这些电荷，又被云下面的上升气流吹送到云里，粘在云里的水滴和冰晶上。测量的结果表明，云里电的性质（正电或负电）和被导线释放电荷的性质完全一致。例如，当在导线上加上负电压时，云里带的电是负的，只在云的外部有少量正电荷。这就是说，用这种方法可以控制云里的电，消除云里的一些带电中心，从而防止了雷电的发生。但在目前，这种试验困难，只能控制小块浓积云里的电荷。

利用人工破坏雷雨云的结构，也能减弱雷电的活动。多年来，人们利用土炮、土火箭和"三七"高射炮等手段，猛烈轰炸雷雨云，常常收到"炮响雨落"，甚至"化雹为雨"的效果。猛烈的爆炸，直接或间接地影响了云中气流、水汽供应以及降水状态等条件，所以也就改变了雷雨云形成、发展条件，进而减弱了雷电活动。

上升气流是雷雨云生命攸关的关键因素。在云中一定部位，投掷一定数量的氧化铜粉和黏土类物质，它们下落时，会激起一种具有破坏性的下沉运动，削弱上升气流，使雷雨云含水汽量大为减少，水滴难以达到较高层的负温区而不易冻结，这样，将使雷电大为减弱，甚至云体消亡。有人在68次试验里获得了56次云体削弱或消亡的效果。采用涡轮喷气式飞机在上升气流区大角度有规律地俯冲，制造人工下沉气流，也能使雷电削弱。

利用人工发射高速飞行物体，可以引发雷电在高空发生，减少对地面的损害。有人设想：为在重点保护区内减少雷击，可以在附近无关紧要的地区，采用高速飞行物体引发的办法，将雷雨云体强电源在高空耗费，或变成云中对飞行物体的放电，那么，人工影响雷电的目的就达到了。

诚然，人工影响雷电还处于试验探索阶段，但它将会通过更多有益的途径而逐步实现。

（六）冰雹

1. 冰雹的身世

夏天最闷热的时候，随着乌云翻滚，电光闪闪，霹雳阵阵，狂风腾起，常会有像核桃、甚至鸡蛋般大小的冰球猛砸下来。这种冰球，群众称它为雹子、冰蛋、冷子、冷蛋，气象学上则称它为冰雹。

冰雹，按它在云中的成长阶段可分为三种，就是冰雹胚胎、冰丸和冰雹。

冰雹胚胎相当松软，为白色或无光泽的球状小珠，落地后易破碎。呈海绵状的叫作软雹，也叫海绵雹。直径约为 2～5 毫米、不透明的白色颗粒，叫作霰；它与米雪相似，但比米雪大。

冰丸很坚硬，以软雹或霰为核，表面白色透明，直径小于 5 毫米。冰丸也叫小冰雹。

冰雹就是各式各样形状及大小不一的小冰球，比冰丸大得多，直径可从 5 毫米起，大到几厘米或几十厘米，小的如豌豆，大的像核桃、鸡蛋、拳头，或更大些。1967 年 3 月 26 日，安徽省徽州地区歙县降落的雹块中，最大的像人头，重达 3～4 千克，1975 年 5 月 30 日在安庆地区怀宁县降的冰雹，最大的有如碗口，重达 2 千克。不久后，甘肃平凉地区降了一次大冰雹，有几颗最大的重量都超过 50 千克！

冰雹的形状，一般为圆形、椭圆形，也有锥形和其他不规则的形状。

每次降雹的时间往往有 2～15 分钟，有时可达 15～25 分钟。降雹时一般以风、雹、雨三位一体，并且大多是先刮狂风，再降冰雹，后落大雨，同时伴有电闪雷鸣。

你也许会问：冰雹究竟是怎样形成的呢？

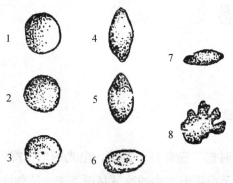

几种冰雹的形状

1.圆而透明；2.圆而不透明；3.圆而分层；4.圆锥形半透明；
5.圆锥形不透明；6.椭圆形；7.饼形；8.多角形

　　冰雹诞生在一座特殊"加工厂"——强盛的雷雨云中。这种云又叫雹云。它的厚度达 10 千米以上，云内水汽丰沛，上升气流每秒可达 20 ～ 30 米，下沉气流每秒 10 ～ 15 米。它的下部在 0℃等温层以下，主要由水滴组成；中部温度在 0 ～ 20℃之间，主要由过冷水滴、冰晶和雪花混合组成；上部温度在 -40 ～ -20℃之间，大都由冰晶、雪花组成，偶尔会有少量的过冷水滴。由于这座"加工厂"里的"原料"（水汽）丰富，"动力"（气流升降）充足，"机器"的生产效率特别高，它的"产品"便是雷雨、冰雹。

　　现在，让我们来看看冰雹的诞生过程吧。

　　雹云前部是上升气流区，后部是下降气流区。上升气流初进云内时，上升速度并不太大。它和缓地带进了水汽，在云的 0℃等温层以下凝结成小水滴。当云中上升气流比较强时，它把云底部不断增长的水滴送到 0℃等温层以上的中上层去，然后很快地变冷立即凝华成小冰晶。小冰晶下降过程中跟过冷水滴碰撞后，就在小冰晶身上冻结成为一层不透明的冰核，这就形成了霰——冰雹胚胎。如果这时霰又遇到一股强的上升气流，就会把它再次推回雹云的中上层，再一次在它的表面粘上一些冰晶、雪花，往下沉时过冷水滴又在它的身上包上了一层冰，形成了冰丸。雹云中气流的升降变化很剧烈，冰雹胚胎也就这样一次又一次地在空中上下翻滚着，碰并更多的过冷水滴，好像"滚雪球"似的，很快滚成大冰雹。一旦云中上升气流托不住时，冰雹就落到地面来了。

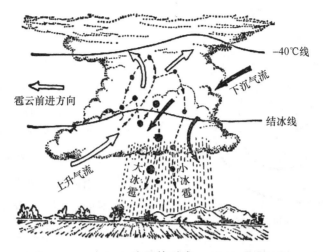

冰雹的形成

如果你把冰雹切成薄片，放到显微镜下观察，就可以看到冰雹中间是一个白色不透明的核，那就是冰雹胚胎。它主要由霰或软雹构成，但也有由大水滴缓慢冻结而成透明的冰核。胚胎外面紧裹着一层又一层透明和不透明交替出现的冰层，一般三五层，多的可达三十多层！在这些冰层中还夹杂着大小不同的气泡。这是因为：当雹块上升到云体上部时，遇到的是冰晶、雪花和过冷水滴，并合冻结过程进行得很快，里面混有一些空气，所以形成的冰层是不透明的；而当雹块下沉到云体中0℃等温层附近时，雹块外面的水滴冻结过程进行得较慢，形成的冰层就是透明的。我们只要数一数冰雹有几层，就能知道它在雹云中上下翻腾了的次数。

是不是任何雹云内都能产生较强的冰雹呢？不一定。根据现在的研究认为，在雹云内产生强冰雹必须具备以下四个条件。

一要有强大的上升气流。这种上升气流能托住冰雹，使冰雹长成以前不致提前掉下来。这样，在冰雹生长区（雹源）的上升气流速度必须大于每秒15米。

二要有丰富的含水量。据雷达观测，在冰雹生长区，云体的含水量都在每立方米10～20克以上，这比一般云体的含水量（每立方米1克左右）大几十倍，否则就不可能在几十分钟内，从冰雹胚胎增长成直径1厘米以上的冰雹[1]。

———————————

[1] 在雹云中生成直径1厘米以上的冰雹，从云中降落时要经过2～4千米厚的正温区融化过程，这样，到达地面时的冰雹直径只有5毫米以上了。这样大小的冰雹会造成灾害。

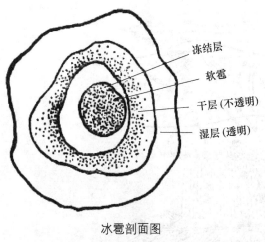

冰雹剖面图

冻结层
软雹
干层(不透明)
湿层(透明)

三要有足够的低温和适当的温度配置。冰雹是在低于0℃的云层里形成的，没有足够厚的负温区（一般厚4～6千米），就不能供冰雹运动增长和自发产生部分冰雹胚胎。适当的温度配置，主要是指0℃层应在适当高度，同时，地面温度也不能过高，否则对冰雹掉出0℃层以后的融化有很大影响。

我国南方，0℃层的高度过高，云内形成的冰雹在下降过程中，会因温度过高而融化掉，同时也就相应减少了负温区，所以全年冰雹出现得少；而在北方的冬季，因为0℃层的高度太低，低层没有足够的水汽输送到冰雹生长区，所以没有冰雹出现。

四要有数量适当的冰雹胚胎。冰雹胚胎过多、过密，就要相互争夺水汽，就形成不了有危害性的强冰雹了。

2. 冰雹的行踪

冰雹的活动有规律吗？回答是肯定的。

人们对冰雹的形成过程和条件进行了分析，从调查的资料上进行了统计，发现冰雹的活动有明显的地区性和时间性。

在我国，冰雹大多出现在4—10月。在这期间，暖空气很活跃，冷空气活动又频繁，冰雹就容易产生。一般说来，西北、华北等地，冰雹多出现在7—8月，江淮沿海多产生在5—6月。每年11月到第二年3月间，冰雹主要降在秦岭、淮河以南地区；4—5月，降雹区由南向北扩展；6—10月主要降在青藏高原和陇海线以北地区。一天之内，下午到傍晚出现的冰雹最多，因为这段时间里的对流作用最强。但是，夜间降的冰雹多是冷锋雹，有时灾害也较严重。

冰雹出现的地区，山地多于平原，北方多于南方，内陆多于沿海。这和大规模冷空气活动及地形有关。我国冰雹多发生在西北、华西、华北等内陆山地。江淮沿海的江苏北部、安徽西部、浙江等山地也常有出现。广东、福建冰雹极少。

在安徽，每逢春、夏两季都容易出现冰雹。在1951—1974年这24年中，安徽省曾发生过214次冰雹灾害，平均每年约出现9次，其中以6月为最多，平均每年可出现2次，3、4月平均每两年各出现3次，5、7、8月平均每年出现1次左右，其他各月很罕见。安徽省多雹地区是安庆地区，平均每年出现7次，其次是芜湖、宿州、阜阳三个地区，再次是滁州、巢湖、池州、徽州等四个地区，最少的是六安地区。严重雹灾区（一次降雹过程超过三个县的范围）是淮北的宿州和阜阳两个地区，其次是安庆地区。据不完全统计，在1951—1974年这24年中，安徽省有严重雹灾共15次，其中有9次就出现在淮北，有3次出现在安庆、池州两地区，有2次、1次分别出现在江淮之间和江南地区。

当我们探索冰雹行踪规律的时候，值得注意的是冰雹与山区地形的密切关系。山区地形对冰雹活动的影响，一是约束作用：雹云逢山口而入，沿谷道而移；谷道分股处雹云分开并减弱，汇合处雹云相接并加强。强烈的雹云可摆脱各谷道的约束，漫过山脊山岭而移动。二是冲抬作用：原冷锋如移动迅猛，有利雹云在山区受地形抬升而加强。雹云移动时，在气流下坡区和谷道喇叭口入口区，如遇山峰峙立，就在这山峰或近风坡处下雹。三是热力作用：在高原和山脉的南坡、积雪的高山旁侧的狭谷地带、秃山裸峰区、山结区（谷风汇集区）等，都容易降冰雹。四是背风坡波作用：在波谷区，雹云减弱，在波峰区，雹云加强。

在多雹地区，一次或数次甚至数年降雹过程，都可能从某一个方向过来，雹打一定的宽度，只是有时宽一些，有时狭一些，这几年偏这个方向，过几年偏那个方向。群众有"雹走老路""雹打一条线，年年旧道串"的说法。相隔一个地界的降雹情况就不同了，正如农谚所说："雹打一条线，隔背不打田。"

3. 下冰雹以前……

冰雹是在一定的天气形势下产生的。当一次冷空气过后，低层空气开始回暖，而高层空气仍然很冷，这时，如果有利于气流辐合而造成强烈上升运动的天气系统移来和发展，就可能造成降雹。

在冰雹天气时，大气状态一般是不稳定的：大气上、下层的温度差别比通常的大，低层空气中温度也特别大。这种不稳定的状态要在很厚的大气层里得到维持。气象台、站根据这些情况，利用高空气球无线电探空仪得来的资料，可以找出一些预报冰雹的指标：例如，云要增长到一定的厚度；在空气不稳定区域里，0℃层以上到云顶的距离要达到相当的厚度；在800百帕层高度上的温度和400百帕层高度上的温度和湿度也要达到一定的限度等，这些指标和气象资料可以利用预报冰雹，其准确率在逐年提高。

但是，冰雹来势急，地方性强，仅仅靠气象台、站进行预报是不够的，除了注意收听气象台、站发布的预报外，还要积极利用群众经验来预测冰雹。

在短时间内预测冰雹的经验，主要是识别雹云的外貌、颜色、动态、雷声和风向等方面的特征。

视云貌　远看雹云如山峰耸立，云头如开锅水翻滚，或如怒发直冲云霄。云的中下部肥厚，臃肿，墨黑，并翻滚得很剧烈，一个个突起的云块，互相重叠、堆压，像榔头、如巨浪、似猛兽。近看，雹云底部较低（一般离地面数百千米），扰动剧烈，常呈滚轴状或悬球状，并伴有黑雾拖地或黑色碎云乱飞。雹云移来时天空乌黑。所以谚语说"黑云像锅底，眼看往前移，大风接着吹，雹子下一堆""悬球云，雷雨不停""浓云像奶，雹子要来"。夏天，在乌黑的雷雨云底部，有时呈波浪形状，出现悬球状的云，预示雷雨大而强，常伴有短时间的偏北大风，有时冰雹随之而来。

"早上云城堡，大雨快来到。"在多冰雹的地区，早晨出现城堡的云，说明高空大气很不稳定，对流旺盛，一块块突起向上的云，就代表了一股股上升气流，在这种对流作用下，到了中午或下午就会更强烈，很容易生成雷雨云，造成大风大雨降冰雹。"天上宝塔云，地上雨淋淋"，这种云叫堡状高积云或堡状层积云，一般出现在夏季，在天边看到长条的白云带，两头较尖，有清晰的云底，云顶有许多隆起的锯齿状，又像小宝塔，或形似城墙、碉堡，群众就叫它"主城堡"或"宝塔云"。严格地说来，堡状高积云是中层云，一般高度为3000～5000米，说明中空不稳定；而堡状层积云是低层云，通常高度在8000米以下，说明低空不稳定，它的出现说明对流比较强，预示将有雷雨，很可能要降雹。

观云色 从侧面看，雹云底部一般是黑中带暗红色或灰黄色。红黄色是云中较大水滴对太阳光进行选择性放射的现象，黑色是阳光透不过云体所造成的。又由于云内对流很强，空气扰动剧烈，卷进去不少尘土，使云色混浊发黄，并且形成红黄白黑乱绞的云丝。所以，群众说"黑云黄边子，必定下冰雹""不怕云墨黑，就怕云里黑加红，更怕黄云底下长白虫""黑云尾，黄云头，冰雹打死羊和牛""红、黄、黑云胡乱跑，一场冰雹少不了""黄云翻，冰雹天""黄云到，冰雹掉""天黄闷热乌云翻，天河水吼防冰蛋"，等等，都有一定道理。当出现黄色雹云，在一种断根云的底部，同时伴有白色光带现象时最易降雹，而且往往很强。

察云态 雹云移动得特别快，并伴有连续翻滚现象，所以人们形容它为"跑马云""射箭云"。一般自听到雹云的雷声或看到雹云前部到开始降雹，只相隔 10 ～ 20 分钟。两块或几块雷雨云各自扩展，在某一地区（接云区）合并后猛烈发展，接云成雹，这样降雹时间较长，强度也较大，群众有"云打架，雹要下""云接云，雹成群"的说法。谚语说"云彩满天飞，上下打转转，很快下冰蛋""黑云黄云上下翻，狂风暴雨在眼前""云跳舞，庄稼苦"等，这些现象在雹云前部较明显。这种雹云远看云头集中向某一方向发展，不向旁侧的空间均匀扩散，云底很低。另外，还有所谓"云回头，情不留""回头云，易下雹"，一般是指雷雨云由西向东或由北向南移动途中，如果突然折转方向或在本地打转时，容易发展成冰雹云而下冰雹。

听雷声 雹云里的雷声沉闷冗长，连续不断。有点像拉磨雷，称为"闷雷""拉磨雷"或"不落音雷"。雹云的放电次数比普通雷雨云多，电场特别强；雹云中的闪电是连成一片的，大多是横闪。横闪就是云之间的闪电。横闪多，说明云中有带不同电荷的许多电荷中心。雹云中对流活动非常复杂，云中起电过程也非常激烈，因而形成很多电荷中心。由于云中电荷间的距离比云到地的距离短，电量等不到积累很大的时候就产生闪电，所以云中放电比云地间的放电（直闪）容易，放电的强度也小，放电的次数频繁。这样，多次较弱的放电不断发生，雷声也就一个未落一个又起，形成分不清先后的一片隆隆声，透过肥厚的云体，传来的声音沉闷得像拉动石磨发出的声音一样，而不像雷雨时震耳欲聋的炸雷。有时雹云临近还能听到一种特殊的声音，好似远山里的爆炸声，称为"蜂子朝王"。所以，谚语说"不怕响雷震破天，就怕闷雷挤磨眼""响雷没事，闷雷下蛋子""闷雷带横闪，雹子大如碗""拉磨雷，雹一堆""天空有蜂子朝王声，准有雹"。

察雨点 下冰雹以前，常有稀、大、凉的白色雨滴，落在地上的雨滴湿圈直径约 1～2 厘米，所以"雨点铜钱大，雹子接着下"。如果雨点密而小，一般不会下雹。

辨风向 "有雹无风，冰雹稀松。""雹前风头乱。"雹云移向和水平入流方向相反；雹云总的移动方向大都是随着冷锋的。但在靠近雹云处，由于受强烈上升气流的影响，气压剧降，云底至地面形成一个指向雹云中心的水平入流区。进入此区，地面风向常有 180° 的大转向，于是雹云前方底部的白色碎云便随着入流风与黑色雹云对头跑，出现"云打架"的现象。"有雹无风"的现象是产生于热对流的积雨云中，这种积雨云，没有平流动力（即冷锋）的抬举，很少有冰雹发生，即使在高空很不稳定的情况下发生了，也不可能形成强冰雹。

降雹前常常先刮东风或东南风，再转西北风或北风，风力加大，冰雹便随之而来。东南风吹来暖湿空气，是形成雹云的有利条件。"不怕西北恶云生，就怕碰上东南风""东南风一搅，（冰雹）下到哪里也受不了""西北遇东南，雹子没有完"等，这些群众谚语都说明了冷暖空气在某一地汇合，将会造成强大的上升气流而形成雹云。"恶云见风长，冰雹随风落""风拧云转，雹子一片""西北乌云翻，东南见青天，若有狂风起，庄稼就危险"。就是说，降雹以前一段时间里，空气的上下对流运动很强盛，下层的空气大量地流向高空，在高空又向外面流散，这样，地面所承受的空气重量就大大减小，大气压力降得很低很低，于是四周的空气像潮水一样涌来，流向这个大气压力很低的地区，就刮起很大的风了。此外，在雹云前部的空气通常是温度高、密度小、气压低，后部的空气是温度低、密度大、气压高，前后之间大气压力差异比较大；大气压力差异大，空气流动就更快，云中形成强大的下沉气流，这就是雹前经常要刮的大风。

看物象 夏天早晨凉，水汽大，中午太阳一晒，容易造成空气对流，产生雹云。"早晨凉嗖嗖，下午雹子打破头""早上露水大，后响冰蛋下""早晚两头凉，中午热得慌，先起断根云，冰雹不过响"，就是这个道理。有时天气热得反常，闷热使人感到在蒸笼里一样，这样的天气容易下冰雹，群众有"热过头，下冰蛋"的说法。

降雹前的地面湿度、温度、气压变化比较激烈，一些动物对此很敏感，是"活的气象仪"。"牛打喷嚏蛇过道，蚂蚁搬家有预兆""母猪拉窝，羊打角，蚯蚓出土到处跑，不是阴雨就是冰雹""早晨天气分外凉，中午牛羊不卧梁，下午雹子要提防"，这些都说明了雹前的物象动态。"柳叶翻，雹子天""草心出白珠，下午雹临头"等农谚，都有一定科学道理。

在中、长期冰雹预报方面，群众中也积累了不少经验。例如，"白雨没娘，连发三场"，是指雷雨冰雹与大范围的天气形势有密切关系，冷空气的侵入，一般影响3～7天，因此有时降雹一连几天都可能出现；"阴雨后突然转晴，第二天或第三天可能有雹雨"，阴雨后骤晴，表明本地已为西北气流控制，未来2～3天内将受到西北方冷空气的影响，造成降雹天气。我国西北地区还有"春雷早，当年冰雹多""春夏之交雷多、阵雨多，当年冰雹多""发雨的第一次就下了冰雹，当年冰雹多"的说法，这是因为春、夏冷空气活动比较早而频繁，夏季冰雹也就比较多。

4. 防御冰雹

1956年3月17日，安徽省歙县部分地区发生的一场冰雹，雹块大的如排球，小的如拳头，有4000多亩夏季作物几乎颗粒无收，房屋倒塌，人畜伤亡，山中飞禽走兽被砸死的不知其数。

1975年5月30日，安徽桐城香铺公社姚祠大队也遭受了一场冰雹袭击，降雹密度大，持续时间长，地面积雹2～3寸厚，使这个大队的棉花全被打光，早稻被打得"坐地开花"或折断茎秆，使农作物严重减产。

在我国，除广东、湖南、湖北、福建、江西等省冰雹较少外，各地每年都有不同程度的雹灾。尤其是北方山地丘陵区，地形复杂，冰雹多，受害重，有些省平均每年受灾面积达100万亩，使粮食减产上亿斤。猛烈的冰雹不仅砸毁庄稼，而且损坏房屋、打伤人、畜的情况也常常发生。

因此，冰雹是我国严重的自然灾害之一。

冰雹危害庄稼的程度，主要决定于雹块大小、降雹时间和密度、降雹后地面积雹深度，以及作物发育期和复生能力。这往往是多雹区判断农业灾情的依据。人们把冰雹造成的灾情大体分为重灾、中灾和轻灾三级。

重雹灾区：冰雹大如鸡蛋、拳头，更大的直径可达3～6厘米。积雹深度约3～5寸。冰雹融化后，地面上雹坑累累，地面坚硬。作物的地上部分被砸光，地下部分也受到一定的伤害。

中雹灾区：冰雹大小如杏子、核桃，直径 2～3 厘米。降雹时冰雹盖满地面，积雹深度达 4 寸左右。树木细枝被打折，树干皮层被打成"遍体鳞伤"。作物茎叶被打断、打烂。

轻雹灾区：冰雹大小如豆粒、枣子，直径 0.5 厘米左右。

降雹时有的冰雹盖满地面，有的边落地边融化。作物叶片被打落或打成麻状，茎秆折断。

各种农作物的抗雹能力不同。禾本科作物在生育前期抗灾能力强，生育后期抗灾能力弱。小麦抽穗期以前被砸断茎穗，只要留有根茬，仍能复生，并收获三五成；扬花期以后砸断的只形成"绳头小穗"，产量低而晚熟，影响茬口。玉米苗期受灾，如果残留有根茬，就能恢复生长；孕穗期受灾，虽叶片被打坏，也能生成，会有较好收成，但穗节被砸断，就不能恢复结穗了。高粱再生能力强，只要生长季节不太晚，都能复生。谷子幼苗期也有抗灾的能力。

双子叶作物与禾本科作物相反，其生育中期和后期的抗灾能力强，苗期抗灾能力弱。棉花、大豆苗期的生长点及子叶节被砸掉，一般不能复生，旁枝形成后，砸成根茬，皮层损伤过重的，也不能复生，只有当苗壮、茎粗 5 厘米以上、皮层损坏不及周长三分之一者，尽管上部无枝叶也能复生，且有一定收成。花生分枝能力强，茎叶柔软、有弹性，叶片能闭合，抗灾能力很强，即使开花期叶片被打光、茎秆断折，也能很快地恢复正常生长。山芋栽插后未扎根的秧苗受雹灾后，会逐渐烂秧死苗，要抓紧翻种或补栽。山芋秧苗扎根返苗以后，地上部分被砸成光秆，地下根茎仍能复生新芽，恢复正常生长，获得较好收成。

冰雹对庄稼的危害，主要是机械损伤（砸伤），同时伴有冻害和土壤板结。为了战胜雹灾，必须采取综合防灾措施。

在多雹区，人们改种早熟品种，或提早播种，以躲过冰雹危害期；适当多种玉米、谷子等硬秆作物，以及山芋、马铃薯、花生等食用部分埋在土里的块根作物。当预知冰雹出现以前，可给苗期作物搭防雹棚，已成熟的作物抓紧抢收，对秧田、山芋苗等进行灌水或覆盖。庄稼受冰雹砸了以后，可根据不同作物、不同发育期的抗灾能力和季节早晚，决定是否翻种。只要庄稼还有复生能力，季节不太晚，就可抓紧扶株培土，中耕松土，追施速效肥料，并结合浇水措施，尽快促其恢复生长能力。灾后复生的作物，一般成熟期较晚，可分批收获；麦田行间可间作套种；缺苗断垄的，可因地制宜地补种作物。

5. 人工消雹

1975 年 9 月 11 日下午，安徽省凤阳总铺地区采用了人工消雹的办法：当一块庞大的雹云袭来时，立即向移近炮点的雹云开炮，射击 45 秒钟，发射 50 发人工降雨弹，炮击后 3 分钟大雨滂沱，取得了化雹为雨的效果，避免了一场雹灾；降雨量 20 毫米以上的达七个公社，受益面积 120 平方千米，促进了农业丰收。

人工消雹，要先进行调查研究，摸清本地冰雹的活动规律，弄清雹云从什么方向来，往哪里走，走哪条线，以及发生时间、危害轻重、雹灾范围等，然后因地制宜布置几道防线，合理配置防雹工具和武器等。

各地人工消雹时，一般是采用空炸炮、土炮、土火箭、土地雷、炸药包和高射炮等射击雹云的爆炸方法。打炮前，判定是雹云区，要集中火力适时轰击云头、云腰、云根等上升气流较强的部分，或云中发生"横闪"的部位。接云和回头云也是适时袭击的要害部位。雹云发展快，云头到达天顶时，应集中火力猛打猛攻，要打得准，打得狠，不停炮，一直打到冰雹停止或暴雨转为连续性降水为止。

山西省昔阳、灵邱等县以及我国其他地区总结的炮击雹云的经验是："一听、二看、三打、四结合、五注意"。

一听，就是先听气象站、哨、组的天气预报，提前制作火药、炸弹和土火箭，做好一切防雹的准备工作。

二看，就是看雹云的发展，看当时的天气变化特征，注意天象物象，发现降雹征兆，立即发出战斗信号。由于各地天气变化的特点不同，看雹云经验也有差异。青海省乐都县看雹云的经验是："头天雨停今天晴，上午太阳晒头疼；夜晚星星亮晶晶，次日早晨晴而冷；中午闷热没有风，早晨川谷雾腾腾。远望乌云黑透红，红黄杠杠一层层，云团翻滚发吼声，雷声沉闷起狂风。土炮对准云头打，排炮连发莫稍停。"要防雹还必须识别雹云，这在前面已经说过了。

三打，就是打得适时，打得狠，打得准。在雹云初生时及时打，雹云压顶时狠狠打，对准云头和云体颜色最深、翻滚得最厉害的地方打。

四结合，就是领导与技术人员相结合，防雹与生产相结合，中心炮点与一般炮点相结合，气象哨、组与防雹小组相结合。

五注意，就是注意安全，注意火药保管，注意节约用药，注意节约人力，注意操作规程。

爆炸防雹的方法在我国劳动人民中已经使用一百多年了。过去是用土炮对雷云轰击，后来发展用土火箭和空炸炮在云中或云下爆炸，也有用高射炮轰击的。防雹效果都较好。

爆炸为什么能防雹呢？

有人认为，爆炸时产生声波，冲击波能影响雹云的气流，或使雹云改变移动方向。也有的人认为是爆炸冲击波使过冷水滴冻结，从而抑制冰粒增长，而小冰雹很容易化为雨，这样就起到了防雹的效果。还有人认为，冰雹里含有液体水，爆炸震动时，在冰雹中水面与冰面界面上产生很大局部压力，能使冰雹震裂，形成软雹（空腔作用）。各种说法都有，这些都需要深入研究并加以检验。

爆炸作用防雹

1.上升气流；2.下沉气流；3.气流破坏了冰雹形成的条件；
4.扰乱上升气流，阻碍水汽充分供应；5.使冰雹变软；6.使过冷水滴冰晶化

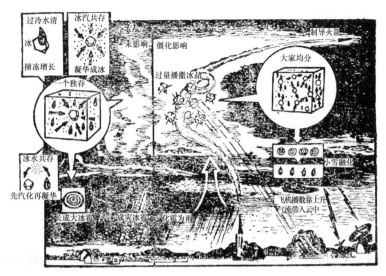

过量催化防雹

除了利用爆炸防雹的方法外，还可利用催化剂防雹。使用这种方法也有二三十年了。它是用火箭、炮弹或飞机，把带有碘化银等催化剂的弹头送入雹云的过冷却区，将药剂作为冰核撒布在云中，使过冷水滴人工冰晶化。这也就是在冰雹形成区域（雹源），人工增加冰雹胚胎的数量，当云中含有一定水量的条件下，过多的冰核分"食"过冷水，而使雹粒长不大或拖延冰雹生长时间。据计算，1克碘化银充分燃烧后，足可产生1万亿个冰晶核，对1立方千米体积的雹源进行催化，约需100克碘化银，对一块中等强度的雹云约需几百克至几千克碘化银。

但是，这个原理只是设想在冰雹生长时间内雹源中的含水量保持不变，这在观测上没有得到证明。雹源中上升气流很强，含水量会有不断补充，人工引入胚胎后，可能并不会限制冰雹生长。而且人工引入冰雹还有可能被上升气流带出雹源区，不能与自然胚胎竞争。对此，有人提出了改进意见，认为在云的下部暖区，人工撒入大量吸湿性粒子（如食盐粉），这些盐粒上将吸附大量的水汽，长成水滴，并在碰并作用下继续长大，有可能长成雨滴落出云外，这样就可以减少雹源的水分供应，大大削弱冰雹胚胎长大，达到防雹的目的。

（七）龙卷

1."怪雨"之谜

从天上掉下来的雨滴，是无色透明的。这已是人人皆知的常识了。

可是你知道吗？天上还下过"黄雨""绿雨""血雨""鱼雨""麦雨""银币雨"。这不是无稽之谈。你只要翻开中外历史记载查一查，就会发现这是千真万确的事实。

1608年，在法国南部的一个小城里，人们被一场奇怪的雨吓得惊慌失措。从天上掉下来的雨滴，竟然像鲜血一般的殷红！白色墙壁被溅得"血迹"斑斑，满城笼罩着"腥风血雨"的气氛。那里的牧师在雨后到处向人们宣传说：这场"血雨"是上帝的惩罚，是死亡的预兆。然而，过了几天，红色的雨水蒸发了，城镇里又恢复了平常的状态，一个人也没有因这次"血雨"而死去。

1813年在意大利，也曾下过一阵"血雨"。当时，有人对这场"血雨"做过这样的描写："居民们看见了从大海那边飘来了稠密的乌云。到中午时分，乌云掩盖了附近的山麓，并开始遮住了太阳。乌云起初是浅红色，后来变成火红色。忽然间，黑暗笼罩了城市，以致坐在屋里不得不点灯……黑暗继续加深，而整个天空仿佛像一块烧红了的烙铁。雷声隆隆，大颗粒的微红色的雨滴开始落下来。这些雨滴，有人把它看作是鲜血，也有一些人把它看作是熔化了的铁水。"

这种"血雨"还曾在西班牙和土耳其出现过。在我国，元史上也曾有"元顺帝元统二年（1334年），春正月，庚寅朔，雨血于汴梁（即今开封），着衣皆赤"的记载。据统计，仅在18世纪里，世界上就下过二十多次"血雨"！

天上为什么会下"血雨"呢？

"血雨"，原来它是由于雨滴中夹杂着一些红色物质而造成的。

据调查研究，1813年意大利下的那场"血雨"，以及在西班牙和土耳其下过的"血雨"，都是由于那时刮了一场——龙卷，结果把附近铁矿山上的红色铁矿粉（氧化铁）卷到高空中，空气里的水汽以这些铁矿粉作为凝结核中心凝成雨滴落下来，于是便成了一场"血雨"。特别有趣的是 1608 年在法国出现的那场"血雨"，据说那是由于风把一大群很特别的蝴蝶吹进城里，而这种蝴蝶身上能排泄一种红色的汁液，结果造成了那场"血雨"。

世界上还有过"黄雨""黑雨"和"绿雨"的。大风把黄色的泥沙、黑色的煤屑或者绿色的水藻扬到空中，造成这些五光十色、色彩缤纷的雨。

这还不算，从 19 世纪以来，在北欧的丹麦、挪威，在苏联的远东地区，在新西兰的海岸，还曾从空中降落过各种各样的海味，有时候是几条小海鱼，有时候又是许许多多的海蜇和小虾，免费送给人们。像 1974 年 2 月，澳大利亚北部地区的一次暴雨中，就有 150 多条小鱼落到地上。这些鱼有 5 ～ 7.5 厘米长，像是河鲈。这也是龙卷卷来的。龙卷把海水吸到空中去，水里的鱼虾当然也被吸了上去，吹到其他地方落下来了。

更有趣的是，1945 年有人到江苏淮阴去，经过沭阳县的庄圩，看到这个村庄半边整整齐齐，另外半边却七零八落，庄稼倒伏，屋顶被掀。一打听，知道刚才有一阵龙卷经过，把半个村庄破坏成这个模样。有个老乡刚宰了一头牛，牛头也被龙卷卷刮得不知去向。当天傍晚，当这人赶到淮阴，却看到城外的空场上，许多人正围看着一个从天外飞来的血淋淋的牛头。这个牛头是下午一阵"血雨"中带来的，因而有些迷信的人说，这是被"玉皇大帝"开刀斩下的"龙头"！然而实际上，这就是龙卷从庄圩刮来的牛头。

然而，最奇怪的"雨"，恐怕莫过于下粮食、下金钱了吧。可是这样的雨也并不稀罕。1940 年夏天，在苏联高尔基省巴甫洛夫区米希里村，伴随着电闪雷鸣和急骤的暴雨，突然从天上掉下来很多银币。一会儿，雨过天晴，人们从地上拣到了几千枚伊凡四世（中世纪的银币）。这又是龙卷干的怪事！在米希里村附近的地下，曾有上万个古代贵族埋藏的银币。那天，暴雨猛烈地把地面上的泥土冲跑了，银币暴露出来，接着，龙卷便把这些银币卷到空中和雨一起降落下来，形成了一场"银币雨"。在我国，春秋战国时代的咸阳、汉朝的颍川，都下过钱；明朝时，北京也下过"钱雨"。

在龙卷的导演下，天上落下粮食的事，发生的我国的可不少。大约在东汉建武三十一年（55 年）的某一天，河南省的开封一带（古称陈留郡），突然乌云密布，狂风大作，暴雨倾盆，但是，降下来的雨水中却混有大量黑色的谷子。人们纷纷奔走相告，这件怪事很快传遍了全国。当时的封建统治者乘机大肆宣扬"上天降瑞于大汉"，胡说这是皇帝圣明，感动了老天爷才赐予黎民百姓这样的恩惠。但是当时的哲学家王充就不信这一套，他在《论衡》一书中，以朴素的唯物主义观点解释了造成这种现象的原因，戳穿了统治者捏造的谎言。他说："夫谷之雨，犹如云雨之亦从地起……此谷生于草野之中，成熟垂委于地，遭疾风暴雨吹扬，风衰谷集，坠于中国，中国见之，谓之雨谷。"王充在这里解释得比较清楚，也很有道理，从当时的历史条件来看确实难能可贵。"谷雨"并不是上天赐予的，而是大风将地上的谷子带到空中，又从空中吹到别的地方，然后随着雨降下来的。

类似谷雨的例子，据晋朝崔豹的《古今注》所载，山西下过"稻雨"："惠帝三年，桂宫、阳翟俱雨稻米。"据《宋史·五行志》所载，南阳曾下过"豆雨"："元丰二年六月，忠州雨豆；七月甲午，南宾县雨豆。"

在外国，一百多年前的西班牙也曾降过"麦雨"。这"麦雨"也是龙卷耍的把戏：龙卷破坏了摩洛哥某处的一个巨大的粮仓，大量的小麦被风挟裹到西班牙，然后和雨一起落到了地面上。

2. 你知道龙卷吗

龙卷在古代，曾被人们迷信为"神龙"作怪，所以给它取了这个名字。

现在，人们已经知道，龙卷是大气中最剧烈的一种涡旋现象。

从外表看去，龙卷是一个漏斗状的云柱，呈现乳白到暗灰或灰黑色。云柱由凝结的水汽以及由地面卷上去的大量尘埃碎屑所组成。这种云柱从积雨云底部伸出来，上段粗，下段细，有的悬挂在半空，有的直接延伸到地面或水面，一边旋转，一边向前移动。龙卷的这种外形很像吊在空中晃晃悠悠的一条粗大绳索或大蛇，又很像一个摆动不停的大象鼻子，特别引人注目。

龙卷出现时，往往不止一个。有时从同一块积雨云中可以出现两个，甚至两个以上的漏斗云柱，只是有的漏斗云刚刚开始下伸，有的漏斗云柱下端却已经接地或在接地后正在缩回云中，也有的在云层中伸伸缩缩，始终不下垂到地面或水面。

另外，龙卷四周大范围的气流速度在高空与低空有所不同，它的上下部的移速往往出现差异，这样会造成漏斗云柱的倾斜，有时这个云柱甚至会横在空中。

当龙卷来临以前，由于它那奇特的外表和强大的破坏力，人们早已尽可能地躲避一空了。美国的大多数农家还专门挖筑了躲避风暴的地窖，当这种可怕的天气现象到来时，他们就迅速躲到里面去。所以至今很少有人能直接看到龙卷的内部情况。从极少数人亲眼见到龙卷的叙述看来，它的中心就像一个空心圆柱，从地面向上可伸展1千米以上，四周激烈旋转的云柱构成一座高耸的围墙，浓云低垂，使白天也像深夜一样昏暗无光，但圆柱内时而却有强烈的闪电成"Z"字形从围墙的一边移到另一边，把云柱中照得辉煌透亮。

龙卷常常发生得非常迅速和突然，有时事先几乎毫无征兆。例如，在龙卷出现前不久，往往还是一派春光明媚的景象，而突然天空就被乌云和雷雨云所遮蔽了。随着天空黑暗下来，电闪、雷鸣和冰雹猛然大作。在龙卷附近还可以听到种种响声：有时像野兽咆哮，有时又像万炮齐鸣，也有的像"千百辆火车在行驶""成千上万的蜜蜂在嗡嗡飞鸣"，甚至像"几千架喷气式飞机或坦克刺耳地吼叫"。同时，在空气中，有时还充满着一种特殊的有点像硫黄燃烧，或像臭鸡蛋发出的气味，这种气味可能与当时强烈的放电过程有关。

龙卷可以发生在水面上和陆地上。它发生在水面上，叫"水龙卷"；发生在陆地上，叫"陆龙卷"。无论水龙卷或陆龙卷，它们的范围都不大，直径大约为200～300米，直径最小的不过几十米，只有极少数大的直径才达到1000米以上。龙卷的寿命也很短促，往往只有几分钟到几十分钟，最多不超过几小时。它走起路来，大多是一直向前进，平均每秒可移动15米，最快的每秒可达70米；移经的路程大多在10千米左右，短的只有几十米，长的可达百千米。造成破坏的地面宽度，一般在1～2千米以内。

龙卷的范围最小，但它中心气压很低，可以低到400百帕，甚至200百帕，而一个标准大气压是1013百帕。龙卷区内的风速极大，常常达到每秒50～100米，在极端情况下，甚至达到每秒300米左右，大大超过12级台风（每秒风速约33米）。只是龙卷区中心，风速很小，甚至无风，这和台风眼中的情况相似。

龙卷的威力很惊人。除了它那巨大的风力，还有它中心极端强烈的气压下降可使邻近的建筑物和交通车辆发生"爆炸"。"爆炸"的原因，你可以通过计算来理解：龙卷中心的气压在几秒钟或十几秒钟内可下降大气压的8%。

假定一间房屋内的气压是标准大气压，即 1 平方厘米面积上的压力为 1.0836 千克。当龙卷从这屋上经过时外面的气压突然降低了 8%，即 1 平方厘米面积上的压力为 0.9509 千克。

但屋内的气压并没有下降，或者降得很慢，尤其当门窗紧闭时下降更慢。这种突然产生的内外气压差，就对每平方厘米面积上的墙或天花板作用 83 克重的力。如果房屋天花板的面积为 6×12 平方米，则作用在屋顶上的力应是 68 吨左右。这种突然施加的力立即会把屋顶掀掉，就像从内部发生爆炸一般。

尤其对一些普通的民房更易发生，因为这类房子的屋顶大部分是靠其本身重量平衡的。另外，在四周的墙壁上也将承受每平方米 7～8 吨的压力，这样龙卷就经常引起墙壁和屋顶或天花板的同时"爆炸"。上面的计算还只是根据 8% 的气压下降，其实，在不少情况下，这种气压下降会大得多，产生的爆炸力也更强得多。

因此，如果龙卷的爆炸作用和巨大的风力共同施展它的威力，它所产生的破坏和损失将极其严重的。它经过的地方，能吸起江湖海水，拔起大树，摧毁房屋，卷走牲畜，吸吮庄稼。

1925 年 3 月 18 日，一个强大的龙卷袭击美国，它以每秒 30 米的速度行走了 360 千米，它所经过的地区房屋被卷走，树木被卷起，人们也没有逃脱它的魔爪。据统计，这个龙卷共卷走了 689 人的生命，受伤人数竟达 1980 人！这是当今世界上最强大的一次龙卷。

1956 年 9 月 24 日上海出现的一次龙卷，曾把北郊的一座三层楼房卷塌，一座钢筋水泥的四层楼房也被削去一只角。更厉害的是，在浦东有一个重达 11 万千克的大油罐被它吸到四五丈高上空，抛到离原处 120 米远的地方！当时油罐里还有五个人在工作，结果有两人遭受重伤。

这种强烈的、局部破坏性很大的龙卷风在安徽省也出现过。1968 年 7 月 14 日下午袭击安徽省舒城县的一次龙卷，持续时间长达 3 小时，给 4 个公社造成了重大损失。1975 年 5 月 30 日，安庆地区的桐城县与怀宁县交界处发生的一个龙卷，为当地数十年来所罕见。龙卷开始着地的地点是桐城徐河公社恒心生产队，风力突然增到 10 级以上，3 尺多围粗的大树有的被半腰折断，有的连根拔起，9 根 12 号钢筋 22 厘米的离心电线杆被吹断，几百斤重的石磙被卷走 7～8 丈远。然后，它掠过大沙河，袭击河南岸的怀宁县金桥公社，此时龙卷发展得更为强盛，中心风力大大超过 12 级，使 4 个生产队遭受严重损失。

不过，上面所说的只是一些罕见的例子。由于龙卷寿命很短，移动的路径也不长，所以受到破坏的只是一些局部地区。龙卷的强弱也十分悬殊，有不少弱的龙卷能卷起一些稻草和衣物。如 1967 年 3 月 26 日在上海出现的一次龙卷，把高压铁塔破坏了 22 座，这种铁塔每座有四个长 2 米多的桩护柱，设计强度能经受两倍 12 级大风的风力，但龙卷却把它们拔起、扭折。可是，在距离高压铁塔不远的一些小树就安然无恙。有趣的是，曾有人在只离龙卷破坏区 4 ～ 5 丈远的地方，竟没有感觉到有风！

3. 龙卷的来历

为了说明龙卷的来历，我们不妨从刮风的道理谈起。

俗话说："空气流动便成风。"这句话，简单明了地说出了刮风的原因。我们知道，空气同一切物质一样，都是有重量的，也同一切物质一样，具有"热胀冷缩"的共性。在太阳光照得厉害的地方，空气受热之后，体积膨胀，重量减轻，产生了上升运动，这时候，别处或高空一些比较冷、分量比较重的空气，立刻流动过来填补，不久，这些空气也受热、膨胀、变轻、上升，而四周比较冷、比较重的空气再流动过来填补……如此循环反复，空气就流动起来。"空气流动便成风"，说的正是这种情况。空气流动得慢时，我们感觉不到有风，空气流动得很快时，就觉得风刮得很大。可见，风的大小，是从空气流动的快慢来决定的。换句话说，风是空气运动的一种形式。

龙卷同样是空气流动的结果。不过，它不是一般的、正常的空气流动，而是一种很剧烈的空气涡旋。

有人曾经做过这样一个实验：在一只水桶里盛满水，距水面上大约 3 米高处装一个直径 1 米的轮子，使轮子绕着垂直轴旋转，达到一定速度，轮子下面的空气会跟着旋转，中心气压也逐渐降低，这时水桶里的水就会因为上空气压降低而逐渐往上涌，最后就形成与轮子相连的水柱，于是出现"人造龙卷"的现象了。

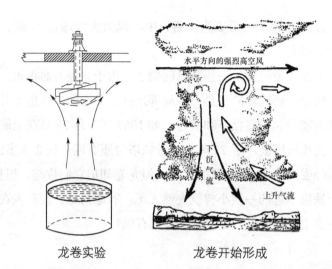

龙卷实验　　　　　　龙卷开始形成

大气中龙卷的形成也类似。在浓暗的积雨云里,上下温度相差很大:在地面附近,空气温度是30℃以上;在积雨云底,温度下降到10℃以上,到了4千米的高空,温度降为0℃;而在8千米的高空,低到-30℃。这样,上面冷的气流急速下降(下沉气流风速往往达8级以上),下面热的气流很快上升(上升气流风速3～4级左右)。强烈上升气流到达高空时,如遇到很大的水平方向的风,就会迫使上升气流倒转。由于上下层空气交替扰动,

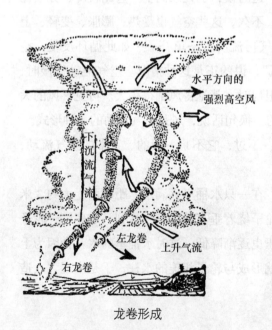

龙卷形成

产生旋转作用,形成许多小涡旋,这些小涡旋逐渐扩大,上下激荡越发猛烈,终于形成大涡旋。大涡旋先是绕水平轴旋转,形成了一个呈水平方向的空气旋转柱。然后,这个空气旋转柱的两端渐渐弯曲,并且从云底慢慢垂了下来。对积雨云前进的方向来说,从左边伸出云体的叫"左龙卷",从右边伸出云体的叫"右龙卷"。前者顺时针旋转,后者反时针旋转,伸到地面一般是右龙卷。左龙卷伸下来的机会不多。

龙卷也容易在两条飑线的交点上发生。飑线,指的是在大气中出现的一种很狭长的(长约100～200千米,宽约0.5～6千米)、并伴有强风和雷雨的天气带。它经常出现在炎热季节强冷锋的前面。a_1a_2 和 b_1b_2,各以自身速度向前传播的过程中,它的交点分别为甲、乙、丙,连接这些交点便得到飑线交点的轨迹线,这条轨迹线两侧的风向和风速都有很大的差异,出现了绕垂直轴旋转的涡旋。以后涡旋逐渐发展,越来越深厚,便形成了龙卷。

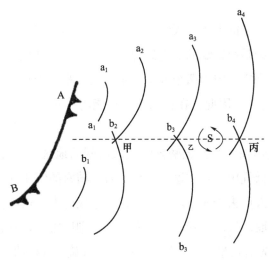

飑线交点上龙卷的形成

龙卷内部的空气旋转速度极快,因离心作用空气被大量抛出,内部空气逐渐变得稀薄、气压非常低。因此,龙卷到达的地方,能把水和沙尘、树木吸卷而起,形成高大的柱体。这种柱体不仅像一只象鼻子,而且像古代传说中的"龙"从云中伸向大地,人们把它叫作"吊龙挂"或"龙吸水"。当龙卷把海里的鱼类及带有某种颜色的海水,或地面上其他物体卷到高空,再随暴雨降到地面,这就形成像前面所说的那些"怪雨"了。古代的人们不了解这些科学道理,认为"怪雨"是不祥之兆,其实这不过是一种自然现象罢了。

当大气低层(0～2000米)空气温暖潮湿,高层(3000～5000米)有干冷气流侵入时,最有利于发生龙卷,而在夏季冷空气即将来临时的天气,也最容易形成这种条件。很多龙卷都发生在地面上冷空气前锋的前面一些地区。另外,在台风路线附近,由于低层气流特别湿热,也是最容易出现龙卷的地区。当台风伸入我国大陆时,华东沿海和安徽地区就有可能出现龙卷。

出现在安徽的龙卷，一般发生于 3—9 月，其中大多发生在有强烈涡旋的雷雨云之中，但并不是所有的雷雨云之中都有龙卷出现。夏初和盛夏时节，在有强烈的雷雨时特别要警惕，可能有龙卷出现。一天之中，在 13—21 时出现的龙卷较多。

4. 预告龙卷

龙卷是一种严重的灾害性天气。它的范围很小，寿命又短，人们要想对它进行预报和防御是很困难的。直到现在，有些龙卷已经发生了，而气象台站当时还不能看到它，因为两个气象台站往往相距数十甚至上百千米，它很容易从中间"溜掉"。因此，在目前，还只能向一些可能发生龙卷危险的地区发出警告。

近年来，人们在一些比较密集的气象站网的地区，通过观测研究发现：龙卷不过是一个低气压，当它逼近或移过时，精密的气压计上有明显的气压跳动，这帮助了人们去警戒它。同时，龙卷生成前大气很不稳定，表现在云系上有对流云发展，气压在降低，云底骚动特别厉害。在龙卷形成前的一两个小时内，往往先有雷暴引起的气旋，称龙卷气旋，直径约 5～50 千米。据观测，龙卷风常常就产生在龙卷气旋中心前进方向的右侧约 2～5 千米的地方。但是，单凭观察这些征兆，在时效和范围上都大大受到了限制。

气象雷达在发现和追踪龙卷上起着很重要的作用。雷达可以测定到远离测站 300 千米处的积雨云。当一个钩状回波出现在积雨云的边缘时，经常能发现有一个龙卷形成。一旦在回波中发现了指示云中有龙卷存在的奇特钩状回波时，立即可以发布警报。但是，很可惜，有许多龙卷出现时，并没有这种明显的突起和特征。而且这种雷达也只能提早半小时发出龙卷的警报，这显然太晚了。

气象卫星，尤其是同步气象卫星在气象上的应用，为及早发现和连续监视龙卷提供了便利条件。卫星照片和雷达资料等配合一起使用，这比只用一般资料作出的警报要准确。

在卫星照片上，很容易把飑线、积雨云及产生龙卷的危险区辨认出来。由于卫星照片每隔 11 分钟（一般 20 分钟拍一张，在有龙卷时缩短时间间隔）左右拍照一张，再配合雷达观测，就能连续地观察天气变化，一旦发现龙卷形成，立即可以发布警报。随着气象卫星技术不断改进，白天晚上都能观测，而且可以看清地面上更小的物体，因而能为气象工作者提供更丰富、更有用的资料。

人工影响龙卷也是可能的。1975 年 7 月 25 日 17 时 30 分，当强大雹云自北而南向辽宁省西部林西县城南移动时，那里的消雹试验点于 17 时 50 分开始用两门三七高炮向西、北方对雹云进行扇形轰击，18 时 05 分突然在炮位的正方约 5 千米处，出现一股强大的陆龙卷，上粗下细的漏斗状灰色云柱，由积雨云底直伸到地平线附近。人们还明显看出漏斗状云柱呈一圈圈的螺纹状，做气旋式反时针旋转。当发现了龙卷后，炮口立即对准漏斗状云柱与积雨云底衔接处轰击。这时，看到有几发曳光弹在接近龙卷云柱时，突然以较大的弯曲向右偏斜，这说明龙卷云柱根部的气流强度非常大。连续轰击40 余发炮弹后，龙卷云柱根部变得松散，而后崩溃，继而整个漏斗云很快消失。这次龙卷从发现到消失大约是 10 分钟。

人类总是在实践中不断开辟认识真理的道路的。随着生产和科学的发展，人类必然会逐步认清龙卷这类强烈灾害性天气的本质和规律，并最后准确地预报它、控制它。

（八）暴雨

1.暴雨的标准及分布

从天上降下的雨，有时大，有时小。

要分辨雨的大小，可以用眼睛去判断。你看，那雨点清楚，一滴一滴地下，落到地面不回溅，雨声缓和的，是小雨；雨落如线，雨点不易分辨，落到地面四处外溅，雨声淅淅沙沙的，是中雨；雨落倾盆，模糊一片，落到地面溅起高约数寸，雨声哗哗作响的，是大雨；比大雨下降更猛烈的是暴雨。不过，由于每个人的感觉不一样，判断出雨的大小的情况也不同。所以，气象台站都是以在一定时间内，在露天用雨量器接贮由空中降落的雨水多少而定的。

中国气象局规定，一天之内，由空中降落的雨量在0.1～9.9毫米的称为小雨，10.0～24.9毫米的为中雨，25.0～49.9毫米的为大雨，50.0～99.9毫米的为暴雨，100.0～249.9毫米的为大暴雨，超过250.0毫米的为特大暴雨。根据这个标准，暴雨的"足迹"几乎遍及全国。

在西北内陆地区，一向全年干旱的南疆塔里木盆地北缘的库车县城，1958年5月9日曾经下过56.9毫米，接近它的平均年雨量。更有意思的是盆地中塔克拉玛干大沙漠南部边缘中的且末县城，年平均雨量只有18.3毫米，可是1968年7月22日一天就下了42.9毫米，一天下了几年的平均雨量。日雨量100毫米以上的大暴雨，除了西北内陆少数省区外，其余各省也都出现过。东南部各省还有日雨量250毫米以上的特大暴雨发生。东北只有长白山脉余脉千山山脉东坡的丹东地区，华北只有太行山东坡和豫西山地东部，南方只有广东沿海和台湾能够出现。

我国大陆上出现过两场最大的暴雨：一是发生在1963年8月上旬，在太行山东坡；二是发生在1975年8月上旬，在豫西山地东部。河北省石家庄内丘县獐么公社在1963年8月4日，日雨量达到了950毫米，比当地年雨量还多一半。1975年8月受3号台风影响，河南省大暴雨再破大陆日雨量纪录，8月7日方城县郭林下了1054.7毫米，泌阳县林庄从8月7日下午2时—8日2时的12个小时中就下了954.4毫米。

但是，我国日雨量最大的地方还是在雨量最多的台湾。仅根据 50 年中 71 次台风统计，日雨量在 500 毫米以上的就有 32 次，其中最大的几次都超过了 1000 毫米，如阿里山 1104 毫米、百新 1248 毫米、新寮 1672 毫米，已经接近非洲留尼旺岛 1870 毫米的世界纪录了。

在安徽，各地都可能出现日雨量 200 毫米以上的特大暴雨。日雨量超过 300 毫米的，有淮北的界首、凤台，江淮之间的庐江、天长，沿江的当涂和大别山区的岳西等。特别是淮北的界首，1972 年 7 月 2 日一天就下雨 440 毫米以上。

暴雨日的前后往往有连续降水。如果连续阴雨中包括有两个暴雨日的降水过程，气象上称为暴雨过程。安徽省最大暴雨中心的岳西、桐城和庐江一带，历年最大暴雨过程量都在 900 毫米以上。岳西在 1969 年 6 月 15 日至 7 月 23 日更达 1240 毫米。皖南山区的黄山和祁门一带，最大暴雨过程量也超过 800 毫米。淮北以宿州、濉溪、临泉、颍上为最大，暴雨过程量都超过 600 毫米。全省最大暴雨过程量大都出现在 6 月 20 日—7 月 20 日，正当江淮地区的"黄梅时节"，雨量多，强度大，持续时间长，也是最易发生水涝灾害的季节。

2. 什么情况下容易出现暴雨

暴雨的成因和一般降水是相同的。一般降水要有充分的水汽条件和空气的上升运动条件。降水机制就好像大气中存在一座自然的加工厂，海洋上丰富的水汽是取之不尽的原料，降水物是它的产品。通过水平气流的运输，把原料集中于工厂区（降水区），然后通过气流的垂直输送和上升冷却过程，把原料加工（凝结）成为胚——云，再经过加工（云滴的并合增大）而成为雨滴降落。降水，就是通过这种机制各个环节有机地结合和综合作用的结果。如果水汽的供应和输送十分充足和源源不断，而气流的上升运动又很强烈和持久，这就常常会形成暴雨。冷暖空气的交锋，大气中的各种涡旋如低气压和台风等，局部强烈受热或地形的影响，都可以形成强烈上升气流运动而成云致雨。这里面充沛的水汽来源，是形成暴雨的最重要条件。当夏季来自我国南方海洋上的偏南气流盛行时，水汽比较充沛，暴雨才开始出现，而冬季除个别地区外，因水汽来源不足，暴雨很少见。

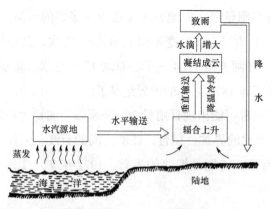

降水的形成

我国暴雨大多是由于冷暖空气"交锋"所造成的。来自南方海洋上的暖湿气流（即夏季风），在我国大陆上与北方南下的冷干气流（即冬季风）相遇、交锋，中间有一个交锋带，称为锋面。由于冷空气比暖湿空气重，交锋时冷空气斜插到暖湿空气的下面，而暖湿空气则沿着锋面向上爬升（一般可爬升到5～6千米的高度），在上升运动中，水汽凝结成云致雨。冷暖空气的范围大，暖空气中的水汽多，形成的云宽广而深厚。云中既有水滴也有过冷水滴和冰晶、雪花，是一个"原料"充沛、"动力"强大的降水"加工厂"，往往造成大范围长时间的降水，常可达到暴雨的标准。冷暖空气交锋地区的大小涡旋更会加强暴雨的程度。因此，我国各地暴雨开始迟早、次数多寡和强弱，与大范围的冷暖气流的进退时期、迟早，都有密切联系。

冬季，来自北方的干冷气流势力最强，长驱直入我国，南方的暖湿气流被赶到南海面上，抑制着我国大陆的冬季风又冷又干，暴雨也就很难出现。3月以后，冬季风开始减弱，而夏季风慢慢向北方吹送，彼此相持于华南一带，降水量加多，出现暴雨的机会也相应增加。4月下旬至6月上旬，冬季风的势力进一步减弱，夏季风进一步增强，最多降雨区徘徊于珠江流域至长江流域以南的广大地区，5、6月也是这里暴雨最频繁的时期。6月上旬以后，冬夏季风交锋地带移到长江两岸及淮河以南，最多降雨区也向北跳跃，形成江淮流域的梅雨，这时华南的降水及暴雨次数减少。在梅雨期间，如遇低气压沿着锋面移来本地，本地雨量会加大，常会出现大雨或暴雨。江淮流域各地的暴雨多出现于梅雨季节，大致是长江中下游以6、7月最多，上游以7、8月最多。7月上旬以后，最多降雨区又一次向北跳跃，不过10天左右，就移到黄河中下游及其以北一带。这时也是夏季风向北扩展最强盛季节，偏北干冷气流约在北纬40度附近与偏南的暖湿气流遭遇产生降水。这一时期，这些地区出现暴雨次数也最多。当这一带多雨之际，江淮流域正为太平洋副热带高气压所控制，多晴天而少雨，进入了盛夏，而华南这时因台风和空气湿热带影响，暴雨次数又形增多，据统计，不少地方8月为全年降水量次多月份。8月下旬以后，冬季风的势力开始增强，不消一个来月的时间，锋面以及与其相联系的最多降雨区，就从东北、华北向南退到华南沿海一带。9月上旬以后，长江流域及其以北大部分地区受到冬季风控制，就出现天高、云淡、气爽的少雨天气，只在华南沿海会有较明显的大雨出现。

除了与冷暖空气交锋有关的暴雨外，台风也是造成我国暴雨的重要角色。直接由台风造成的暴雨，一般5、6月份及9到11月份以两广和海南岛较多，7、8月份以台湾、福建、浙江、江苏、山东沿海较多。

在全年降水量多的地区，暴雨日数也多，相反的情况就少。华南大部地区平均每年有4～6天，广西北部和广西沿海有5～8天，长江中下游及淮河流域有3～5天，华北平原和东北平原南部有2～3天，东北平原北部有1天左右，西北内陆地区极少暴雨。以上暴雨日数只是一般情况，由于天气变化多端，每年冷暖空气的强弱程度不同，由"锋面"造成多雨区的位置及其在一地停留时间的长短也不同，各地暴雨次数及暴雨盛行期与常年甚至相差很大。这往往又是影响我国夏季出现大范围旱涝灾害的重要因素之一。例如，1954年江淮流域发生百年未遇的大水，就是由于那一年冷空气势力强，暖空气势力弱，冷暖空气交锋地带迟迟不能北上，相持在江淮流域达两个多月，其暴雨日数达10天之久，从而引起了这一地区严重的水涝灾害。相反，1959年由于暖空气势力特别强，一下子就把冷空气从华南一带赶到黄河以北去了，所以长江中下游地区的梅雨极不明显，形成严重干旱，而黄河以北的华北地区又因暴雨频繁出现了涝灾。

华南沿海和台湾是我国最大的暴雨中心。江淮流域，特别是长江中游汉口、宜昌一带，是我国第二大暴雨中心。华西山地、南岭武夷山区和东北长白山区也是暴雨中心。

我国暴雨的移动路径，与天气系统、台风的行径和地形的走向有密切关系。由锋面造成的暴雨区，常沿交锋地带此起彼伏，逐渐东移以至减弱、消失。常常是一次暴雨出现和移出之后，新暴雨区又出现并沿相似的路径东移。我国暴雨的这种移动方向对于防汛工作不利，因为我国河流大多是由西东流，当上游出现暴雨，造成的洪峰向下游流动的时候，暴雨中心往往也是从西向东移动，两者重合而加重危害。台风引起的暴雨移动路径，与台风行径是一致的。由地形造成的暴雨移动路径，与山脉迎风坡的走向是一致的。我国东半部的山脉，大多为东北至西南走向，暴雨移动路径也大多从西南向东北。在同一山岭的迎风坡和背风坡，其降水量和暴雨次数可以很悬殊；相毗邻的高山与平地也有很大差别。如南岭、黄山、太行山、燕山山脉迎风坡，以及武夷山西侧和川西山地等，因地形影响而为多雨的地区，同样也是容易出现暴雨的地区。

暴雨还往往发生在雷雨天气系统里。以局地热力不稳定为主的热雷雨，所产生的暴雨范围较小，在各地暴雨次数中所占的比重也不大。这种暴雨只是在多山地区和气候湿热地区容易出现。

3. 暴雨的防御

暴雨有利也有弊。下暴雨的时间不是很持久，不是集中在一个地区，这就不会造成灾害，而且当天旱缺水时还是一场透雨。人们还可以利用暴雨的强大降水量拦洪蓄水，用于灌溉，并为工业、运输服务。实际上，我国夏天几乎每天都有暴雨，但是绝大多数都没有造成灾害。

暴雨持久集中地下在一个地区或某一个水系，地上的水一时来不及渗透到地下或汇入江河湖海里去，就会常常引起山洪暴发，河水猛涨，甚至冲毁河堤、塘坝和水库，淹没农田房屋。暴雨、洪峰总是先后接踵而至，甚至二者相互重叠，使洪峰不断加大而加重危害。一般暴雨如伴有大风或冰雹，造成危害会更大。因此，在雨季，要注意收听气象台站的暴雨预报，充分做好防雨防汛工作。

短时间的急性降雨，土壤吸收很少，雨水冲刷，造成水土流失，同时可以破坏土壤团粒结构，使土壤表面板结，使农作物生长不利。

为了防止暴雨引起的土壤冲刷，应注意在容易受雨水冲刷的山坡地带绿化造林，以保持水土；必须开辟山坡地种庄稼时，最好把坡地开成梯田，以防水土流失；在已有沟谷形成的坡地上，可以闸沟打坝，或用树枝拦挡，使雨水漫流，这样能减少土壤冲刷，又能防止沟谷扩大。

为了防止暴雨带来的洪水危害，在丘陵山区应大力兴修水库、山塘、谷坊、拦洪坝等水利工程；沿江圩区应着重培修干支流堤防，加强涵闸、加高内埂、挖深沟塘等；在平地上也可以利用天然湖泊、池塘、洼地来蓄水。这样不仅可以控制洪水，免其泛滥致灾，而且在天旱时，还可以把水库、池塘和洼地里面的水用来灌溉，防止干旱的威胁。

在靠近河流和湖泊的地方，还必须加强对堤防的管理养护工作，尤其在暴雨季节更要随时检查修补，以免发生意外。对于雨量年际变化大，有大暴雨出现的地区，汛期必须加强气象水文观测和预报工作，为防洪抗险早做准备。

在田间防涝方面，要经常整修沟渠，做到沟沟相通，排灌自如。采取调整播种期、选用早熟品种等农业技术，也能减小水涝的危害。当暴雨将会或已经造成水涝时，要及时排除田间积水，加强田间管理，如洗去茎叶上的污泥烂物、扶直植株、轻度中耕松土等。受涝害以后，要立即查苗补苗。如果受灾严重或补种季节已过，可改种生长期短、抗灾能力强的作物，以减轻水涝灾害所造成的损失。

（九）伏旱

1. 热在三伏

江淮地区梅雨结束后，安徽就进入盛夏时节，开始"入伏"了。

"伏"是二十四节气以外的杂节气。在我国农历中，伏天的划分，以"夏至"后第三个庚日为"初伏"（头伏），第四个庚日为"中伏"（二伏），"立秋"后第一个庚日为"末伏"（终伏），总称"三伏"。所谓庚日，是我国"干支纪日法"日序中天干为庚的日子，每 10 天出现一次。

自春秋战国时代起，我国就用天干和地支合并起来，再配合在年、月、日上，用来记载和推算时间。天干就是甲、乙、丙、丁、戊、己、庚、辛、壬、癸；地支就是子、丑、寅、卯、辰、巳、午、未、申、酉、戌、亥。把天干地支按顺序配合就得到日序为甲子、乙丑、丙寅……直至 60 天为一周期，这样周而复始不间断。在 60 个年或月或日中，每一个年、月、日都有一个不同的干支名称。庚日就是逢有庚字的日子。天干数是 10 个，每隔 10 天就有一个庚日，如庚寅、庚辰等。一年为 365 天（闰年 366 天）都不是 10 的整倍数，因此今年某一天是庚日，明年同一天就不一定是庚日，这样每年的入伏日期也就不同了。

你从天文年历中，可以找到农历每年正月初一的日序，然后就可以推算出三伏天的起始日期。例如 1978 年农历（戊午年）正月初一的日序为庚子，从而推算到农历五月十七日夏至那天的日序是乙卯，夏至后第三个庚日是庚辰（公历 7 月 17 日），这天就是初伏第一天。第四个庚日是庚寅（公历 7 月 27 日），这天是中伏的开始。立秋后第一个庚日是庚戌（公历 8 月 16 日），从这天进入末伏。每一个庚日相隔 10 天，但中伏和末伏之间可能相隔 10 天，也可能相隔 20 天，因为夏至后第五个庚日可能在立秋之前，也可能在立秋之后；如果在立秋之后，末伏和中伏就相隔 10 天，如果在立秋之前，末伏和中伏就相隔 20 天。1978 年 8 月 8 日立秋，夏至后第五个庚日（庚子）在立秋前的 8 月 6 日，而立秋后第一个庚日（庚戌），在 8 月 16 日，末伏和中伏就相隔 20 天。

从推算中可以知道，每年的初伏和末伏各固定为 10 天。中伏视交伏早晚，10 天或 20 天不等：公历 7 月 28 日以前交中伏，中伏和末伏之间相隔为 20 天；公历 7 月 29 日交中伏，中伏和末伏之间相隔为 10 天。至于每年具体入伏日期，主要取决于夏至日的日序，如夏至日正好为庚日，最早在公历 7 月 11 日入伏；如夏至日为辛日，最迟在公历 7 月 22 日入伏，其余都在公历 7 月 11—22 日间入伏。中伏、末伏类推。按节气来说，大约初伏在小暑后，中伏在大暑左右，末伏在立秋后。伏期从公历 7 月中旬到 8 月中旬，为时近一个月，就是农谚说的"热在三伏"的三伏天。

据统计，新中国成立后历年旬平均最高气温：北京、长春在 7 月中旬，南京、合肥、武汉在 7 月下旬，南昌、长沙在 8 月上旬，广州在 8 月中旬，都出现在三伏天里。历年极端最高气温北京为 39.6℃，武汉 39.4℃，广州 38.7℃，而安徽的砀山、宿州、亳州、霍山、合肥、安庆和屯溪等地则在 40℃ 以上，也都出现在三伏天里。所以人们常说："小暑不算热，大暑三伏天。"

为什么三伏天里这么热呢？这是因为，地球上气候的冷热取决于太阳光的直照和斜照，直照时地面单位面积所获得的热量比斜照时获得的多。冬至时，太阳光对北半球的斜照角度最大，冬至以后到夏至，逐渐由斜照接近直照。在这段时间里，北半球的白天逐渐增长，夜间逐渐缩短，地面吸收的热量不断增加，放散的热量愈来愈少，这样地面便"积蓄"了大量热能。夏至那天，太阳光对北半球的直射最厉害，而且白天最长，夜间最短，似乎应该以这天最热。其实不是。因为地面的冷热是逐渐积聚起来的，气温也是逐渐升高的。夏至后，虽然阳光逐渐斜射，日照时间开始缩短，但是在一个相当长的时间里，白天还是比夜间长，太阳高度仍然相当地高，地面白天吸收的热量还是比夜间放散的热量多。在这一段时间里，过去积聚起来的热量没有消耗，每天还能积存一点，因而天气继续增热。直到夏至后一个来月，也就是入伏以后，地面积聚的热量达到最高峰，天气也就最热了。

三伏天气最热，还与太平洋副热带高气压的控制有关系。淮河以南地区梅雨结束后，雨区移到淮北北部，这一带雨量集中，有时连降暴雨或大暴雨。而这时在江淮之间和沿江江南的大气空间里，主宰着天气的重要角色就是太平洋副热带高气压。副热带高气压里的空气是从里向外流动的，近地面空气向四周流散时，高空较冷空气就跟着不断下沉。下沉的空气，温度随着升高（高空气流每下沉 100 米，气温增高 0.6 ～ 1℃），这就不利于空气中的水汽凝结成云。这样一来，太阳光热容易到达地面，使近地面空气层的温度急剧上升。

加上这时期的日照时间，既长，又强烈。烈日当空，千里无云，午后最高温度常可上升到 35℃以上。如果这样的形势稳定少变，就会出现长期晴热少雨的局面。这种天气，一般江北可持续 7 ～ 10 天，江南可达 10 ～ 17 天。1934 年 7 月份，安庆极端最高气温达 44.7℃，蚌埠 43.7℃，成为历史上气温最高的一年，都是在这种形势下形成的。

安徽省地跨江淮流域，各地伏天气温也有差异。在高温天气持续较长的 1953、1959、1966、1967、1978 年，极端最高气温淮北为 40 ～ 42℃，江淮之间 31 ～ 41℃，江南 40 ～ 41℃；35℃以上的高温持续期，江北为 13 ～ 27 天，江南为 31 ～ 53 天。

相反，如果太平洋副热带高压位置偏东偏北，安徽受到来自海洋的东南风影响，天气就不会很热，35℃以上的高温天气的日数也少。如 1972 年伏天的最高气温，安徽省为 35 ～ 38℃，35℃以上持续高温日数最多只有 2 ～ 4 天。1973 年也是在这种形势下，形成了安徽省的夏凉天气。

2. 抗伏旱

伏天晴热少雨，蒸发量大，常造成农作物的严重缺水，出现"伏旱"。

一般说来，安徽省伏天除有台风雨和局部雷雨外，很少下雨。7 月份的平均雨量，大部地区在 150 毫米以上，其中皖东北及滁州、来安、天长、临泉、霍邱、霍山、岳西一线以西的地方，月雨量都在 200 毫米以上，而皖南山区的郎溪、旌德、铜陵、石台、东至一线以南地区（黄山、黟县除外），月雨量都不足 150 毫米。8 月份的平均雨量比 7 月份更少些。

除宿州至蚌埠一带，大别山地，以及宣城、泾县、太平、黄山等地月雨量大于 150 毫米外，其余广大地区都不足 150 毫米，巢湖、庐江地区更不足 100 毫米，伏旱现象比较严重。据气象部门统计，皖南地区平均 10 年中约有 5 ～ 6 年出现不同程度的伏旱；淮北地区轻一些，10 年中也有 2 ～ 3 年要出现伏旱。

伏旱出现的早、晚，与前期梅雨量多少和结束迟早的关系很大。梅雨量少，或是"空梅"年份、或梅雨期结束得早，一般伏旱开始早，旱期长，旱情也较严重；相反，伏旱便较轻。伏旱的出现与台风影响次数的多少有关，台风边缘部分影响较多的年份，因有台风雨的调剂，旱情一般较轻。伏旱的出现，还与南北冷暖空气的进退情况也有关，暖空气势力强盛，夏天特别热的年份，初秋北方冷空气南进缓慢，秋雨来得迟或秋雨不多，这样伏旱可能持续到9月中旬。

伏天气温高，这给水稻、棉花等喜温作物的生长发育创造了极为良好的环境。正如农谚所说"人在岸上热得跳，稻在田里哈哈笑""要穿棉，热冒烟""三伏要热，五谷才结""伏天热得狠，丰收才有准"。但是，伏旱却对农业生产危害很大。农谚说"伏里无雨，谷里无米"。伏天正是早稻抽穗、扬花、灌浆和成熟收割期，中、晚稻则处于生长旺期，耗水量猛增；这时，棉花也正在现蕾、开花、成铃，除需较高温度外，需要水分也较多，如果半个月左右不下透雨，又没有及时灌溉，水稻就可能变枯黄，棉花蕾铃大量脱落，出现旱情。特别是江淮丘陵和沿江江南的高亢地区，干旱发展快，旱期长，对作物生长发育的威胁很大。

为了战胜伏旱，必须大力兴修水利，发展农田灌溉。例如，培修塘坝，堵旱渗漏，结合取肥挖淤，整修放水涵管和溢洪道，并在丘陵山冈的有条件地方，联塘并塘，加大蓄水容量，再做一些新塘，以提高蓄水灌溉能力。同时要做好水库及其灌溉区配套，扩大工程灌溉效益，还要使蓄水引水工程配合起来，充分利用江河水源。某些缺少修建水库或引水工程的地区，应在尽量利用当地径流的同时，因地制宜地建立机械化或电力抽水站。

在兴修水利的同时，还必须植树造林，绿化山冈，采取有效的农业技术措施来防旱抗旱。农作物要因地因水合理布局，农作方法与措施要灵活、主动，用水要得当。另外，采用压地、保墒、盖草等措施，可以减少土壤水分蒸发，减轻干旱。当土壤水分降低到17%～18%时（适宜水分为20%～25%），或发现棉花叶片变厚，叶色暗绿，顶上三四片叶中午出现暂时萎蔫时，就应进行抗旱。但在白天高温时不能灌水，以免引起田间温度剧烈变化，造成蕾铃的大量脱落。如果进行喷灌、滴灌、浇水，并开沟条施、深施、湿施饼肥，则有利棉花正常生长，夺取丰收。

3. 呼云唤雨

从前，人们传说"呼云唤雨"的神话，随着近代科学技术的发展，今天已部分成为现实了。

1958年7月，吉林市及周围地区出现了几十年未遇的大旱，月降雨量只有2毫米，相当于正常年份的1%。当时农作物正处于大量需水的生长阶段，因此，干旱给农业带来极大威胁。蓄水的松花湖，由于久旱未雨，蓄水量下降到常年的13%，给工业用水和发电照明也带来困难。面对大自然的灾害，人们千方百计开展了抗旱斗争，并于8、9月份在我国首次进行人工降雨试验。利用飞机进行穿云催化作业，在云中多次播撒干冰造雨，约有80%达到了人工降雨和人工增雨的效果。两个月内总共飞行了22架次，播撒干冰10000千克，基本解除了吉林市及郊区三县的旱情，农田受益面积扩大，并使丰满水库蓄水量大大增加，保证了工农业用电。

这一年，甘肃、湖北、安徽、河北等省也相继开展了人工降雨工作。目前，安徽省人工降雨野外试验已全面展开。全国还有25个省、自治区、直辖市不同规模地开展了人工降雨工作。

那么，人工降雨到底是怎么回事呢？

我们知道，雨是云的化身，"天上无云不下雨"。云是由水汽随上升的空气降温而凝结的小水滴。有的云层温度低于0℃，以至-20℃左右，由过冷水滴和冰晶组成，这是冷云；有的云层温度高于0℃，全由小水滴组成，这是暖云。当云中的水滴和冰晶体积非常小时，往往被上升气流托在空中，或下降过程中被蒸发掉，就下不起雨来。

1933年，瑞典人贝吉隆在前人研究工作的基础上，分析了大量冷云观测事实后，提出了冷云致雨著名的水的三态（液态、气态、固态）转化理论，简称"冰水转化"理论。以后芬德生又使理论进一步完善。原来，在冷云中，由于冰晶比过冷水滴的饱和水汽压（大气中水汽的压力，单位为百帕。水汽压的最大限度，即饱和水汽压）要低，从而促使过冷水滴很容易经蒸发、凝华（即水汽变为冰）而迁移到冰晶上。只要云中有足够数量的冰晶，经过冰水转化就能迅速增大，再加上云滴下落时碰并增长，就形成降水。这一冷云致雨过程，就成了人工影响冷云的理论基础。

暖云降水，主要是靠较大云滴在下落过程中，赶上和碰并大量较小云滴后，逐渐增大加重，上升气流托不住时便落到地面为雨。这一暖云降水理论首先由豪顿于 1938 年提出。其后，美国兰格缪又发现了下降的大雨滴在下降形变和云中上升气流的冲击下，破碎成许多大云滴，形成雨滴大量增殖的"连锁"反应。这一发现使暖云降水理论日臻完善。

云滴因碰并而增大

1946 年 7 月，美国谢费尔等人根据冷云降水理论，在冷云室里以人工制造冰晶促成冷云降水的试验中，一次向冷云室中投入了一块干冰，突然在一瞬间云室中充满了成千上万颗闪烁发亮的冰晶。原来，干冰的高度冷却效应，使最"顽固"的过冷水滴也只能"屈膝投降"，冻结成冰晶了。

经过几个月的筹备，他们又开始进行自然条件下的催云致雨试验。11 月 13 日，一次历史性的飞机播撒试验开始了。当天在 4 千米多的高空上布满了层积云，云内温度约 -20℃。飞机在 5 千米高空的飞行路径上，向云中播撒了 1.5 千克左右的干冰碎块。大约经过 5 分钟，播撒区出现降水，雪幡 [①] 一直延伸到云下 700 米左右，效果显著。从此，人工影响天气的工作，日益蓬勃发展起来了。

还是这一年，美国冯奈古特做了另一项十分有价值的实验。他从晶体结构手册上查知碘化银具有类冰的晶体结构，又不溶于水，因此，便把它磨成粉末，投入人工过冷云雾中，代替冰晶胚胎，以产生大量人造冰晶。但试验结果很不理想，实验也就此中断。几星期后，他又转入用各种金属做电极，研究火花放电引入金属微粒对过冷云的影响。在一次用银做电极的放电试验中，意外地发现云室突然充满了冰晶，犹如撒进干冰的情景相仿。原来，几周前进行碘化银的成冰试验时，试剂的纯度极低，试验后又在云室中残留了部分碘和其他杂质。结果银在火花放电高温下，竟偶然地与残存的碘化合，成为纯度高而颗粒极小的碘化银结晶，成功地实现了最初的设想。11 月 14

---

① 幡，音 fān，指飘着的长条纸带。这里用来形容层积云下的雪影，好像从云中挂落的竹帘或布幕一样。雪幡的出现，说明干冰在播撒区已使过冷水滴冻结成大量雪晶，将促成冷云降水。

日，冯奈古特将碘化银加热蒸发，然后又凝华成高纯度的碘化银结晶体的烟粒，引入冷云室中，立即出现期待已久、令人鼓舞的良好成冰效果。以后，在自然条件下，也取得良好的催化成绩，从而使碘化银成冰核得到迅速推广使用。碘化银的成冰效率极高，多年来已成为人工影响天气最常用的冷云催化剂。

在冷云催化降水获得成功的基础上，对于暖云也进行了大量播云致雨试验。向云中喷撒大水滴，或撒播诸如盐粉等吸湿性微粒，以期增加云中大水滴，促进碰并增长从而形成降水的试验，也都获得了成功。

人工增雨就是向云中引入催化剂，造就冰晶或大水滴，促使降雨的形成。根据云的不同性质而采用不同的催化剂如盐粉、干冰、碘化银，以及尿素、四聚乙醛等，都可以用飞机撒播云中，或用高炮及土火箭射入云内。它对一般的暖云和冷云都可以进行催化，对层积云或大块的积雨云等对流性强的云系效果更好。

20 世纪 40—50 年代，人工降水试验有着突飞猛进的发展。20 世纪 60 年代以后，则进入了一个更为深入的阶段。人们不仅对人工催化后云的微观物理过程有了更深入的了解，而且对掌握有利的作业条件、新的人工催化原理，以及人工降水效果检验等方面，也都取得了进展。人工降水通常可以达到 10% ～ 20% 的增雨效果，这对解除农业干旱、保证水库的水力发电和森林灭火等方面都有一定贡献。

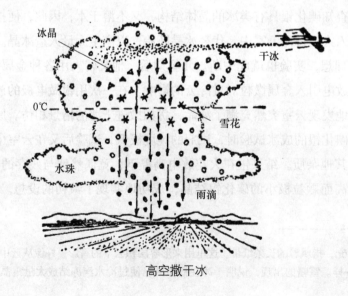

高空撒干冰

人工增雨的试验工作至今已有 70 余年的历史。但是,"在生产斗争和科学实验范围内,人类总是不断发展的,自然界也总是不断发展的,永远不会停止在一个水平上"。因此,只要我们在实践中不断地开辟认识真理的道路,最终一定能控制天气,呼云唤雨,斗倒旱魔。

三、漫谈灾害性天气

（十）梅雨

1. 梅实迎时雨

每到春末夏初之交，我国江淮流域直至日本南部的广大地区，就该进入"黄梅时节"了。

"梅实迎时雨，苍茫值晚春。愁深楚猿夜，梦断越鸡晨。海雾连南极，江云暗北津。素衣今尽化，非为帝京尘。"这是唐代诗人柳宗元的咏《梅雨》诗。它说明：早在一千多年以前，我国人民已对东亚的梅雨天气颇有认识。的确，每年的黄梅时节，照例是云层密布，降雨频繁，连绵淅沥的雨老是下个不停，偶尔还夹着一阵阵暴雨，常常是 10 ～ 20 天少见阳光，有时竟一连下雨一个多月！

这种连阴雨天气刚巧是出现在江南梅子黄熟的时期，所以人们称它为"梅雨"或"黄梅雨"。又因为这时期的气温逐渐升高，空气湿度大，宜于霉菌滋长，衣物极易发霉，所以也称梅雨为"霉雨"。正如明代李时珍在《本草纲目》中曾经记述的："梅雨或作霉雨，言其沾衣及物，皆出黑霉也。"可见，梅雨对我国人民的日常生活影响也很深重。

也许你曾在历书上看到过"入梅"和"出梅"的日期吧？那是从天文上计算出来的：以芒种节以后逢"丙"日入梅，小暑节后逢"未"日出梅。华中地区和安徽省，以芒种后逢"壬"日入梅，小暑后逢"辰"日出梅，前后相差 4 ～ 5 天。从入梅到出梅大约 30 多天，即从 6 月上旬到 7 月上中旬。这种计算方法，时间固定，各地一致，因此与实际情况出入很大。

在气象学上，一般把平均气温升高至 23℃、湿度猛升、在一次比较明显降雨后无连续性晴天 4 天以上的，作为入梅开始；把气温大于 28℃、一次较大降雨过后湿度明显减小、之后有一段较长时间晴天，作为出梅，即盛夏开始；也有的把最高气温猛升至 30℃ 或 33℃ 并连续 3 天左右，雨季结束，称为出梅。从气象因素上判断出来的入梅出梅日期，东南沿海和安徽省比天文上的时间要早些，而华北一带则晚些。

据气象部门研究，安徽各地的入梅时间，最早开始于 5 月 30 日（1971

年），最迟开始于 7 月 3 日（1964 年）。一般是南部入梅早，北部入梅迟。皖南山区入梅在 5 月下旬到 6 月上旬，江淮之间在 6 月上旬到中旬，沿淮一带在 6 月中旬前后，南北约相差 10 ～ 15 天。出梅时间在 6 月下旬到 7 月中旬，自南往北先后结束。从入梅到出梅，江南地区历时一个月左右，其他地区 15 ～ 20 天。

值得注意的是，在进入初夏之前，也有不少年份会出现阴雨连绵天气，俗称"春汛"或"迎梅雨"。而进入盛夏之前，如果有一段明显的阴雨天气出现，可称作"倒黄梅"。个别年份不出现阴沉多雨的天气，称为"空梅"或"少梅"。

梅雨是江淮流域气候上的特色。梅雨期间阴沉多雨，雨期长，雨量大。一般说来，皖南山区梅雨量约占全年五分之一，沿江地区约占四分之一，沿淮一带约占三分之一。各地梅雨日数，自南向北逐渐减少，江南约为 20 ～ 30 天，江淮之间约 15 ～ 25 天，再往北只有 15 天左右。有些年份的梅雨日数也会出现悬殊较大的情况。例如 1954 年，安徽省大部地区梅雨持续 57 天之久，1958 年甚至一天梅雨也未出现，1961 年也只有 3 天。

梅雨也不全是连绵的小雨，有时还夹着一次又一次暴雨、阵雨或雷雨。安徽省梅雨期间产生的连续性大雨和暴雨可持续 4 天以上（如 1953 年、1964 年和 1969 年等）。"梅季"出现的暴雨次数约占全年的 30% ～ 40% 左右，其中以大别山区和皖南山区最多，沿江次之。就一日最大降雨量的分布来说也是如此。例如：安庆在 1956 年 6 月 24 日，一日最大降雨量达 262 毫米以上，岳西和庐江在 1969 年 7 月 14 日，一日最大雨量分别更达 326 毫米、343 毫米之多。

梅雨天气又往往时晴时雨，时冷时热，变幻无常。往往昨天是阴云密布，大雨倾盆，而今天却细雨蒙蒙，烟雾弥漫；甚至一小时前还是风驰电掣，大雨如注，而一小时后却云散天开，烈日当空，所以群众有"黄梅天，日多几番颠"的说法。

2. 梅雨的成因

春末夏初，太平洋副热带高压送出的湿热空气，挟带了丰富的水汽，从东南沿海涌进江南的原野，北方冷高压送出的干冷空气，力量也还不弱，从

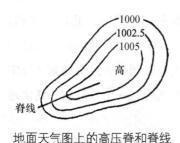

地面天气图上的高压脊和脊线

华北直伸到长江北岸。这两种冷热空气差不多势均力敌，就沿着江淮流域一带顶撞起来。暖湿空气比干冷空气轻，它一面紧紧追着冷空气跑，一面沿着冷空气的斜坡向上滑升，同时逐渐变冷。在暖湿空气滑升到一定高度后，多余的水汽就凝结出来，形成一层层浓厚的云块，这种云很不容易消散，云中含有大量的水分，能不断下雨。初夏时的梅雨就是这样形成的。

太平洋副热带高压伸向我国东部地区的高压脊线位置，与暖空气所能到达的地区关系极大。当副热带高压脊线北移到北纬20°以北，并稳定在北纬20°～25°之间时，冷暖空气就在江淮流域相遇，形成静止锋和梅雨天气。雨区是一个宽达200～300千米的、呈东西狭长的雨带。脊线在北纬20°～25°的范围内稳定的时间长，梅雨期就长；稳定的时间短，梅雨期也短。随着副热带高压愈来愈加强，脊线到达北纬30°附近时，主要雨区北移到华北，江淮地区便进入盛夏时节。可见，江淮流域梅雨的开始、维持和结束，是决定于副热带高压脊的位置变化的。

梅雨量的大小，主要是依赖于从南方印度洋上来的潮湿气流的强弱。这种潮湿气流由孟加拉湾流向我国西南，再沿太平洋副热带高压脊西北部（高压脊西北部吹西南风）输送到江淮流域，成为梅雨的丰沛水汽的来源。大约在7月中旬，影响到江淮流域的西南气流减弱，水汽来源减少，江淮大地上的梅雨期便告结束。

但是，降雨量的大小除依赖水汽的来源外，还要有使水汽抬升的动力。这动力就是北方冷高压不断送来的小股冷空气。这种冷空气和由海上来的暖湿空气在江淮流域交锋，形成静止锋，暖湿空气沿锋面爬升，就造成降水。北方冷空气南下次数愈多，强度愈强，降水量也愈大。

在形成梅雨的静止锋两侧，冷暖空气势力的强弱不断变化，因而会产生低气压（气旋），称为江淮气旋。在和静止锋相配合的高空切变线上，也常有低压自西向东移动。低压区的大量暖湿空气辐合上

梅雨期间静止锋上低压

升，空气中的丰富水汽大量凝结，便会产生暴雨。有时，在高空切变线上，空气辐合上升加强时，也会下暴雨。当低压或空气的强烈辐合上升区移到当地时，天上便"俄顷风定云墨色"，大雨或暴雨如注，而离开当地，雨会逐渐减小，乌云渐渐散去，甚至太阳从云中探出头来，照耀着泥泞的大地。但是，在短时间内雨后天晴，往往却孕育着不久又将有大雨来临。因为新的低压或空气的强烈辐合上升区仍会移到本地而引起降雨，所以群众有"（太阳）当午现一现，三天不见面"的说法。

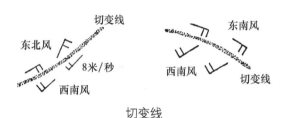

3. 一分为二看梅雨

长期以来，我国劳动人民不仅早对梅雨有了一定的认识，而且积累了丰富的看天经验。例如谚语"春暖早黄梅，春寒迟黄梅"，指出了春天气温与梅雨来临早迟的关系；"春雪一百二十天雨"，意思是春雪（立春后下的雪）后的 120 天（6 月初）有雨下；"发尽桃花水，必是旱黄梅"，意思是桃花盛开时节雨水特别多，梅雨就不会出现了。这些谚语，至今仍为人们参考应用。当然，随着科学技术的发展，现在气象工作者还要利用天气学、统计学、动力学的天气预报方法，在工具上使用天气图以及卫星、雷达、电子计算机等先进技术来进行预报，以适应人民生产生活的需要。

梅雨季节，雨水丰盛，温度又高，最适宜于农作物特别是水稻的生长。但是，梅雨来去有早有迟，持续时间有长有短，雨量有多有少。梅雨过早，会造成对麦收的危害，过迟会影响夏种和田间管理。梅雨总量可达 1000 毫米以上（如 1954 年沿江江南地区），梅雨季节产生的连续性大雨和暴雨可持续 4 天以上（如 1953、1964、1969 年等），因此常造成严重的水涝灾害。而梅雨季节的推迟，甚至出现空梅或少梅（如 1958、1959、1978 年等），就又会造成干旱现象。所以，在梅雨期间，既要注意疏通沟渠，以利排水，又要保蓄水源，以防干旱。

梅雨季节的天气暖热高湿，水稻、棉花害虫容易繁殖，要注意及时预防和消灭。这时候，一般的物品也易霉烂变质，仓库、商店和家庭都要做好防霉工作。

（十一）台风

1. 台风的面目

台风的消息，在每年夏秋两季，你从报纸上或广播里时常可以看到或听到。

经常遭受台风袭击的我国台湾、广东、广西、福建、浙江、上海、江苏、山东、辽宁等沿海地区的人们，一听到台风预警消息后，便立即行动起来，做好防御台风的准备工作。

因为，谁不知道台风的厉害呢？

台风一来，天空满布大块乌黑的密云，刹那间倾盆的大雨狂泻不已，闪电不断地划破长空，雷声被咆哮的暴风所吞没……

台风一来，海面上狂风恶浪顿作，海潮汹涌，不仅会使海上的船舰遇难，一旦海潮冲决堤岸，还会淹没田园村庄。台风带来的暴风骤雨，常会摧毁房屋，斩断树木，毁坏公路，造成通信中断、交通阻塞、人畜伤亡。

台风究竟是一股什么风呢？

"台风"是北太平洋西部及我国沿海所遭遇的热带海洋上猛烈风暴的专称，也就是"大风"或"强风"的意思。它最早在我国宋朝的古书上是写作"飚风"的。1684年的《福建通志》上也有关于"飚风"的明确记载。

台风在世界上的许多地方都有。根据台风发生的地区不同，人们给它取了各种各样的名称：出现在菲律宾群岛附近的叫"巴加俄斯"，活跃在澳大利亚北部海洋上的叫"威厉威厉"，在孟加拉湾、阿拉伯海和南印度洋的叫"气旋"，在马达加斯加岛东部的叫"毛里求斯"，在加勒比海、墨西哥湾、西印度群岛和墨西哥西岸的叫"飓风"。

你总见过江河里旋转着的水涡吧？你看着它一边打转，一边随着江水东流。原来，台风就是像水涡那样的大的空气涡旋：周围空气绕着中心做逆时针方向的迅速打转（台风北部吹东风，南部吹西风，东部吹南风，西部吹北风），空气一边打转，涡旋一边移动，像小孩玩的陀螺那样。如果你直着看上去，台风又好像一个活动的大蘑菇。

台风的规模的确很大：它在刚形成时，直径大约有 100 千米，以后越转越大，一般可以扩大到直径 1000 千米，有时甚至 2000 千米。台风的顶部离地面约 15 ～ 20 千米，少数可达 27 千米，相当于三个珠穆朗玛峰叠起来那么高！

空气涡旋的形成

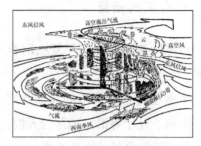

台风的空间结构

台风的整体，一般可以分为台风眼、云墙区和螺旋云带三部分。

台风眼位于台风的中心，是一个直径约 10 千米的空气管状区，是由于外围的气流旋转太急、外面的气流无法侵入中心而造成的。这同我们用筷子搅一杯水，搅得越快，水旋转得越急，杯子中心的水越少，形成一个深窝一样。台风眼区有下沉气流，云层不多，风力微弱，所以常现晴天，夜晚可以看到星星和月亮，有时成千上万只海鸟也栖在这里躲风避雨。

从台风眼向外，四周是巨大的浓厚的云墙，就是"云墙区"或涡旋区。云墙由高耸的螺旋状积雨云组成，宽度为 8 ～ 20 千米，底部离地面数十米至百米，顶部高达 12 千米以上。螺旋状积雨云之间普遍产生浓厚的层状云。云墙区的情况和台风眼区完全不同，是整个台风中狂风、暴雨和破坏力最厉害的地区。

台风整体的外围为内螺旋云带，一般由积雨云或浓积云组成。云带附近也会造成大风、阴雨天气。到了台风边缘区，为外螺旋云带，一般由塔状的层积云或浓积云组成。这种塔状云在台风前进的方向上更多，而且云随风飘移，有时被风吹散，群众称它为"飞云"或"跑马云"。

台风实质上就是一团暖空气。越向台风中心温度越高。但在螺旋云带区，温度向内升高不太剧烈，温度升高最剧烈的区域在云墙区和眼区。

台风的雷达回波

1. 外螺旋云带；2. 内螺旋云带；3. 云墙；4. 台风眼箭头表示风向移动方向

台风内最高温度出现在云墙区内缘。所以当台风眼经过时，气温有时会突增5～6℃左右，甚至10℃以上。

台风也是一个强大的低压系统，越向台风中心气压越低，云墙区内气压最低。因此，当台风外围到达时，气压缓慢下降；台风中心接近时，地面气压下降越来越快，每小时气压下降可达8～9百帕，最后达到最低点。发展阶段的台风中心附近海平面气压一般在980百帕以下。最强的台风中心气压可低至877百帕以下。1969年7月27日在我国汕头登陆的6903号台风，中心气压最低为895百帕。这是60年内登陆我国的一次最强台风。

从台风中的垂直气流分布情况中可以看出：台风眼区内盛行下沉气流，其他区域则盛行上升气流，特别是靠近眼区的地方上升气流最为强烈。台风眼中盛行下沉气流，空气绝热升温，就使得中心气温比周围高，而成为热低压。

台风的能量极大。50万颗原子弹释放的能量，只相当于一个中等台风的能量。若把台风比拟成一部效率很低的热机，其中只有3%的热量可以转化为机械能或电能，则它相当于176万个12.5万千瓦的火力发电厂！

2. 热带海洋上的"特产"

台风是热带海洋上的产物。在纬度5°～25°左右的热带海洋面上，经常发生台风的地区有六个：一是北太平洋西部菲律宾群岛以东、南海以及日本南部的海面上；二是美洲的墨西哥湾和西印度群岛一带；三是北印度洋孟加拉湾和阿拉伯海一带；四是南印度洋非洲东岸的马达加斯加岛附近；五是北太平洋中美洲西岸海面上；六是澳大利亚的东岸和西北岸海面上。据统计，每年在太平洋西部发生的台风平均约20次；1939年发生最多，共32次；1885年和1901年发生最少，各为9次。

影响我国的台风就主要发生在太平洋西部，北纬5°～25°的热带洋面上。它的源地有三：一是菲律宾东部海面，二是加罗林群岛（距我国东南沿海约3000千米外），三是南海；其中以加罗林群岛一带发生的台风次数最多，菲律宾东部次之，南海较少。

在赤道附近的热带洋面上，太阳光一年到头像火一样地照射着，海水的温度很高，海面上的空气被海水烘得很热，并含有大量的水汽。这种湿热空气因膨胀变轻，就向上飞升，当遇冷凝结成云雨时，又放出大量的热。这样空气的含热量更增加，上升更快，四周较凉爽的空气便流来补充。这些填充进来的空气又很快地受热、变湿、膨胀、变轻、上升，使上升气流的规模越来越大。上升的空气到达高空后，就向四面八方扩散开来。而向四周扩散的空气变冷后又再降下来。当四周较冷的空气向暖湿的洋面汇集时，地球由西向东自转的偏向作用使北半球的气流向右偏转：原来是南风，转为西南风；原来是东风，转为东南风；原来是北风，转为东北风；原来是西风，转为西北风等。偏转的结果，在暖湿的洋面上及近洋面气层中造成了一个空气涡旋，涡旋的方向与钟表时针的走向正好相反，通常把这种涡旋叫作"气旋"。因为它发生在热带海洋上，所以又叫它"热带气旋"。气旋和四周的气压相比，四周的气压较高，气旋的气压较低，因此热带气旋又叫作"热带低压"。

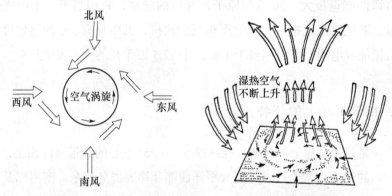

流动的空气向右偏，形成空气涡旋　　　　　台风形成示意图

据气象卫星观测，在全球热带洋面上，每年平均有几百个热带低压发生，但其中只有大约十分之一可以发展为台风，其余大部分发展到一定程度就消失了。

那么，热带低压变成台风需要具备哪些条件呢？

首先，热带低压变成台风的基本条件之一是高温洋面。这是形成台风的能量源地。我们从物理学中得知，当 1 千克水蒸发而变成相同温度的水汽时，要另外多给它 539 千卡的热量。相反，当这部分水汽凝结还原成 1 千克相同温度的水时，这 539 千卡的热量就要释放出来。这部分热量只有用专门仪器才可以测定出来，气象上称它为水汽中的潜热。自然界里的水变成水汽时所需要的热量，主要由太阳来供给。平时我们看到阳光越强，田里的水干得越快，也就是这个道理。

在热带洋面上，太阳照射猛烈，海水大量蒸发成水汽时，巨大的太阳热量就被水汽带到大气低层中储藏起来。由于上升运动把水汽带到高空，或受较冷空气袭击等原因，使大气中的水汽发生凝结时，这些储藏着的能量便释放出来，这就是产生台风的能量来源。随着水汽不断凝结，大量潜热释放出来，台风内部的空气不断增暖，便造成不稳定条件，促使上升和对流运动发展，逐渐变成一个暖性涡旋。据观测，在海水温度为 26.5℃ 以上的广阔洋面上，台风最容易形成。

其次，合适的纬度位置，是台风形成涡旋运动的必要条件。地球从西向东转一周，在赤道地区的空气，经过的路程很长，就走得快，在南、北极附近的空气，经过的路程短，走得慢。所以，在地球上流动的空气，受地球自转的影响而发生偏转现象。在北半球向右偏转，南半球向左偏转。地球自转而产生的这种偏差的力，叫作地球自转偏向力。

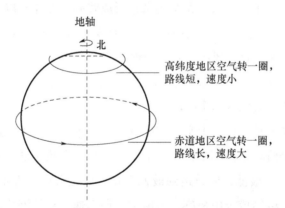

空气绕地球转动，赤道地区最快，越向两极越慢

在地球自转偏向力的影响下，在北半球，高气压里的风本来应该是从高压中心直接向外吹的，但由于向右偏转，结果变成顺时针方向向外吹了；而在低气压里的风，本来应该是从周围直线吹向低压中心，也由于向右偏转，变成了反时针方向向里吹。结果从四面八方流向中心的空气，就逐渐形成空气涡旋。在南半球流动的空气也同样会形成空气涡旋。

东北信风

西南信风

东北信风与西南信风相向吹来，加速了台风体的旋转

赤道洋面上水汽和温度条件都具备，但没有地球偏向力的作用，也不可能发展为台风。假如赤道上空有一个低气压存在，那么风将一直朝低压中心吹送，这个低压也就很快被四周流进来的空气灌入而"填塞"，随之，低压也就逐渐消失了。像印度尼西亚、马来西亚等靠近赤道地区的一些国家，就很少有台风出现。在高纬度，海水温度低，也不会发生台风。据统计，台风绝大多数发生在纬度 $5° \sim 20°$，尤以 $10° \sim 15°$ 为多。

第三个条件是，台风开始形成的地方，高空风一般要求较小，这样便于暖湿空气上升过程中释放潜热积蓄起来，形成暖心。菲律宾以东、加罗林群岛附近和南海地区的海洋面上，夏季海水温度经常大于 $28℃$，空气上下层风速相差不大，所以是台风的主要"源地"之一。

台风的一生大部分是在海洋上度过的。它的生命过程，一般可分为发生、发展、全盛、衰弱这四个阶段。

在一个高温的热带洋面上空，如果有一个热带低压产生，这是台风的幼年期。它在这个阶段下雨不多，风力也不大。当这个热带低压发生后继续发展，直到中心气压最低、风力达到最大为止，这是台风的青年期。这时期，台风内部的水汽凝结成云雨最盛，云情发展最迅速，释放潜热最多，也是台风能量储积得最多的时期。它影响某地时伴有狂风暴雨，登陆时还可能发生海啸。但这阶段的范围不大。当台风中心气压不再降低，风力不再增强，云墙也不再继续发展，这时只是范围继续扩展，达到整个台风生命史中最广的程度，这是台风的壮年期。这一时期的台风登陆时不但危害大，影响的范围也比青年期更广。台风发展到全盛阶段——壮年期以后，就渐渐地衰减下来，进入最后一个时期，就是衰弱时期了。

台风衰弱的原因，一种情况是当它从热带地区生成后，移到亚热带和温带地区，有冷空气流进台风内，使它的性质不断改变而趋向衰弱，甚至转变为温带气旋。另一种情况是登陆后，失去了水汽供应，又受到地形摩擦的影响，因而逐渐消亡。第三种情况，当台风在洋面上移动，被强盛的副热带高压所包围，受高压下沉气流的影响，也会逐渐减弱，以至消亡。

3. 向大陆移动的途中

台风在热带海洋上诞生以后，一面旋转，一面向大陆移动。我国正处在北太平洋西部台风移动路径的前方。对我国有影响的台风，大致有三条基本路径：

第一条是西行路径。台风从菲律宾以东洋面一直向西移动，穿过巴林塘海峡、巴士海峡进入我国南海，然后在海南岛或越南登陆。有时进入南海西行一段时间后，突然北抬到广东省登陆，对我国影响较大。

第二条是登陆路径。台风从菲律宾以东洋面一直向西北方向移动，穿过日本的琉球群岛，到我国浙江、江苏或上海市沿海登陆。或者向西北偏西方向移动，在我国台湾登陆后，再穿过台湾海峡，到浙江、福建或广东省东部沿海登陆。登陆后的台风，有的在大陆上消失，有的扫过大陆边沿而后移到海洋上。走这条路径的台风，对我国影响范围大，也严重，特别是对我国华东地区的影响大。

第三条是转向路径。台风从菲律宾以东洋面向西北方向移动，经过一段路程后，在北纬25°附近的海面上转向东北，朝着日本方向移去。如果台风中心在东经125°以东转向，对我国影响不大；在东经125°以西转向，华东沿海地区的风力较大。这条路径呈抛物线形状，是最常见的路径。

台风在辽阔的海洋面上活动时，常常要受到种种高压空气团的限制，其中以"副热带高压"对台风行动的影响最大。位于我国东部的太平洋上，也经常存在着这种副热带高气压，叫作"太平洋副热带高气压"，一般简称为"太平洋副高"。它和其他副热带高气压一样，是高空中强大的暖空气下沉，以致大量堆积而形成的。它的气流旋转方向与"气旋"相反，所以也称它为"太平洋反气旋"。影响我国的台风就大多发生在太平洋反气旋的南侧，处于反气旋的东风气流之中，因此，台风生成以后，一般向偏西方向移动。台风在西移过程中，受地转偏向力的作用，有向北偏折的趋势。当它进入反气旋的南风气流以后，往往立即转向，并迅速向东北方向移去。

太平洋副高的位置与它本身的强度是经常变化的：有时位置偏西，有时位置偏东；有时十分强大，西北太平洋、我国东部都在它的控制之下；有时非常微弱，常分裂成几个势力很小的高气压。太平洋副高的这种变化直接影响了台风的路径，一般说来，当太平洋副高明显增强西伸时，台风就向偏西方向移动；当太平洋副高明显衰弱东退时，台风便由起初的偏西方向逐步转向东北方向移动。

在一个台风的整个行程中，速度有快有慢，平均约每小时走 25 ～ 30 千米。它在幼年期，一般是稳定地向偏西或西北方向移动，每小时平均速度为 15 ～ 20 千米，大约相当于一辆自行车走的速度；以后移速逐渐加快，到台风发育成熟将要转向时，速度又减慢下来，每小时平均速度为 10 千米，只相当于马车或是人们快速步行的速度；到转向时，速度最小，有时甚至原地打转，停滞 1 ～ 2 天。可是，当它转向北方或东北方移动的时候，速度飞快增加，平均速度每小时可达 30 ～ 40 千米，相当于汽车的速度，很快就远离我国沿海了。台风从菲律宾附近来到我国江浙沿海一带，快的大约要走 2 ～ 3 天，慢的走上 10 天左右才能到达。

一般说来，在 6 月份以前、9 月份以后，台风主要走西行、转向路径；7、8 月份，台风主要走登陆路径，也最复杂。台风在我国登陆的地点，经常在温州到汕头之间，约占登陆台风总数的 50%，其次是汕头以南，约占35%，温州以北较少，只占 15%。

台风一年四季都可能发生。但以每年 6—7 月的夏秋季节发生台风最多，约占总数的 80% 以上。据历史资料统计，每年侵袭（即登陆）我国的台风平均为 5.7 次，其中 8 月份最多，平均有 2 次；7 月份次之，有 1.7 次；9 月份又次之，有 1.4 次；6 月份和 10 月份各为 0.3 次；5 月份只有 0.1 次；11月至翌年 4 月，一般不会直接在我国登陆。所以，大体说来，7—9 月是我国受台风登陆威胁最大的三个月。

影响安徽的台风，主要以在福建登陆的为最多，其次以在广东和浙江登陆的为多。也有少数在台湾、山东以及东海的海面（东经 123°—127°）转向的台风能影响安徽省。据 1952—1972 年这 21 年统计，安徽省受台风影响或台风中心入境的共 38 次，平均每年有 3 ～ 4 次。其中，受台风影响最早的在 5 月，最迟在 11 月；7、8 两个月出现的台风次数最多，分别共达 10 次和11 次，6、9 两个月次之，分别共有 4 次和 6 次，5 月份 3 次，10 月和 11 月只有 1 ～ 2 次。各地受台风侵袭的次数，江南共 36 次，沿江共 27 次，江淮之间和淮北平原分别为 23 次和 21 次。在 1952—1972 年间影响安徽省的 38 次台风中，有 10 次是台风中心进入安徽省的，其影响范围可遍及全省；有 28 次是受台风外围影响的，主要影响江南和沿江地区；各地每次受台风影响的天数，一般为 2 ～ 4 天，最短为 1 天，最长可达 7 天。

4. 台风的预兆

当台风在热带海洋上发生以后，它的范围越来越大，有时在距离台风中心很远处，便会受到它边缘的影响。所以，在台风到来前 2 ～ 3 天，甚至 4 ～ 5 天，就可以发现台风来临的征兆。我国东南沿海地区的人民，在长期和台风作斗争的过程中，积累有从天象、海象和物象方面预测台风的丰富经验。

从天象方面观察。台风来临前的 2 ～ 3 天，可以看到东南方地平线上，散布着像乱丝一样的云彩，它像葵扇一样从天边辐射开来，高度一般在 6000 米以上，在台风中心前进方向前 500 ～ 600 千米的地方就可发现。早晨和傍晚在太阳光照射下，异彩缤纷。这种云在气象学上称为辐辏状卷云。它是台风中心的空气上升到高空后，水汽凝结成小冰晶，受阳光照射的角度不同而形成的。随着台风越来越近，辐辏状卷云逐渐增厚，辐辏条纹也逐渐模糊，紧接着便有系统的卷层云推来。早晚太阳光照在卷层云上，会因折射作用而产生日晕、月晕。这时，当地距台风中心大约 300 ～ 400 千米。以后台风中心越来越近，云层愈来愈低，出现了高积云和层积云。在台风中心到来的前一天，可以看到一块块像破被絮一般的灰白色的低云，从头顶上飞过。这是一些被风吹散的高积云或层积云的碎云，群众称它为"飞云"。这时，我们面朝飞云飞来的方向立着，右手平伸开去，右手所指的方向就是当时台风中心大约所在的位置。按这个方法，你

台风边缘临近时，天空中
出现像扇子一样高而透明的薄云

连续观察飞云飞来的方向，还能大致判断台风的移动方向。例如，当发现飞云的来向由东北方演变到正北方时，就可以判断台风正在朝西北方向移动。

台风入侵前2～3天，在日落前后，太阳位于地平线附近的方向上，常有三五条暗蓝色的条纹，横贯天穹，随着太阳上升而很快模糊消失。这种条纹，渔民称它为"风缆"或"蓝杠"。它是因为台风狂风暴雨区内耸立着由积雨云、浓积云组成的对流云带。当台风接近本地时，早晨的太阳还未跃出天边，阳光被一块块孤立的积雨云、浓积云阻拦，于是东方天空不再是一片朝霞，而出现一条条暗蓝色的条纹。它的出现说明本地处于台风前方。

台风入侵前，风往往是比较微弱的。特别是当盛行风被台风环流所代替，在一段时期内，几乎是静风。夜晚的海面平静如镜，月影清晰地倒映于海中，所以有"海底照月主大风"的说法。

在台风盛行的季节里，如果每天晚上观测东方、南方的星星，比较观测结果，根据星星闪烁区位置的移动方向和速度，可以大致判断出台风移动的方向和影响程度。当星闪区的位置高度不变，闪动的方向不断向西移动，预示台风在南方向西移动，不会影响本地；当星闪区的位置高度不变，而闪动的方向一直向北移动，预示台风在东方向北移动，不会影响本地；只有当星闪区位置高度升高，闪动的方向朝头顶上移来，才预示台风正在向本地移来。

从海象方面观察。海上出现长浪，海响声音反常，海流、潮流变乱，海水浑浊并有恶臭和冒气泡，海鱼翻肚，一些发光的浮游生物群集并漂浮海面，以及近浅海区突然出现少见的深海中的生物等，都是台风来临的先兆。

台风在海面上形成的巨大的海浪，称为风浪；风浪的特点是相邻两波浪之间距离短、浪高、浪头较尖并易"开花"。当风浪从台风中心向四周远处传播时，因能量的损耗，浪头与浪头之间的距离增长（200～300米），浪高降低而较一致（一般高1～2米），浪声沉重，节拍缓慢，浪顶圆滑起来，使远处海面在无大风的影响下，出现"长浪"（也叫"涌浪"）。长浪在海面上传播速度约为每小时50～80千米，比台风的移动速度快2～3倍，并能传播至远离台风中心1500～2000千米以外的海面。所以，在台风侵袭前2～3天，就可以在近海海面上看到这种特殊的长浪。

海响是一种"嗡嗡、轰—轰"的声音，好像海螺号角远鸣，又像远处雷声阵阵，特别在夜深人静时，声音尤其清晰响亮。粤东渔民也称它为海吼。由于台风中心附近暴风骤雨的相互摩擦，以及对海面波浪、岛屿、礁石的强烈打击作用，产生一种低频率的风暴声波（次声波），经过贴近海面的空气或海水传播到海岸，在礁石岩洞中发生反射、共振而增强，发出嗡嗡的响声。这种响声在台风到来之前 1～2 天或 2～3 天，在我国东南沿海一带可以听到。当声响逐渐增强时，表明台风逐渐逼近；如声响减弱，表明台风逐渐离去；或者随着台风中心的移动而响声位置改变。浙江舟山群岛有一面临大海的岩洞，在台风来临前几天就常常会发生海响的，当地渔民听到岩洞里发出响声时便采取防台措施，往往很准。

人们利用海响等特点，制作了一些预测台风的土办法。例如，渔业工人制造的一种用氢气球测台风的方法：即把充满氢气的气球（直径为 50 厘米）搁在耳朵边听一听，就能知道远处有无台风，是否会袭击本地。又如，台风来临之前，有

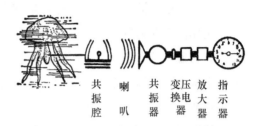

共振腔　喇叭　共振器　变压换电器　放大器　指示器

"水母耳"风暴预测仪示意图

一种名叫水母的海洋生物会离开海岸，游向大海。这是因为海洋上发生台风时，急速流动的空气与波浪摩擦能产生 8～13 赫兹的次声波，其传播速度比台风快得多，当次声波冲击漂浮在水母"耳朵"中的小听石时，听石就刺激"耳朵"内的感受器，于是水母就游向大海，以防台风的袭击。人们根据水母能预测台风这一原理，仿照水母耳制造出的预报仪，能接收 8～13 赫兹的次声波，提前 15 小时作出台风即将来临的预报。

台风到来前 1～2 天，海水流向变乱，流速变急，潮位急升或急降，潮汐涨落时间也和平常不同。同时海水急剧流转和长浪冲击，浅海区海水垂直扰动剧烈，使海底的腐败物质翻到水面上来，甚至发出腥臭味。由于气压急剧降低，使原来溶于海水的气体又分离逸出，海面便出现略带黑色的泡沫，即"海冒气泡"。在晚上，还可以看到海水表面发出闪烁的磷光。渔民称它为"海火"。它是海洋中发亮的浮游生物受台风浪的冲击而趋集近海，加上台风区内气压低，海水中含氧量降低，迫使浮游生物浮到海水表层而形成的。

从物象方面观察。台风影响前，近海区会突然出现少见的深海中的生物，如鲨鱼进港、鲸鱼出现、海豚群窜，以及"风仔帽"（银币水母）、"海猪"等的出现，海蛇在水面互相缠绕等。此外，广东沿海还有一种"鲐仔"的经济鱼，每当台风来临，便游至近海面，所以又叫"风飚鲐"。

泥鳅、蚂蟥、甲鱼、蚂蚁等对台风的来临，反应都比较灵敏。例如，甲鱼在台风侵袭前，将头伸出水面，伸得愈高，台风愈凶；头伸向什么方向，预示台风的来向。

在沿海地区，当你发现海鸟成群飞来，或见飞鸟疲乏不堪，跌落船上或海面，甚至停歇船上，任人驱逐也不肯离去，这都是台风将要影响的预兆。因为台风区域狂风暴雨，海浪滔天，海鸟既不能找寻食物，又无法安身，只好避开台风而飞向岸边了。

在我国东南沿海一带，还有许多的中长期预报台风方面的经验。

例如，前期天气奇热、奇寒与未来台风活动有统计关系的：在广东省流传"有奇寒就有奇热，有奇热就有奇风"的谚语，就是说前期如果冷热异常，未来会有台风。福建一带有"小寒冷得哭，小暑台风到"的说法，指出了小寒节气特别冷与小暑节气多台风有关。

前期风向、风速与未来台风活动有统计关系的：广东、福建一带流传着"清明前后北风起，百日可见台风雨"和"夏至南风多，小暑有台风"的谚语。在福建北部流传的谚语是"北秋淋，白露前后无强台风；南秋淋，白露前有强台风影响"，意思是指立秋当天本地吹北风，而且下雨，则称北秋淋，预兆白露前后无强台风；若本地吹南风，不论有雨无雨，称南秋淋，预兆白露前后有强台风影响。江苏、浙江一带还流传着"冬季北风多，夏季台风多"和"冬春风暴大，夏秋台风强"的谚语，指出了冬春季节的北或偏北大风和夏秋季节的台风有关。

前期某些物候现象与未来台风活动有统计关系的：许多地区有"鹊巢占风，巢高风小，巢低大"的谚语，说明春季喜鹊筑巢时气温低、大风多，它就会把巢筑得低些，反之筑巢就高些。因此，谚语也反映出春季的温度、大风与夏秋季台风的关系。

利用天、物、海象预测台风，需要全面地进行分析和判断。目前监视台风活动的气象台站遍布各地，人们已利用侦察飞机、气象雷达、人造卫星等先进技术来跟踪台风，及时发出台风警报了。各地还应当特别注意收听当地的天气预报，以便准确地掌握台风的出没和行踪，及时做好防御台风的准备工作。

5. 战台风

1911 年 8 月 31 日，台风登陆我国台湾，奋起湖一天内降雨量达 1034 毫米，相当于给 1 亩地倒了约 1.4 万担[①]水；1934 年 7 月 19 日，台湾高雄遭台风暴雨袭击时，12 小时的雨量竟达 1127 毫米！半天或一天的暴雨，相当于安徽合肥一年的降水量，相当于我国西北地区 5 ～ 10 年的降水量，良田都成为湖荡了。1922 年 8 月 2 日，强台风在我国广东省汕头市登陆，台风海啸造成海水倒灌，整个汕头市被大水淹没，人民的生命财产遭受很大的损失。

在世界上，台风危害最严重的一次是 1970 年，孟加拉湾遭到了一次强台风袭击，狂风、暴雨、海啸夺去了 30 万人的生命！另一次，在 1944 年第二次世界大战期间，美国第三舰队正在海上游弋时，突然遇上了强台风，结果大约有 800 人死亡，146 架飞机遭毁。

你看，台风对人民生命财产的危害是多么严重啊！难怪人们总不免"谈台风而色变"了。

台风产生的灾害性天气有三种，就是大风、海上巨浪和暴雨。

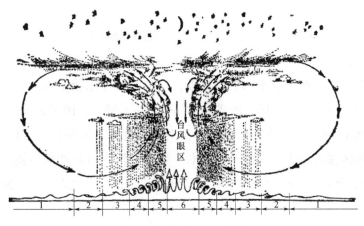

海上台风范围内天气状况

1. 外缘：风力微小（0 ～ 3 级），海平如镜到有长浪，无雨，天有云丝 （卷云）；2. 轻度影响区：风力清劲（4 ～ 5 级），轻、中海浪（1 ～ 3 米），基本无雨，高云增多（卷云），低云偶见（淡积云）；3. 较重影响区：风力强大（6 ～ 7 级），海浪巨大（3 ～ 5 米），时有阵雨，中、高云将布全天（卷云、积云），乌云块块（层积云）；4. 危险区：大风怒吼（8 ～ 10 级），海浪凶猛（5 ～ 9 米），阵阵大雨，乌云将盖全天（层积云，积云）；5. 狂风暴雨区：狂风咆哮（10 ～ 12 级），破头狂涛（9 ～ 14 米），暴雨倾盆，乌云密布（积雨云），低云飞驰（碎雨云）；6. 台风眼区：风力微小（小于 4 级），金字塔浪，无雨，晴天少云（卷云、积云、层积云）

———————————

① 1 担 =50 千克，下同。

三、漫谈灾害性天气

219

从台风的外围越向中心风力越大，但眼区几乎无风。一般的强台风（风力 12 级或以上），离中心 500～600 千米范围内，风力可达 6～8 级，离中心 200～300 千米范围内，风力可达 8 级以上，而在离中心附近 100～200 千米范围内，风力常在 10～12 级或以上。

当台风在海上时，其中各部风力的分布基本上是对称的，不过行进方向的右半侧风力较大（称为危险半圆）。当台风移近陆地时，尤其在登陆以后，这种对称性受地形影响而有所改变。往往是台风从海上吹向陆地的一侧，风力大、范围广、持续时间长，危害严重；而另一侧风从陆地吹向海洋，因地表的摩擦削弱作用，风力较小，危害稍轻。

台风产生的大风主要在沿海附近。在海上，风力达 12 级的强台风是常见的。最强的台风风力曾达每秒 110 米。在我国登陆的台风，有半数以上风力在 11 级以下，达到 12 级的约占总数 40%，最大风力曾测到过每秒 70～80 米。

据研究，12 级的台风吹向一座 5 米宽、4 米高的墙壁，这面墙壁上所承受的总压力大约是 1.5 吨。所以，强大的台风能吹倒房屋，甚至能拔起百年大树！

台风中心附近气压很低，产生上吸作用，海面会被上抬数米高，我们称为飓浪。在台风移近大陆时，受海底地形作用，海浪更高，迎风口岸潮位猛升。若逢农历初三、十八的高潮期，以上两种作用相结合，在台风登陆时会冲垮海港设施和海堤，造成极大损失。在云墙区，因强大风速的影响，浪高可达 10 米，且浪头破碎，这种浪对沿海港口和船舶也产生极大威胁。云墙区外海浪渐趋平稳，波长也变长，这种波浪向台风四周传播，可以达到 2000 千米远方，称为长浪。它的来向及其变化是台风来向及移向变化的先兆。

台风登陆后常产生暴雨。一次台风过程常产生 200～300 毫米的暴雨，有时可达 1000 毫米以上，引起洪水，造成严重水灾。1975 年 8 月 5—7 日，3 号台风深入我国河南省境内停滞少动，在豫南洪汝河、沙颍河和唐白河流域上游的丘陵区发生的特大暴雨，中心测站 3 天最大降雨量达 1606 毫米，1 天最大降雨量为 1005 毫米，6 小时最大降雨量为 495 毫米，1 小时最大降雨量 189.5 毫米，大多超过了国内的历史纪录，有的纪录接近世界降雨极强值。

目前，当发现北太平洋西部的台风向我国沿海移动，并估计 2～3 天后可能对华东、华南沿海有阵风 8 级影响时，由中央气象台统一编号，并发布"台风消息"，以引起大家的注意。如果发现台风继续向我国沿海靠近，预计未来 36 小时内将对华东、华南沿海某地区有阵风 8 级的影响，气象台就发布"台风警报"。当台风在未来 24 小时后，将对沿海某地区有严重影响时，风力达 10 级以上，就发布"台风紧急警报"，促使有关方面设法防御。

在海洋上，船舶在航行时遇到了台风怎么办？

船员们在长期的抗台斗争中懂得：台风的左半侧风力相对较弱，是"可航半圆"；右半侧风力较大，是"危险半圆"，而且右半侧前半部风力最大，是"危险象限"。但在可航半圆航行，也不是没有危险，在危险半圆也绝不是不能航行。他们科学地利用风向的变化，简便地判定船舶处在那个半圆范围内。例如，在北半球某海区遇到了台风圈的大风，风向做顺时针方向变化时，就说明船舶处在可航半圆。利用风向风速，还能确定台风中心的方向。例如，人站在甲板上背风而立，正前方为 0°，则左边 45° ~ 90° 的方向内，就是台风中心所在的方位；若风力小，台风中心接近 45°，风力大，台风中心方向可取 90°，通常风力在 6 级以下时，台风中心方向可取 45°；风力在 8 级时，取 67.5°；风力在 10 级以上时，则取 90°，确定了船舶在台风的那个方位，就可以根据具体情况采取正确的避风措施了。

在陆地上，万一强台风袭来怎么办？

广大劳动人民在长期与台风作斗争的过程中，积累的防台抗台经验也很多。例如，在台风季节到来前，加固海堤；台风来临前抢修海堤，特别是当涨潮时，更要严加防范。当海塘堤坝受到风浪冲击时，可用芦苇扎成挂枕，挂在木桩上，减弱风浪的冲击。土堤上加砌石块，加打木桩，可以经常维护和临时加固堤坝。浙江著名的门前渡海塘，能保护 8 万多亩土地不受潮水侵袭。通海江河，采用堵江截流的方法，把咸水堵在外面，淡水储在里面，闸门控制向外排水，可以制止海潮的冲刷，还可以洗掉土壤里的盐碱。山塘、水库事先适当放水，能防止暴雨形成的洪水冲毁堤坝。利用山谷盆地，修建起千万个拦洪防汛的水库，可以把山洪储存起来，减少水灾，灌溉农田。这些基本建设工程，在抗台防汛的斗争中，能发挥巨大作用。

在田野里，台风来临前要及时疏通田里的排水沟，防止作物受淹。秧田要灌满水，免得秧苗被狂风吹跑。已成熟的庄稼要组织力量抢收，未成熟的高秆作物如玉米、高粱等，可以三五棵一组绑扎起来，防止倒伏。番茄、豇

浙江省的门前渡海塘，能保持
八万亩农田不受台风引起的潮水侵袭

豆等蔬菜作物的棚架要加固，防止倒塌。植株不高的作物，及时壅土，增加它的抗风能力。台风过去后，要加强田间管理，适当追施肥料，促进作物正常生长。

台风"百害"，但是也有"一利"。有的台风在海上风势很强，登陆后很快减弱，风力变小。盛夏时节，内陆地区常有伏旱现象，这时如果有一次弱台风登陆，或一次强台风登陆以后很快减弱，风力不大，降一场大雨，对农业生产是有利的。

（十二）旱涝

1. 庄稼和水

俗话说"水是庄稼的命""有收无收在于水"。

庄稼和水的关系，为什么这样密切呢？

庄稼的主要成分是水。庄稼体内的水分，约占本身重量的70%以上。蔬菜和瓜类含水更多，达90%～95%以上。例如：胡萝卜（可食用部分）体内含水88%以上，番茄含水94%，西瓜含水92%。

庄稼的不同部分，含水量也不同。一棵鲜嫩的庄稼，根系含水在90%左右，叶子含90%以上，果实含80%～95%。新收获的种子含水达40%～60%。晒干的种子中水分较少，但也有12%左右！

庄稼的各种器官和组织，都是由极微小的细胞组成的。如果你用放大倍数较高的显微镜观察活细胞的构造，它内内外外有着很多水！细胞简直就是一层薄膜包着一泡水。据试验，庄稼的细胞必须含有90%以上的水，才具有种种正常的生理机能。

水，不仅是庄稼体内的主要成分，对庄稼生长还起着重要的生理作用！

你看看那些干燥的种子吧，它们总是气息奄奄的，显示不出任何生命的象征。可是一旦有充分的水分进入种子内部，水就能把种子外层的硬皮泡软，使幼根撑破种皮往土里扎。在水的帮助下，种子里贮藏的淀粉、蛋白质和脂肪，就都能变成被胚芽利用的养料。当种子扎根、出苗以后，种子里原有的养分用完，以后的生长发育，就得靠根部吸收营养物质。可是土壤中的任何营养物质，都必须先溶于水中，才能被庄稼吸收、输导和利用；同时，在庄稼体内，一切生物化学的变化和有机物的运转，也都要有水才能进行。水，就像是庄稼的"血液"一样。

"喝水"，是庄稼取得体内水的主要途径。据估计，在庄稼发育期，每长出一斤水稻（连茎在内，下同）大约要用水200～450千克，一斤小麦约需水135～320千克，一斤棉花大约要用水185～325千克。在庄稼消耗的这么多水中，除有10%～15%的水被太阳和风直接从地面带走，还有一部分是渗漏和流失掉以外，其余大部分都是被庄稼"喝"掉的。

或许你会问，庄稼的"肚皮"能装得了这么多的水吗？

原来，庄稼喝了大量的水，仅留下极小部分——0.1%～0.2%用来制造"食物"，其余绝大部分都从叶面的气孔跑掉了。这种现象叫作"蒸腾"。

由于蒸腾，使庄稼在天热时消耗了大量的热，使体温保持在正常的范围内，免受烈日高温之害。更由于蒸腾，才能使庄稼体内不断运行着水流，这样庄稼就可以从中源源不断地汲取溶于水的营养物质，保证旺盛地生长。

水，对庄稼的生长固然很重要，但是水过多或过少都不行。堆藏的种子里，如果含水量过高，呼吸转化增强，放出的热量增多，就容易发"烧"，使种子变质。仓库里的粮食安全含水量是10%～12%，这时只进行微弱的呼吸转化活动，有利储藏。

种子发芽需要一定的水。例如：水稻种子萌芽所需水分为本身重量的22%～25%，谷子（粟）为26%，玉米为44%，大麦、荞麦为48%，小麦、黑麦、青稞为56%，大豆为107%，豌豆为186%。种子如果缺少了必要的水分，就不能正常地发芽。

当土壤里水分过多时，水会把土壤中的空气排挤出去，庄稼的根系就会因窒息而腐烂，地上部分也会随着枯死，因此，要控制洪水，注意排水防涝。

当土壤中水分不足时，庄稼叶子及茎的幼嫩部分的细胞就会枯萎。禾谷类庄稼在孕穗期需水最迫切，这时如果遇到干旱会影响性细胞的形成，不能正常抽穗。灌浆时遇到干旱，常使籽粒不能饱满，会造成严重减产，要立即进行灌溉。

2. 旱涝形成的原因

旱和涝是农业生产上的主要自然灾害。在我国这样一个幅员辽阔、自然条件复杂的国家，由于自然的原因，每年都会有旱涝灾害发生。即使大部分地区雨水调和，仍然会有局部地区发生干旱或水涝。因此，掌握旱涝规律，同旱涝灾害作斗争，是夺取农业丰收的重要保证。

或许你会问，旱涝究竟是怎样产生的呢？

气象学上通常是用雨量多少来划分旱涝的。一个地区长期不下雨或雨水过于集中，就容易产生干旱或水涝。

我国大部分地区盛行季风。冬季风来自西伯利亚及北冰洋，多偏北风，空气寒冷而干燥；夏季风来自南方海洋面上，多偏南风，吹拂着我国东半部，空气温暖而潮湿。我国大范围的旱涝出现，就是与季风活动有着十分密切的关系。我国的降水，多数都在干湿冷暖相差很大的冬、夏季风相互交锋的过程中形成，所以，这种降水也称为季风雨。在一年内，冬、夏季风的南北推移及其强度的变化，决定着我国的降水在地区上和时间上的分配情况。从地区看，由于造成我国大规模季风降雨的水汽主要来自西南、东南的海洋，越往北、往西伸入内陆，降水就越少。从时间看，大部分地区一年内约有 50% 的雨水，降在冬、夏季风交锋活动的夏季三个月里，冬季降水只占全年降水的 10% 左右。我国南方，季风雨出现得早、退得迟，雨水集中在夏季的现象尚不很显著。越往北方，夏季风到得迟、退得早，雨水集中的情况就十分显著。华北平原一些地区，夏季降水占全年的 70% ～ 80%。我国季风降雨的另一特点，是降雨强度大、暴雨多，雨季的降雨量往往大部分集中在下几次暴雨过程中。因此，即使在雨季，有时也出现较长时间少雨或无雨现象。这些情况，也以北方比南方为明显。

我国的季风降水，不仅在一年内因季风活动的影响而在地区和时间上有很大的差异，而且由于各年冬、夏季风强弱的不同，进退的日期和持续的长短也有很大出入。因此，我国的降水在年与年之间的变化同样是相当显著的。

正因为我国降水在地区上和时间上的分配过于不均匀，以及年际变化大、降水量不稳定，这便是形成我国旱涝的主要原因。从春季到盛夏，冬夏季风冲突形成的雨带，从华南经南岭、江淮、黄河流域而移往东北。若雨带长期停滞在某一地区，就形成洪涝；雨带未到的地区或停留时间短，就形成干旱。在季风反常的年份，如果夏季风势力特别强，雨带向北急速移过江淮流域，梅雨季节极不明显，引起江淮和江南地区干旱，而同时华北地区却因雨水过多出现夏涝，造成北涝南旱的局面。相反，夏季风势力很弱，雨带长期停滞于华南或东南丘陵，雨水偏多，就可能引起水涝；同时华北、东北地区的雨季则相应推迟，这些地方本来就有春旱，这样一来旱情便会加重，造成南涝北旱的局面。

局部地区的旱涝受地理因素影响很大。山地迎风坡因抬升移过来的暖湿空气，并使其变冷凝云致雨，所以降水较多，发生干旱的机会较少；而背风坡因气流下沉增温，降水较少，发生干旱的机会就较多。一个地区下雨过于集中，也易发生涝害。大面积的森林能对附近地区的天气变化起一定的稳定作用。

上面所说的表明，雨量多少是形成旱涝的直接原因。但是应当指出，造成农作物的旱或涝是多方面因素综合的结果，单着重于降雨一个因素是不全面的，还应该考虑作物需水量和墒情等因素。

3. 旱涝预告

旱涝灾害在全年各时期都可能发生，比较多的是农业生产的重要时期和汛期。我国北方，特别是华北平原、黄土高原以及东北平原的西部，春旱频繁；盛夏除常有暴雨、洪水、内涝外，雨季期间长期少雨，出现夏旱的机会也不少。南方的长江中下游地区，晚春初夏之际，连续集中暴雨造成的洪涝灾害，时有发生；而盛夏期间，几乎年年都出现不同程度的伏旱。西南、两广地区，冬季及早春降水少，往往会发生冬干春旱。5、6月两广地区，7、8月西南地区，又常有暴雨洪涝发生。四川、贵州、陕西、湖北、湖南部分地区，秋季不时出现连绵阴雨。东南沿海夏秋是台风活动盛期，每年有不同程度的风雨灾害。至于西北地区，除有冰雪融水灌溉的地区外，干旱是发展农牧业的主要障碍。

据统计，我国各地雨水正常的年份多，旱涝年份少，大旱、大涝年份更少。平均来看，各地大致正常年占十分之七，旱涝年占十分之三。分别来看，北京、广州、武汉、重庆等地正常年百分比较小，旱涝频率则较大；而沈阳、青岛、上海、昆明、西安等地正常年百分比较大，旱涝频率较小。一般东北涝多于旱，华北旱多于涝，长江流域旱涝频数相近，中游涝多于旱，上游旱多于涝，华南、云南高原涝多于旱。各地大旱年出现的次数比大涝年少。

安徽旱涝出现机会最多的是淮北地区。从淮北到皖南，旱涝出现机会逐渐减少。春季，淮北易出现旱涝，尤易出现春旱。淮北北部出现旱的机会是涝的两倍。江南夏旱明显，夏旱是夏涝的两倍半。江淮地区和江南多秋旱，沿江尤易出现大旱。

那么，旱涝可以预测吗？

广大劳动人民在长期生产斗争实践中，在运用天气谚语展望旱涝方面，积累了非常丰富的经验。

"春风对秋雨""有怪风就有怪雨"，这两条天气谚语流传在华北一带。位于河北省的林县，一般风力小，春季"怪风"——大西北风（西北暴风达9级或9级以上）几年才会有一次。1922—1968年的46年中有5次大西北风，每次后推120天左右都有特大暴雨，并造成涝灾。1975年，林县七泉气象哨运用这两条天气谚语反映出来的各种天数的规律关系，根据4月5日和7日的"大西北风"（达9级以上），做出了"8月5日前后有暴雨"的长期天气预报。到了8月5日，林县果然连下3天特大暴雨，造成涝灾。

"十月三场雾，黄牛水上浀"。山东省济南市1949—1965年资料验证，农历十月雾日越多，来年大于或等于50毫米的暴雨日也越多；十月雾日3天以上时，来年暴雨日也达3天以上，往往有涝。在天津市静海区还有"腊月三场雾，老牛水上浀"的谚语，东北地区又有"秋后雨水多，来夏淹山坡"和"冬旱夏涝"等说法，分别用"腊月雾"和"秋后雨"来展望第二年夏季雨涝。

"阳春堆垃圾"，这条天气谚语流传在福建北部地区，意思是"阳春"（农历十月初一到初十）天气暖和，来年雨季降水多，能冲走垃圾，表示要有洪涝。但是有的年份不对。为了提高准确率，把它和当地流传的"清明在月头，春秧放水流"这则谚语一起分析，清明如在农历三月的头几天，则雨季降水可能明显偏多，秧田水需要放掉。经资料查证，清明在农历三月初一到初八的年份，多数雨季降水明显偏多。前一年"阳春"平均气温高于或等于18℃，而且清明又在农历三月初一到初八的年份，在1951—1972年中有3年，这3年4—6月降水量都明显偏多，造成部分地区雨涝。

"年逢双春雨水红，年逢无春好种田"，这条谚语流传在福建省南部和广东省，说的是：农历一年内有两个立春的年份，降水量很少或者很多，并且分配很不均匀；而农历一年内没有立春的年份则雨水比较调匀，有利于种田。据验证农历一年内有一个立春的年份，往往降水也比较调匀。

"八月初一下一阵，旱到来年五月尽"，我国北方群众常用这条谚语预测春旱。谚语说的是农历八月初的小阵雨，可能是来年春旱的前兆。

"三八齐，免落犁""三八圣，不如初一定""三八有雨，重阳破"等谚语，在福建省南部和广东省的部分地区流传。这第一条是说，农历八月初八、十八、二十八这三个"八"如果都下了雨，就预示着要发生春旱，影响下犁整地播种；第二条谚语是说，用三个"八"有雨预报春旱比较灵，用八月初一有雨预报春旱更好；第三条谚语说的是"重阳"有雨无雨与第一条谚语的"破、立"关系，如果"重阳"落了雨，那么"三八"落雨有春旱的关系就不能成立了。这三条谚语相互关联，当地群众就同时综合考虑这三者来预报春旱的。

"三九不穿靴，三伏踏破车"，这条谚语在长江流域一带流传较广。"不穿靴"指天气暖和，"踏破车"指的是踏破水车。若"三九"气温较高，则预兆来年伏旱明显，以至于为了抗旱浇水把水车也要踏破了。长江下游还有"冬干伏旱"的谚语，据江苏省镇江气象台验证和使用，认为冬季少雨预示伏旱，是比较可靠的。在长江中游，又有"九月打雷空江，十月打雷空仓"的谚语，据资料分析，它也可以用十月的雷来预报第二年伏秋连旱。

旱和涝的长期的变化也有规律。人们常说"十年一小旱，二十年一大旱"，这就是指的某一个地区旱涝现象出现的平均情况。根据近几十年来雨量资料的分析，我国各地平均 10～20 年内，就有一个比较严重的旱年或涝年。但是，这并不等于说，这样的旱年或涝年每隔 10 年或 20 年必然出现一次。据历史文献记载，清代的水旱灾在长江流域与黄河流域都具有 3～4 年的周期。在明清两代将近 500 多年的水旱灾资料中，还发现长江流域、黄河流域与淮河流域的水旱灾有 7～8 年、10～11 年和 20 年左右等主要周期，其中以 10～11 年的周期比较明显（日本在研究旱涝周期时，也发现日本的旱灾有 10 年左右的周期）。近年来根据 20 世纪的雨量资料计算，发现长江中下游夏季降水也有 3～4 年和 11 年左右等周期，这个结果和根据历史文献记载分析出来的结果是一致的。

除了上面已找到的这些旱涝周期外，在我国大范围的气候变化上还有更长的近似周期性的振动。如从我国历史资料中对有关水旱记载的分析，发现在第 4、6、7 与 15 世纪期间为雨水较少的时期；在第 2、3、8、10、12、14各世纪为雨水较多的时期。也有人找出历史上陕西省的水旱有 400 年左右的周期。这些都说明了：大范围的旱涝现象是具有一定周期性变化规律的；同时，从历史资料的分析中，也可以看出我国的气候具有周期性变迁，证明天气气候的变化不是永远朝着一个方向进行，而是一起一伏波浪式发展的。

但从国内外所分析的旱涝周期来看，周期的长短比较复杂，而且彼此重叠，实际表现的结果却并不十分明显。

4. 抵御水涝

在我国历史上，从公元前206年到公元1949年的两千多年间，有文字记载的旱灾就有1056次、水灾1029次，平均每年有一次旱灾或涝灾。历代统治者不但不采取防治措施，而且还人为地加重旱涝灾害，造成广大群众流离失所、失儿卖女的悲惨情景。

例如，1931年夏季，长江、汉水、淮河等主要河流同时发生大水，被淹没的地方达五省（湖南、湖北、河南、安徽、江苏）共290个县，淹没耕地达12700多万亩。在长江流域，沿岸城市和乡村尽被水淹，武汉市区街道都可以行船，积水达4个月之久未能排出。在淮河流域，洪水越过淮河北堤，漫过津浦铁路，直泻江苏省。据统计，那年全国受灾人口达8000万人，淹死人数约14万，加上饥荒、疫病流行等原因，死亡灾民总数约在100万人以上。

又如，从1368—1948年的580年间，海河流域共发生涝灾达387次。每当暴雨来临，天灾人祸逼得劳动人民家破人亡。正像当时海河两岸人民流传的一首民谣中所说的那样："海河水长又长，提起它来伤心肠；十年九载闹灾害，贫穷人家去逃荒；官府治河张血口，民脂民膏入私囊；穷人血泪河中淌，朝朝夕夕盼解放。"

新中国成立后，旱涝也经常出现。只是出现的地区、时间和范围大小不同而已。其中旱涝范围大、影响最为严重的有1954、1960、1961、1978等年份，旱涝范围大，局部地区影响较重的也有7年。但对某一地方来说，并不是每年都有大旱、大涝。30年来，以黄河、海河、淮河地区出现旱涝的机会为最多。可是，新中国成立后完全不同了。在中国共产党的领导下，人民群众组织起来战天斗地，大力兴修水利，蓄泄并举，遇涝排水，遇旱灌溉，大大提高了抗御水旱灾害的能力。有时发生旱涝灾害，党和人民政府极为关怀，发动群众生产救灾，使灾情减小到最低限度。

人们究竟用些什么办法去战胜旱涝夺丰收呢？

现在，让我们来谈谈水涝的危害及其防御措施。

农田积水后，作物呼吸不能正常进行，甚至淹死。各种庄稼的抗涝本领不同。玉米、大豆、棉花、芝麻的耐涝能力差，而水稻、甘蔗、高粱、黑豆就比较耐涝，甚至在一定水层情况下也有一定的收成。同一种作物在不同发育时期的受害情况也大有差别。例如，水稻虽能长期生活在水里，但是，在苗期却只禁得起清水淹没一星期，拔节期后遭水淹，其损害情况也较拔节前严重。小麦喜旱，后期最怕水，扬花灌浆时多水，会使根腐烂、叶发黄、遭病害，甚至死亡。棉花田里过湿，会引起叶片发黄、花蕾脱落、裂铃延迟。油菜田里积水过多，也会使其根系吸收力下降，造成早衰老，容易发病。

水涝对大田作物的危害还与水淹情况及这期间的气象条件有关。一般农田积水时间越长，作物受害越大，作物受水淹得越深，危害也越重；而且静水较流水危害大，浑水比清水危害大，水淹期间遇高温，更会加速植株受害或死亡。

抗御水涝灾害的根本措施是：大力兴修水利，开挖和疏浚河道，建设水库，加固河塘海堤，改造易涝洼地，在河流上游及两侧加强植树造林和水土保持工作，在平原地区实现河网化。对于降水量年际变化大、有时出现暴雨等情况，汛期必须加强气象水文预报和情报工作，使防洪抗险早做准备，争取主动。

采取有效的农业技术措施，如调整播种期、选用早熟品种等，也可减免水涝的危害。此外，田间防涝，要做到田平沟窄，沟沟相通，经常疏浚，排灌自如，雨停田干，沟无积水。农田积水排除后，要及时加强田间管理，如洗去沾污在茎叶上的污泥烂物，拉去黄烂叶片，扶直植株，轻度中耕松土等。在某些易涝地区，应做好补种和改种的种子准备，以防万一。

5. 征服旱魔

1978年，安徽省遇到了历史上罕见的大旱。从3月份开始，春旱连伏旱，伏旱加秋旱，历时长达7个月之久，超过了大旱的1934年（80天）和"春季到八月不下雨，郡邑百里尽赤"的1856年（清咸丰六年），接近"亳州等八州旱"的1785年（清乾隆五十年）。据1978年的旱情报道：淮北地区4—5月的雨量比常年同期减少9成以上，其中砀山、亳州等70天内无雨。淮河以南地区，梅雨季节竟无梅雨。当年3—9月总雨量安徽省大部分地区均为近三百年历史上同期的最少年份。尤其是三次大的干热风，使旱情大大加剧，4月的天气出现了34℃的高温，严重影响小麦抽穗扬花，6月下旬、7月上旬的高温干热风，气温高达41℃以上，早稻白穗率高，立秋以后一个月气温仍持续在36℃以上，最高日蒸发量达16.5毫米。干旱使江河水位下降，大大增加了提水灌溉的难度。安徽省十大水库的水量比常年同期少28亿立方米，中小型水库无水了。沟干塘枯，河床见底，最南部的徽州地区主要河道新安江最枯流量0.03立方米/秒，只有历史上最枯年份的1/20。

当年持续的干旱、高温，加上干热风的袭击，给庄稼造成严重损害。这又干又热的西南风，是太平洋副热带高压控制下的下沉气流形成的。下沉气流驱散了云朵，万里晴空，烈日直射大地，引起高温低湿，成了个"大火炉"。当年"副高"提早北跳，使"大火炉"提前生了"火"，持续时间长，所以旱情如火。特别是干热风夺水力强，禾苗怎禁得起它的扫荡！同年，湖北、江西、河南、陕西等省也遇到了50～70年未有的大旱，江苏省遇到了一百年未有的大旱。如此大旱，若在新中国成立前，早已是赤地千里、饿殍遍野了！然而旱魔再凶也斗不过今天英雄的人民。人定胜天。1978年受灾各省夏季、早秋作物仍然夺得了较好收成！

人们用些什么办法去征服旱魔呢？

干旱通常是伴随着空气的高温与低的空气湿度而同时发生的。它引起土壤有效水分贮存量大大减少，使作物体内的水分供应与消耗失去平衡，组成作物体的细胞收缩，叶片上的气孔关闭，枝叶卷缩下垂。严重干旱时，作物体内原生质由溶胶变为凝胶，甚至胶体凝固，叶片逐渐枯萎。一般是植株下部叶片最先受害，干旱时间久，则上部叶片也会受害而枯死。

作物在一生中的各个时期里，受干旱的危害情况不一样，其中以作物结实器官发育时期受干旱的危害最重。例如，禾谷类作物在孕穗期遇干旱会影响性细胞的形成，有的（如粟）甚至不能正常抽穗；在开花结实期遇干旱，会妨碍正常传粉受精和谷粒生长，增加秕谷。棉花在开花结铃期遇干旱，会引起蕾铃大量脱落。油菜遇冬旱则发根长叶差，会延缓腋芽和花芽的分化。

征服旱魔的方法主要是广开水源。如开展人工降水，打深井、修暗渠引出地下水，喷灌，犁深耕透，压地，增施钾肥、有机肥和保水油（聚醚树脂）保墒，盖草，选择耐旱品种，多种旱粮如高粱、小米、荞麦、玉米、山芋、豆类及萝卜，以及营造护田林等。同时，大搞以改土治水为中心的农田基本建设，修水库、建山塘、开渠道、筑堤坝，提高灌溉水平，做到蓄水、保水和合理用水，扩大灌溉面积，建设高产稳产农田。在我国，还将继续治理黄河、长江、淮河、海河、辽河、珠江等大江大河，搞好解决西北、华北、西南地区干旱问题的骨干工程，兴建把长江水引到黄河以北的南水北调工程，这为进一步战胜旱涝灾害打下牢固的基础。

（十三）大风

1. 大风的标准

红旗飘飘，树枝摇曳，尘沙飞扬……这些都是空气流动的现象。

空气一流动就是风。我们知道，地球各部分接受的太阳照射不同，各地受热情况不一样。同时，地面本身也存在着差异，有的是内陆、海洋，有的是山岳、盆地；有的是茫茫无边的沙漠，有的却是郁郁葱葱的绿洲……这些都使各地冷热情况不同，因而造成各地气压有高有低。各地的气压不同，高气压地方的空气便向低气压的地方流动，这样就形成了风。风在气象学中常指空气相对于地面的水平运动，它是一个同时具有大小和方向的量，用风向和风速（或风力）表示。

风吹来的方向叫风向。它通常用 16 个方位表示，也有的用角度表示，东（E）、南（S）、西（W）、北（N）分别标以 90°，180°，270°，0°。安徽各地在一年中风向的变化是：淮北以东北风和东南风较多，东部如宿州以东北风居多，占三分之一以上，西北部如亳州东北风和东南风约各占五分之一；江淮之间如蚌埠、合肥两地，东北风和东南风都占五分之一以上；沿江芜湖东北风占三分之一，安庆东北风更多至一半以上；皖南屯溪的东北风也超过三分之一。

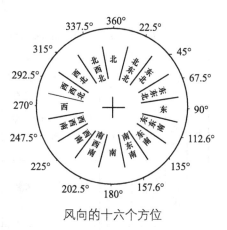

风向的十六个方位

我们只知道风向是不够的，还应该知道风速。风速大小由单位距离内气压差的大小来决定，气压差愈大，风也越大。风速常以每秒多少米或每小时多少千米计算。发布天气预报时，大都用风力等级，它是以地面物标征象表示风的大小的。安徽各地平均风力为 4 级（风速 5.5～7.9 米/秒）以上的风极少，一般都在 2～3 级。

三、漫谈灾害性天气

那么，风大到什么程度才算是大风呢？

大风的标准在各地有所不同。它主要和当地常见的风力比较，并要看它对当地生产生活影响的程度来决定。当风力已大到足以危害到当地的生产活动、经济建设或日常生活的风，就是我们平常所说的"大风"了。

气象学上大风的定义是，当瞬时风速大于或等于17.2米/秒，即风力达到8级以上时，就称作大风。安徽省一般以出现8级以上的风，即风速大于每秒17米定为大风。8级风能使树枝折断，10级风（风速25米/秒）能将树木拔起或将建筑物损毁。

风力等级表

风力等级	风的名称	海面状况 浪高		海岸上船只征象	陆地地面物征象	相当风速		
		一般（米）	最高（米）			千米/时	海里/时	米/秒
0	无风	—	—	静	静，烟直上	小于1	小于1	0～0.2
1	软风	0.1	0.1	寻常渔船略觉摇动	烟能表示风向，但风向标不能转动	1～5	1～3	0.3～1.5
2	轻风	0.2	0.3	渔船张帆时可随风移行每小时2~3千米	人面感觉有风，树叶有微响，风向标能转动	6～11	4～6	1.6～3.3
3	微风	0.6	1.0	渔船渐觉簸动，随风移行每小时5~6千米	树叶及微枝摇动不息，旌旗展开	12～19	7～10	3.4～5.4
4	和风	1.0	1.5	渔船满帆时倾于一方	能吹起地面灰尘和纸张，树的小枝摇动	20～28	11～16	5.5～7.9
5	清劲风	2.0	2.5	渔船缩帆（即收去帆之一部）	有叶的小树摇摆，内陆的水面有小坡	29～38	17～21	8.0～10.7
6	强风	3.0	4.0	渔船加倍缩帆，捕鱼须注意风险	大树枝摇动，电线呼呼有声，举伞困难	39～49	22～27	10.8～13.8
7	疾风	4.0	5.5	渔船停息港中，在海者下锚	全树动摇，迎风步行不便	50～61	28～33	13.9～17.1

风力等级	风的名称	海面状况浪高		海岸上船只征象	陆地地面物征象	相当风速		
		一般（米）	最高（米）			千米/时	海里/时	米/秒
8	大风	5.5	7.5	近港的渔船皆停留不出	微枝折毁，人向前行阻力甚大	62～74	34～40	17.2～20.7
9	烈风	7.0	0.0	微枝折毁，人向前行阻力甚大	汽船航行困难	75～88	41～47	20.8～24.4
10	狂风	9.0	12.5	建筑物有小损坏（烟囱顶部及屋顶瓦片移动）	汽船航行颇危险	89～102	48～55	24.5～28.4
11	暴风	11.5	16.0	汽船遇之极危险	陆上很少，有则必有重大损毁	103～117	56～63	28.5～32.6
12	飓风	14.0	—	海浪滔天	陆上绝少，其摧毁力极大	118～133	64～71	32.7～36.9
13	—	—	—	—	—	134～149	72～80	37.0～41.4
14	—	—	—	—	—	150～166	81～89	41.5～46.1
15	—	—	—	—	—	167～183	90～99	46.2～50.9
16	—	—	—	—	—	184～201	100～108	51.0～55.0
17	—	—	—	—	—	202～220	109～118	56.1～61.2

注：表内"渔船"是指小帆船。1 海里 =1.852 千米。

2. 大风的产生

一般说来，冷空气的前锋经过，气压的急速变化，强烈的地方性雷雨，台风的侵袭和龙卷、尘卷风的发生等，都可以引起大风。

如果有大规模的冷空气向暖空气一方移动，冷空气前缘与暖空气的交界处，气象上称为冷锋。例如寒潮前锋就是一种冷锋。冷锋后部的冷空气密度大，气压高；冷锋前部的暖空气密度小，气压低。空气从气压高的地方朝气压低的地方急速流去，这就产生了大风。邻近两地的气压差越大，风速就越大。这种风力，一般能达到 6～8 级左右，阵风可达 10 级以上；持续时长在 1～2 天左右。通常是白天风力强，傍晚就减弱一些。如果冷锋后面的冷空气很强烈，或是有新的冷空气源源不断补充，那么，已经减弱了的大风，会再度增强起来。这种大风春季最常见，冬季和秋季次之，夏季最少。

在安徽，冷空气前锋引起的风力，一般江北大于江南，平原大于丘陵山区，东部大于西部。陆地上风力 4 级左右，阵风 6 ～ 7 级；水面上 5 级，阵风 7 级左右。不过，当强大的寒潮前锋"路过"时，各地风力还会增大 1 ～ 2 级以上。维持时间可达 1 天左右，最长可达 3 ～ 4 天。

当冷、暖空气汇合的时候，便形成不连续的锋面。在锋面两侧因为冷、暖空气流动的快慢不同，锋面的某一部分就可能凹下去，形成波动。如果冷空气更朝南挺进，暖空气更向北突出，空气就渐渐打起转来，形成了涡旋。这个涡旋区域，空气大量上升，气压强烈下降。这个中心气压低于四周空气做旋转运动的水平涡旋，称作气旋或低气压。在低气压发展时，气压下降很快，和邻近的气压相差很大，因而就形成了大风。不断向中心汇聚的气流导致了上升运动，气流升至高空又向四周流出，促使低层大气不断地从四周向中心流入。因为气旋中心是垂直上升气流，所以气旋过境时，中心地区云量增多，常见阴雨天气。我国全年都受温带气旋的影响，大风一年四季都有，其中以内蒙古东部、东北地区以及华中、华东一带最常见，春季更是频繁。

我们知道，低气压区风是从四周朝中心吹的，但因地球偏转力的影响，在北半球，风朝向右偏，与时针转动的方向相反。高气压区风是从中心朝四周吹的，但在南半球因受地球偏转力的影响，空气朝左偏，与时针转动的方向一致。通常把高气压东面叫作前部，西面叫作后部。如果高气压在东面不动，低气压从西面向东移动，并且气压不断下降，当它移近高气压的时候，高低气压之间的气压差就变得很大，这时就产生偏南大风。如果低气压在东面不动，高气压从西向东移动，并且在东移过程中不断加强，当其移近低气压的时候，就产生了偏北大风。这种风的风力，一般要比强冷锋所造成的大风为少。但有时也可刮 7 级以上的风，持续时间一般不超过 3 天。

俗话说："风是雨的头，风来雨就到。"春天和夏天，在强烈的地方性雷雨的行进方向上，也常常出现一种阵性大风。这是由于雷雨的水滴很大，气流不能支持它们悬浮于空中，于是突然下降。在下降途中，因云层以下的气温较高，一部分雨滴被蒸发掉，没有被蒸发的雨滴才落到地面。雨滴蒸发时，必然要吸收大量的热量，这样就使高空空气的温度降低，密度增大。但在低层的空气是暖的，密度小，于是高空的冷空气流就向低层猛烈地冲击下来而引起大风。这种大风的来势迅猛，风向混乱，风力常达 7 ～ 8 级，最大可达 12 级。但范围不大，持续时间一般不超过数分钟至数十分钟。

在受到台风侵袭时而引起的大风，其强弱与距离台风的远近有密切关系，大约当台风中心距离本地尚有500～600千米时，风力可以发生5～6级，当台风中心迫近本地时，风力常达10级以上。但台风登陆后，很快就会减弱以至消的大风，因此持续时间不长，并且只限于我国东南沿海地区。这是热带气旋强烈发胀的一种特殊形式。在安徽，如果受到台风侵袭，一般只出现瞬时风力6～7级以上，少数地区最大风速也可达到12级以上。1956年8月初侵入安徽省的强台风，安庆、合肥的瞬时最大风速曾达每秒40米左右。不过，这在安徽省是罕见的。

在飑线（指带状雷暴群）、龙卷过境时，狂风、雨雹交加，能造成严重的灾害。无论哪一种大风，它们都要受到地形影响，而且和一天里温度变化有密切关系。如在地形起伏、树木和建筑物很多的地方，风力就会因为受到阻挡而减小。在江河湖海水面上，气流畅行无阻，风力一般要比陆地上大1～2级。当气流从开阔地方涌入狭窄地方时，风力也会骤然加强。例如：台湾海峡的两边都有山脉，两头宽中间窄，无论吹北风或南风时，风力都比较大。在山隘、江口、河口或海滨地形构造特殊的地方，也有这种大风发生。例如长江口、钱塘江口的偏南风，风速就比附近风大。

在一天当中，午后地面温度高，低层大气增暖，而上层空气较冷，这样形成上冷下暖的不稳定局面，空气便要上下翻转发生扰动，风速随之加大。这时也很容易把高空的强大风速传到地面来，更助长了大风的威势。但是，"狂风怕日落"，到了傍晚，气温显著降低，空气层逐渐稳定，大风自然也就随着减小了。

3. 大风的预测预防

在我国，冬季南北的温度差和气压差都很大，所以多大风。沿海地带地势平坦，海面又比较光滑，大风也较多，而陆地上障碍物多，风速则比海面小。

全国各地的平均风速，大致北方大于南方，沿海大于内陆。冬季和春季因南北气压差大，寒潮和低气压出现频繁，所以风速最大。夏季南北气压差小，秋季天气较稳定，除台风侵袭外，一般风速较小。华北和东北春季多低气压活动，平均风速较大，台湾及东南沿海各省秋季多台风，平均风速也较大。西北高原及新疆北部，春季低气压多，夏季对流活动又较强，平均风速比冬季大，尤其是兰州和乌鲁木齐一带，冬季距高压中心不远，风势较弱。

各地出现的最大风速，香港为每秒 61.7 米，广州为每秒 33.7 米，上海为每秒 31.1 米，这都是台风侵袭的结果，其他各地大多是由于强烈冷锋过境或盆地区域的热雷雨造成的。

我国各地 8 级以上大风日数，青藏高原多达 75 天以上，内蒙古、新疆西北部在 50 天以上，东南沿海及其岛屿大风日数多达 50 天以上。

以台湾海峡的澎湖达 138.2 天为最多，占全年日数的 37.8%。这是因为台湾海峡地势的约束，加上海面阻碍力小，风速就特别大。大连和青岛地处半岛的位置，冬、春季低气压过境频繁，所以大风的次数也较多。重庆位于盆地内，大风日数最少。

全年大风日数，一般以春季最多。这主要是春季低气压多，冷空气南下频繁的缘故。台北、澎湖夏秋季大风日数最多，这与台风活动有密切关系。

出现在安徽的大风，一般以春季最多，冬季比春季少，夏季比秋季更少。由于地形的影响，安庆、巢湖地区，以及皖西和皖南山区狭谷风口地带的大风日数，一般都比平原地区要多些。安徽省各地大风平均日数，基本上以合肥为界，南部多于北部地区。

大风对农业的危害很大。农作物遭到大风的侵袭，会折枝损叶、落花落果、授粉不良、倒伏、断根和落粒等，还会使作物水分代谢失调，加大蒸腾，植株因失水而凋萎。

大风对渔业、畜牧业、交通运输和基本建设，都有影响。大风又会加剧干旱、雷雨、冰雹、盐渍化、荒漠化。大风可掀翻车辆、船只，引起沿海的风暴潮，助长火灾，并且经常会吹倒不牢固建筑物、高空作业的吊车、广告牌、通信电力设备、电线杆、树木等，造成财产损失和人员伤亡。1972 年4 月 18 日，安徽省出现一次罕见的西南大风（最大风力达 9～11 级，短时阵风达 12 级以上），使沿江地区和淮北阜阳地区等三十多个县，造成了严重的灾害。

在民间，有很多利用天、物、海象以预测大风的经验。例如：以云预测大风的有"云起黄丝钩，三天必有风""云势若鱼鳞，来朝风不轻"等，反映了低气压的影响而形成的大风；而"乌云片片生，眼底生狂风""云走如跑马，大风即刻刮"等，则是冷锋后大风的征兆；以风预测大风的谚语有

"南风愈是狠，北风愈是准""南风不过晌（午），过晌呼呼响"等；以天象测大风的有"早间日珥，狂风即起""晕圈有口要起风，口向哪边开，风从哪边来""日出日落黄橙橙，必定刮大风"等；以物象测大风的有"泥鳅冒泡，半日风到""鲤鱼水面跳，大风不久到""猪衔草、羊抵角，都是大风兆"等；以海象测大风的有"无故海潮小，要刮大西北风""海流反常要有大北风""海上出现土埂子浪（长浪），由东向西推，偏北大风快来到""海鸟上崖、海鸥高飞，必有大风"等。

关于大风的中长期预报方面，劳动人民在实践中也积累了很多经验。"清明刮动土，要刮四十五"，就是华北地区用"清明"这个特征日的风力来展望未来大风多少的天气谚语。有的地方在使用这条天气谚语时，还参考当地的温度、湿度等进行综合分析，如天津市静海县群众发现春季解冻后如果地面很潮湿，或者是"雨开地"（解冻时有雨），清明后风就比较小；如果地面干燥或者是"风开地"，因为干燥、气温高，"热生风"，就容易刮大风。陕西武功就流传有"天旱多怪风"的谚语。

我国北方大部地区的大风，一般出现在清明到立夏之间，立夏之后就是所谓"立夏鹅毛不起"或"立夏斩风头"了。但是，如果这个规律被破坏，立夏后仍刮大风，则预兆还有大风要刮。河北省流传的谚语"立夏风不住，刮倒大杨树"，就是这个意思。辽宁省的说法是"立夏风不住，刮到麦子熟"，黑龙江省也有"立夏起土层，四十天刮黄风"的谚语。这样就又可以由立夏前后风力的大小，来预测立夏到麦熟时节的大风趋势了。此外，甘肃玉门地区流传的"冬暖春风多，冬冷春风少"，云南省中部地区渔民中流传的"立冬风大，春风大"等说法，也是预测关于大风的长期变化的。

每当我们发现有大风预兆时，特别注意收听当地气象台站发布的大风报告或大风警报，就能更准确地掌握大风情况，做好防御工作。如在农田四周搭防风架或防风障，给玉米、高粱等作物壅根培土，快成熟的水稻顺风势压倒，等等。从长远观点看，营造农田防护林带，这是预防大风灾害的根本方法。

（十四）寒露风

1.低温危害的指标

秋天是一年中的黄金季节。这时候，天高云淡，风和日丽，正是秋收秋种的大好时光，人们常说"金色的秋天"，不是偶然的。

可是，十月寒露北风紧。当万里稻浪吐穗扬花的时候，从北方南下的一股股冷空气却刮着凉冷、干燥、强劲的偏北风，影响晚稻的正常开花结实，形成空壳秕粒。这种天气在华南地区常出现在"寒露"时节，人们称之为"寒露风"。

现在，双季晚稻已扩展到江淮大地、云贵高原。这些地区，在9月秋分前后冷空气侵袭时，也会发生类似华南寒露风那样对晚稻结实的影响。这样，寒露风已成为危害双季晚稻孕穗开花、以低温为主的不利天气的通称了。因此，有的地方也称这种天气为"秋季低温""水稻冷害"等。

据研究，晚稻生长对低温较敏感的有三个时期，就是幼穗分化期（抽穗前25～30天）、花粉母细胞减数分裂期（抽穗前10～15天）、抽穗开花期（始于9月上、中旬）。其中，抽穗开花期易受低温危害，减数分裂期受低温危害较少（但受影响后危害较严重），而幼穗分化期基本上不易受低温危害。

晚稻受害的低温指标，因水稻的类型和品种不同而有差异。一般说来，粳稻型较耐寒些。在粳稻抽穗开花期，如遇日平均气温连续三天以上低于20℃，日最高气温在23℃以下，或日最低气温在14℃以下，会抑制花粉正常生长、代谢活动，使其物质代谢失常，造成"孕而不秀"或"秀而不实"的翘头穗。日平均气温低于20℃的日数愈长危害愈重。在粳稻减数分裂期，若遇日平均气温低于20℃（一天或一天以上），14时降温强度大于或等于6℃，便造成生理机能紊乱，使花粉不能发育，形成空壳或使穗畸形、粒型不正常等。籼稻型比粳稻型受害的低温指标要提高2℃左右，即日平均气温连续3天以上低于22～23℃。

但是，不论粳稻型也好，籼稻型也好，它们本身还有耐寒性强弱的不同，因此具体品种的不同，低温指标也有一定差异。另外，粳稻和籼稻都还要受地区气候特点（主要是冷害规律）、土壤条件及栽培措施等影响，所以受害指标温度不是一成不变的。往往变动在 2～3℃ 之间。有些高寒地区就以小于 18℃ 为受害指标。

晚稻受低温危害，一般分两种天气情况：一种是低温阴雨天气，称湿冷型；另一种是晴冷天气，空气干燥，伴有 3～4 级以上偏北风，称干冷型。湿冷型在我国南方各省都有出现，以长江流域为多，而干冷型以两广地区为主。

在形成晚稻空壳的农业气象条件中，最普遍的主要是低温影响。低温，同时又伴有阴雨、大风（风力 3 级以上）、空气干燥（相对湿度 60% 以下），危害就更大。有时天气阴雨连绵，温度虽不十分低，但是相对湿度大，往往使花粉破裂，使它不能正常授粉，同时还抑制水稻光合作用和同化作用，延迟生育期，降低抗低温能力，也会形成大量的空壳。

2. 翘穗的秘密

"秋分不出头（齐穗），割草喂老牛"。这是流行在长江流域的农谚，它形象地说明了：双季晚稻对抽穗开花期是有严格要求的。这种严格的要求就是温度条件。

从客观上看，造成翘穗的直接原因是低温的影响。一方面，由于夏季温度偏低，总的热量条件差，使双季晚稻抽穗扬花期延迟而越过安全期，增加了后期遇到低温危害的机会。

如 1972—1974 年，长江流域和安徽省的晚稻，在整个生育期间气温偏低 2～4℃ 左右，总的热量条件差，使大部分晚稻的发育进度显著减慢，齐穗期明显推迟大约 6～8 天，加重了后期遇到的低温危害。另一方面，如果秋季等于或小于 20℃ 的低温来得早，在正常抽穗开花期遇到低温危害，就会产生大量空秕形成翘穗头。夏、秋低温的作用是综合的，如果两者同年出现，危害更大。

那么，低温究竟怎样危害晚稻抽穗开花呢？

一是影响抽穗的速度，使抽穗缓慢，穗子甚至不能完全抽出来。有人对籼稻进行过测定：日平均气温 23℃，穗子每天伸长 7 厘米，3～4 天就可以出穗；日平均气温降至 19℃，穗子每天只伸长 4 厘米，5～7 天才出穗；气温更低，穗子不能完全伸出叶鞘，穗子下部颖花被叶鞘包着就不能开花结实。当气温下降到 10℃左右时，穗子就完全伸不出来了。

二是影响颖花的开花授粉受精，形成空壳秕谷。在晚稻开花的盛期，如遇晴朗暖和的天气，10 时左右就可看到水稻张开内外颖，花丝伸长，伸出几个花药，很快弹散出无数的花粉随风飞散。但在低温或阴雨天气，直到 13—14 时，稻子才开花，有时甚至不会开，形成闭花授粉的状态。由于低温影响花粉的发育成熟和开花时影响授粉受精过程，便会造成空壳秕谷。

三是影响米粒正常灌浆发育，形成瘪粒。在通常的情况下，日平均气温升到 25℃以上时，开花第二天米粒就开始膨大，先是纵向伸长，然后横向发展，灌浆充满全颖壳大约需要 7～9 天，这时瘪粒率最小，日平均气温降至 22～24℃时，米粒充满全颖壳就要 10 天左右，瘪粒率达 13%；日平均气温 20～22℃，胚乳充满全颖壳就要 12～24 天，瘪粒率达 15%；尤其是弱势位的颖花，如果每一枝梗的第二个颖花及复枝梗中间的颖花和下部枝梗的颖花，在冷空气影响下，更易形成瘪粒。

在低温的侵袭下，晚稻为什么有上面说的那些形态表现呢？

这个问题，尚在研究探索之中。一般认为是低温抑制了植物的细胞伸长分裂，所以，减缓了植物生长。

水稻在抽穗开花阶段，正处于它生长十分激烈的时期。你知道吗？一个穗子，有时一天就可伸长 10 厘米，2～3 天后，20 多厘米长的稻穗就伸出叶鞘了。所以这时温度稍有下降，就会影响抽穗速度的。水稻在抽穗前 10～15 天和抽穗开花期对温度最敏感，这时候低温会使花粉发育不健全，而影响正常的授粉。

另外，在干冷强劲的北风吹刮下，稻株蒸腾量加大，根部吸水减少，会破坏体内正常的含水状态。植物体内失却了水分，养分合成和养分向籽粒输送等，都会受到影响。这个影响的过程，你在田野里可以看到：当幼嫩的颖花伸出叶鞘，如遇到干冷的北风，颖壳中部就会渐渐吹得干白。这种颖壳失水的籽粒，严重的就不能灌浆，成为空壳瘪粒了。

但是，低温对形成晚稻空秕粒来讲，只能算是个外因。外因通过内因而起作用。在影响晚稻翘穗问题上，水稻品种特性是其内因。在同样低温条件下，具体田块空秕率的多少，翘穗严重程度主要决定水稻品种特性及秧苗素质等。

不同类型的品种，在抽穗扬花阶段，对低温的抵抗能力是不同的，因为，在同一天齐穗共同遇到日平均气温低于20℃的温度时，产生的空秕率各不相同，糯稻耐低温性能较好，粳稻次之，籼稻最差。所以，在长江流域，一般不用籼稻作为双季后作稻的品种。至于晚稻的具体品种；耐寒能力也各不相同。粳稻中又可分晚粳、早熟晚粳和中粳。晚粳对低温的抵抗力比中粳强。

此外，秧苗素质好坏，直接影响到产量的高低。适龄壮秧是水稻高产的基本条件，是早发、早抽穗和穗多粒大的基础，也是提高晚稻抗低温能力的内在因素。瘦秧活棵慢，分蘖少，抽穗迟，穗形小，抗低温能力差，遇低温危害时翘穗多，空秕率高。

3. 防御秋季低温

秋季低温是一种灾害天气。一次稍强的低温袭击，会造成水稻10%～20%的秕率，也就是减产一二成。它虽不像霜冻、台风、暴雨那样影响明显，但一次低温过程足可影响数百万亩直至上千万亩农田里的晚稻生育，总的损失还是很惊人的。

随着农业耕作制度的改革，复种指数的提高，生产季节紧迫，对气象服务的要求更加迫切。近年来，广大稻区的气象台站，根据秋季冷空气活动的规律，以及当地晚稻的生长状况，开展了对秋季低温的预报服务工作，争取在晚稻播种前作出低温出现早晚的长期预报，以供选用晚稻品种时采取技术措施时的参考。

秋季低温不仅可以预报，也是可以防御的，广大劳动人民在与秋季低温斗争中已创造了许多防御的好方法。这些方法主要有如下三种。

第一，是使水稻抽穗扬花盛期"躲"过低温危害期。各地把有影响的低温出现始期，作为双季晚稻安全齐穗界限，抓紧晚稻的种植季节，早播早插，早管早发，尽力把齐穗提前7～8天，受低温危害的机会就会大大降低。

根据安徽省历年气象资料分析，沿江江南地区在秋分以后，出现日平均气温连续两天低于20℃的机会较多，所以粳稻安全齐穗期在9月20日前，籼稻则以9月15日为限。山区和合肥以北的丘陵地带，低温来得早，还要相应提前。

为了使晚稻扬花盛期躲过低温危害，安徽省各地在栽插双季晚稻的顺序上是"粳让籼，早让迟"。沿江江南的一些生产队采取"农垦 58 开门栽，中粳、中糯跟上来，早熟晚粳秋分插，农垦 58（稀播长龄）压后台"。江淮丘陵地区的一些地区采取"沪选（沪选 19）、武农（武农早）两头站，搭配品种插中间"。也有的地方，为了腾茬需要，还搭配栽插少量中籼、早籼品种，采取"早籼开头炮，晚粳接着跑，中粳（或中糯）齐跟上，早籼（秧苗带土栽）门关好"的办法，做到不误农时，提前晚稻齐穗期，躲过低温的危害。总的来说，安徽省各地双季晚稻栽插的结束期限，要根据当地常年气温、品种特性、育秧方式、秧苗壮瘦，以及大田起发快慢等情况分别对待。一般沿江江南地区在立秋前，山区和合肥以北的丘陵地区在 7 月底，最迟不超过 8 月 2 日。

第二，是提高水稻对低温的抗御能力。前期栽培注意培育茎秆粗壮、根系强大的植株，受低温危害较少。抽穗前后，追施速效氮肥作壮尾肥，能在一定程度上提高水稻结实率。施壮尾肥要看后期天气和水稻状况，如后期多阴雨或禾势太密则不适宜施用或不能多施。20 世纪 80 年代，有用喷磷、喷氮、喷"七〇一""七〇二""九二〇"、喷微量元素等根外追肥措施，提高植株活力，促使晚稻提早抽穗扬花，减轻低温危害，增加结实率。

第三，改造农田气象条件，削弱低温的影响。最常用的方法是低温来临前 1～2 天灌水增温，"有水不怕寒露风"，待低温过后再排水。但长期灌水容易引起水稻倒伏，土面也不能直接接受太阳辐射，不利于提高土壤温度。有条件的地方，当低温侵袭时，采用日排夜灌和流动水灌溉的方法，可提高穗部温度。灌水愈深，保温愈好。水温较高的河水、塘水比水温较低的泉水效果显著。一次不显著的降温影响，日排夜灌的不实率为 3%，不灌水为 7%，长期灌水为 6%。用人工熏烟、造雾，用水面增温剂冲灌稻田等，也有增温效果，都可提早水稻抽穗，降低空秕率，增加千粒重。

其他方面，还有选育推广高产耐寒早熟品种，培育适龄壮秧，及时防治病虫害等，以提高植株对低温的抗御能力，促进晚稻增产。

四

黄山市散记

（一）黄山风物 ①

1. 黄山市风物纪胜

黄山市位于安徽省南部，是 1987 年 11 月设立的一座旅游城市。全市辖黄山风景区和三区（屯溪区、黄山区、徽州区）、四县（歙县、休宁县、祁门县、黟县），总面积 9807 平方米，总人口 170 多万。市政府驻地屯溪。

黄山市是一个"八山半水分田，一分道路和庄园"的山区城市。境内群峰参天，山丘屏列，岭谷交错，到处清荣峻茂，水秀山灵。明代汤显祖诗曰："欲识金银气，多从黄白游。一生痴绝处，无梦到徽州。"多少文人曾对此地产生了念慕之情，有的游客甚至"爱其山水清澈，遂久居"。那黄山山脉和天目山是安徽，也是黄山市同浙江、江西省的天然分界岭。那主要坐落在歙县东北部的清凉峰（海拔 1787 米），那耸立在祁门、石台二县毗邻处的牯牛降（海拔 1728 米），那拔起于休宁西北部全国四大道教圣地之一的齐云山（海拔 580 米），都是壮丽神奇的"天造画境"。

横贯在歙县、太平、休宁、黟县间的黄山风景区，方圆 154 平方千米，72 座山峰簇立云间，重岩叠嶂，气势磅礴，是我国列为首批国家级重点风景名胜区，1990 年 12 月被联合国教科文组织世界遗产委员会列为"世界文化和自然遗产"。黄山峰峦峻峭，劈地摩天，宏博富丽，奇松、怪石、云海、温泉"四绝"于一体，有"天下第一奇山"之称。明代地理学家徐霞客赞黄山为："薄海内外，无如徽之黄山，登黄山天下无山，观止矣！"后人传颂为"五岳归来不看山，黄山归来不看岳"。大自然的神斧把黄山塑造成了一幅天然的画卷、一首无声的诗。

说到黄山市的水，首先得提及新安江。它是全市的主要河流，属于钱塘江水系。它源出休宁冯村五尖股（海拔 1618 米）北侧，上源流经祁门县，复入休宁以后称率水。它在屯溪纳横江后，称为浙江，江面展宽，流至歙县城南朱家村又有练江来汇，始称新安江。新安江东流至街口附近，便直奔浙江省而去了。干流自歙县城南至街口，长约 44 千米，其集水面积约有 5944

---

① 本节以及本章（二）至（四）节写于 1994 年。

平方千米。除新安江以外，境内还有发源于黄山北坡的青弋江，北流入长江，发源于黄山南坡西段的阊江，南流入鄱阳湖，均属长江系。全区大小山塘水库，恰似嵌在万山丛中的一颗明珠。尤其是那位于青弋江上游的太平湖，波光潋滟，山色空蒙，恬静、明丽、妩媚而动人。

从气候上看，黄山市属于北亚热带湿润季风气候，四季分明，气候温和，雨热同季。年平均气温 15～16℃，大部地区冬无严寒，无霜期 236 天。平均年降雨量 1670 毫米，最高达 2708 毫米。降水多集中于 5—8 月，水热资源十分丰富，适宜多种林木、茶叶、果树及农作物生长。灾害性天气发生较频繁，如春季多连阴雨，夏季多暴雨、山洪，秋伏多干旱，深秋和早春有霜冻，隆冬有严寒等，但只要注意预防，就可以减轻甚至能避免灾害的发生。

在土壤分布方面，黄山市的中低山地大部分为黄壤，山地黄棕壤，土层较厚，石砾含量较高，有利于木、竹、茶、桑和药材生长。丘陵地带多为红壤和紫色土，质地黏重，酸性，肥力差，但光热条件好，适宜栎、松、油茶等生长。山间盆地与平原谷地、溪河两岸多冲积土，适宜农业耕作。

具有优越自然条件的黄山市，蕴含着丰富的森林资源及多种林特副产品。森林复被率 68.3%，全市自然分布着 700 多种树木，加上引种栽培的树种，共有 1000 多种。其中，经济价值较高的约有 200 种，例如属于国家重点保护的珍贵树种有香果树，红楠、花榈木；省定保护林种有金钱松、南方铁杉、三尖杉、粗榧、银杏、鹅掌楸，黄山木兰、樟树，天目木姜子，连香树、领春木、天女花，青钱杉和中华猕猴桃等 15 种；还有黄山松、华东黄杉、红豆杉、光皮桦和青檀等树种，都很名贵。又如，属于优良建筑用材的树种约有 100 余种，主要为杉、松、檫、毛竹，以及樟、楠、槠、栲等。

在全市的林特副产品中，有木本粮油中的板栗、枣子、柿子、白果、橡子、油茶、乌桕、山核桃、香榧，有供作香料、酿酒和一般食用的山茶子、桂花、竹笋。以上两项共约 100 种。还有以工业原料为主的野生纤维植物和林产化工品各约 200 种，如生漆、松脂、松焦油、活性炭、棕榈、栓破、檀皮、芭茅秆、黄荆条等。

药材约有 1000 种，其中红枣皮、徽菊、祁蛇以及杜仲、厚朴、白术、前胡、茯苓、半夏、山茱萸、三尖杉、石斛、黄连、灵芝等最为名贵。

在黄山市那连绵不绝、绿树参天的深山密林里，活跃着珍贵的梅花鹿、黑麂、狼、豺、短尾猴、猕猴、赤狐花面狸云豹、大灵猫、华南虎、鬣羚、豪猪、毛冠鹿、野猪、黄麂、獐黑熊、穿山甲以及罕见的白颈长尾雉、八音鸟、黑颧、乌鹣、画眉、白鹇、寿带、娇凤鸟、相思鸟、鸳鸯等，共约200种以上。据统计，仅在黄山一带就有兽类45种，鸟类170种；属于国家保护的珍贵鸟兽有13种。黄山市的地下又埋藏着多种矿物，如有大量的石灰岩、花岗岩、瓷土、石英岩、蛇纹岩和石煤等建筑材料，又有金、铜、钼、钨、锑、铍、铬、铅、锌、铌、钽、铀等有色金属矿和稀有金属矿物，还有砷石、膨润土、硫、磷、重晶石、水晶等非金属矿产资源。

资源丰饶的黄山市，其前身为徽州，古称新安，历史上是一个经济繁荣之地。它的初步开发始于三国。西晋时期中原经济文化输入，农业技术逐步提高。东晋时土地较充分地得到利用。但因"地狭人稠，力耕所出，不足以供"，新安郡人"非经营四方，绝无生活之策"（许承尧：《知新录记徽俗二则》），同时输出本地土特产品（如茶、漆、纸张、木材）和手工业产品，换取粮食等生活资料。这样，"徽商"出现了，从北宋起，徽州已是一个"富商、巨贾多往来"的地方。这些富商、巨贾，在徽州居然发行"会子"（纸币），往来"兑使"。据史料记载，当时徽州思想家朱熹，都以刻书来取得利润。"徽商"在全国各地出了大名。《五杂俎》（谢肇淛）卷四说，明时"新安大贾，鱼盐为业，藏镪有至百万者。其他二三十万则中贾耳"。明清时候，徽商控制了长江中下游的金融，具有举足轻重地位的徽帮，与山西商人成为我国经济界两大营垒，时间长达三四百年之久，所以人们一向有"无徽不成镇"之说。

徽州的土特产品、工艺美术和手工工业产品，项目繁多，远近闻名。"屯绿""祁红"驰名中外，黄山毛峰、太平猴魁、顶谷大方、休宁松萝，均为茶中珍品，歙县的三潭枇杷、徽州雪梨、街口柑桔、金丝琥珀蜜枣、金竹贡菊、问政竹笋、香菇、木耳、徽菜、"三花"（珠兰花、茉莉花、玉兰花）和黟县香榧都是有名的传统产品。万安罗盘和毕昇的活字印刷属世界首创；徽派梅桩独树一帜；祁门工夫红茶多次荣获世界金奖；砖雕、石雕、木雕、竹雕技艺精湛。

歙砚、徽墨更是文房四宝中的珍品，从唐、五代时起就名蜚艺林，一直享誉至今。

徽州在历史上还有"东南邹鲁"之称。这不是偶然的。自秦置新安郡县，至今已有2300余年，悠久的历史渊源孕育了独树一帜的新安文化，形成了徽商、徽菜、徽剧，新安画派、新安医学，徽派金石、徽派版画、徽派雕刻，徽派盆景、徽派建筑等独特的历史文化体系，徽州学与敦煌学、西藏学一起，被国内外同行公认为我国地域文化研究上的三大学派。晋、宋两次南渡及唐末黄巢起义之时，北方土族文人南迁，带来了发达的文化，所以徽州人文兴盛，名人辈出，父子宰相，叔侄状元连科进士、十里三殿。

程朱理学创始人程颐、程灏和朱熹都认为自己的祖籍在歙县篁墩。朱熹在歙县讲过学，建立了紫阳书院，宋理宗赐额"道脉薪传"，从此读书蔚然成风。宋代以后徽商的发展，给徽州的文化、艺术、医学等发展，提供了雄厚的经济基础，于是英才辈出，人文荟萃，遂成文化之邦。明代新安医学创始人之一汪机，珠算发明家程大位、明末清初新安画派创始人渐江、医学家汪昂，清代理财家王茂荫、哲学家戴震、物理学家郑复光，以及近代著名画家黄宾虹、人民教育家陶行知、白话文倡导者胡适等一批历史名人，都出自徽州这块钟灵毓秀之地。

在徽州，标志其古文明的名胜古迹遍布各地，至今仍保存很多。被称为古建筑"三绝"的明清两代民居、牌坊和祠堂，富有民族风格的桥梁、古塔和奇观，这些都为研究徽州古典建筑艺术和历代政治、经济、文化提供了珍贵的实物资料。

可爱的黄山市天生丽质，物产丰腴，哺育着世世代代勤劳勇敢的智慧的劳动人民。当历史的车轮进入21世纪以后她不断拂去旧日的风尘，变得越来越容光焕发，在社会主义现代化建设的道路上阔步前进，孕育着一个更加美好的明天。

2. 黄山迎客松

在黄山，你从前山直奔"天上玉屏"，穿"一线天"，过了"蓬莱三岛"，一棵破石而长的古松就出现在面前了。它松干苍劲，翠叶如盖，伸枝展臂，优美妖娆，恰似一位笑脸迎人的好客的黄山主人，在欢迎远方的来客，"有朋自远方来，不亦乐乎"。这就是驰名中外的迎客松。

迎客松的祖先是油松，靠着风和鸟的媒介，后来乔居到黄山巅。据说此树已有1500年的高龄了，唐代就有过它的记载。它把平川沃野让给其他植物，而自己却在这海拔 1680 米的缺土少水的花岗岩缝里落脚生根，顽强地生长着。

按林业分类学划分，迎客松属于松科的黄山松品种，又名台湾松、短叶松。它适应温度较广，能耐 −22℃ 的低温。它生长缓慢，2001 年实测其胸围 206 厘米，树高 10.15 米。这是因为高山上的日光中蓝紫光线多，灰尘和污染少，空气稀薄、透明，而立地条件又是岩石裸露的缝隙，抑制了植物细胞的正常生长，于是变得低矮，貌奇诱人。又由于山高地寒气温低，日照短，霜害多，生长期短，再加上山高风大，迎客松只好趋向于垫伏状方面发展，伸出的枝丫多变成水平似的扇形枝条，以便疾风来临时减轻风的压力，也免于相互摩擦而受到损伤。这些生态环境，又限制迎客松正常发育生长，进而变成迎风招展了。

迎客松有着特殊的耐"瘦"本领，能"啃"动石头，可以伸延到十几米以外的地方去寻找水分和养料。在它那软绵绵的细毛根前面，能分泌出柠檬酸、苹果酸、葡萄糖酸等有机酸来溶解难以分解的矿物质，从中吸取可以利用的养料。又能利用根呼吸时放出的二氧化碳，遇水化合成碳酸，协助有机酸共同侵蚀岩石。同时，迎客松的根部有细菌性根际微生物和真菌性的根菌，可使迎客松适应在瘦薄的岩石缝里生长。根际微生物，能把迎客松不能利用的有机物等，变成可吸收的状态，又把空气中的氮合成能吸收的氮化合物。迎客松供给根菌碳水化合物，而根菌可以分解矿物质以及利于扎根石头缝里。另外，迎客松的叶子为针状而且短，并有防水结构有蜡状覆盖物，叫角质层，它可以保护叶片的失水作用，又可以反射强烈的阳光以减少叶子蒸腾，而且松叶上的气孔是深深陷入表皮层内的，使强光不能直接射到它，这样既能呼吸，又不浪费水分，就不怕干旱的威胁了。

人们常说，黄山"无峰不石，无石不松，无松不奇"。生长在海拔 800 米以上的悬崖峭壁上的黄山松，系 1936 年我国植物学家正式为它取的名字。迎客松和蒲团松、凤凰松、卧龙松、麒麟松、探海松、连理松、龙爪松、接引松、黑虎松为黄山世称十大名松，个个苍劲有力，姿态傲然。其他如"梦笔生花"的"花"，"喜鹊登梅"的"梅"，都是独自成景的名松。

3. 名花贵木话黄山

黄山是珍贵的绿色植物资源宝库。这里有野生高等植物 1450 多种，国家级重点保护植物有 37 种，其中属于国家一级保护 5 种，二级保护 16 种，三级保护 16 种，共 37 种。黄山松、金钱松、鹅掌楸等是珍贵的观赏树木，天女花、黄山杜鹃、黄山木兰、蝴蝶花，灯笼花及团团簇簇的绣球花则是有名的奇花异卉。

在黄山，还盛产多种药材如黄连、白术、党参等，还有纤维类、烤胶类、淀粉类、油脂类等野生植物。

（1）天女花

天女花又名天女木兰，俗称山牡丹，木兰科落叶小乔木，高达 10 米左右。黄山北坡从松谷庵到清凉台的溪沟边和南坡 1200 ～ 1700 米的山谷坡地杂木林中，多有散生，以散花坞为最多。我国的安徽大别山、辽宁、浙江、江西及广西北部都有分布，朝鲜、日本也有分布。5—6 月间天女花盛开。一般只开一朵花，花与叶对生，花被片 9 枚，外轮 3 片略带淡粉红色，其他都是洁白色。花具长梗随风招展犹如天女散花。国家三级保护濒危种，培植天女花可采种育苗或嫁接繁殖。在城市园林栽培时，夏季需遮荫喷水，加强管理。

（2）黄山木兰

3、4 月的黄山，在那苍翠的万松丛中，黄山木兰树树银花，特别引人注目。

黄山木兰是一种小乔木，树高 10 米，先花后叶，花白形大。每朵花开 9 片花瓣，花瓣肉质光润，近茎部呈紫红色。在它盛开的时候，花色如玉，芳香四溢，沁人心脾。

黄山木兰我国特有种，因首次在黄山发现而得名，1984 年被列为国家三级保护濒危种。木兰科出现于距今 1 亿年前，是木本植物之父。许多木本植物都渊源于它。我国长江以南是当今世界上木兰科最主要的产地。黄山海拔 600 ～ 1700 米向阳山坡、沟谷两侧林中均有分布。

（3）黄山杜鹃

黄山杜鹃又称安徽杜鹃，是著名的观赏花木。安徽省级重点保护植物。黄山西海的杜鹃坞以及北海的散花坞，生长有较多的黄山杜鹃。它常与天女花、鱼鳞黄柳、六道木、灯笼树等树种混生，春末夏初，杜鹃盛开，满坞鲜花似锦，和奇峰、怪石、苍松、云雾交织成一派秀丽的山景。

黄山杜鹃为常绿灌木或小乔木，高可达6米。小枝光滑无毛，黄褐色，叶互生，常密集簇生枝端，厚革质，矩圆状椭圆形，两面无毛，表面有光泽，花数朵集中于枝顶，成伞房状总状花序，花冠钟形，白色、粉红至淡紫色，具香味，花期4—5月。

黄山杜鹃树干虬曲苍劲，枝干苍翠光亮，花色绚丽多彩，被誉为"花中西施"。在黄山海拔1200米以上均有分布，是黄山松的主要伴生树种。1985年定为安徽省省花。2006年定为黄山市市花。

（4）香果树

香果树又名水萝卜，为我国特有单种属植物，第四纪冰川孑遗树种，被国家列为二级稀有种。在黄山海拔500～1300米山谷坡地阔叶林内，常见散生分布。其中北坡"仙人铺路"处天然聚集有一片香果树群落。在江苏、浙江、安徽、江西、陕西以及西南地区也有分布。

香果树喜凉爽湿润气候，多繁衍于肥沃的酸性山地黄壤和山地黄棕壤上，是一种连生的落叶大乔木，高可达30米。单叶对生，纸质，宽椭圆形至宽卵形，先端钝圆，基部楔形。冬芽及叶柄紫红色。树干笔直，枝叶繁花，7—8月间，枝顶繁花鲜艳可爱，花萼大于花冠数倍，通常数片环绕花序伸展，包围着大型的圆锥花序。白萼瓣瓣，白里透黄，圆锥花序巧妙地构成巨大的花簇，点缀于红柄绿叶丛中，宛如一颗颗灿烂的明珠，令人赞慕不已。

香果树材质优良，可供建筑、家具、细木工等用，树皮含单宁，可提烤胶。它又是珍贵的观赏树种，可大量采种育苗，选为园景树、庭荫树，或进行山地造林。

（5）黄山的异萝松

在黄山云谷寺附近有两株古树，一是华东黄杉，一是南方铁杉，二者均为常绿针叶乔木。每棵树上长两种枝干和两样叶子，既有针叶又有阔叶，故名异萝松，十分奇特。

华东黄杉位于云谷寺古庙遗址左侧，树龄500年左右，树干圆满通直。树高18.4米，胸围2.66米，大枝粗壮横展，枝繁叶茂，冠如巨伞。树姿优美，材质坚硬，既是优良的建筑用材，又可选为高山造林树种，名山风景区也可用以营造风景林。

华东黄杉的枝干上生长着另一种寄生植物——华东松寄生，一体两物，珠联璧合，乍看似一株树上长出两种不同的枝叶和花果，与同样有寄生植物现象的云谷寺南方铁杉被统称为"异萝松"。

南方铁杉屹立于云谷寺古庙遗址的前方，树龄有 800 年左右，树高 25 米，胸围 2.1 米。干坚如铁，冠如巨伞，枝繁叶茂，雄伟壮观。与云谷寺古庙遗址左侧华东黄杉遥遥相望。在天都峰、莲花沟、天海等处也可见南方铁杉的身影，为珍贵用材及观赏树种。

华东黄杉和南方铁杉都是我国特有的第三纪孑遗树种，同被我国列为国家重点保护树种。

（6）鹅掌楸

鹅掌楸又名马褂木，其叶片形如马褂状，又酷似鹅掌，故名。属兰科鹅掌楸属落叶大乔木。树干高大雄伟，高可达 40 米，胸径达 1 米。树冠塔形，枝繁叶茂。花单生枝顶，黄绿色。花冠杯状，花被片 9 枚，外轮 3 枚萼片状向外反卷，直径 5～8 厘米，十分美观。聚合果纺锤形，别具特色。与北美鹅掌楸同是第四纪冰川后地球上仅存在的一对亲缘孑遗树种。因其花在半开或合拢时，似世界名花郁金香，而被称为"中国郁金香树"，为世界著名的庭园观赏树。

鹅掌楸在黄山浮溪海拔 1300 米的落叶阔叶林内有数人合抱的巨树；黄山云谷寺附近有小片鹅掌楸混交林，与小叶青冈、木蜡树及黄山松等树种混生。它喜湿暖湿润气候，适生于肥厚湿润的酸性土壤，生长十分迅速。它是我国特有树种，国家二级保护植物。

（7）黄山的高山柏之谜

黄山北海狮子林饭店院内和房后，各生长有一株枝叶匐地蜿蜒的高山柏，树龄均已逾千年，至今依然枝繁叶茂，生机勃勃，可谓是黄山胜景中的一又奇葩。

这两株古柏，一株生长于房后护坡之上，树高 3 米，干基围 140 米。虬枝绕干，枝条上扬下挂，疏影飘逸，故又名"凤凰柏"。另一株生于院内护磅之上，树高 208 米，干基围 110 厘米。数条枝干匍匐横展，盘亘曲折，宛若虬龙蟠旋，又密叶丛集，似寺院拜佛用的蒲团，故又称"蒲团柏"。两株古柏上下对峙，遥相呼应，相映成趣。

高山柏又名大番桧、岩刺柏，属柏科圆柏属植物。叶刺形，三叶交叉又轮生。喜凉爽湿润气候，耐瘠薄，适宜酸性土壤。是我国西南高山分布的特有树种。但在黄山海拔 1100～1750 米的沟谷、山坡、悬崖上都有自然分布。而北海的这两株古柏寿逾千年，如此跳跃式地分布，是大自然的神功，还是寺院僧人从外地引种于此？至今还是一个谜。

（8）黄山花楸

黄山花楸为蔷薇科花楸属落叶小乔木或灌木。安徽黄山、大别山区为其中心产地，分布于海拔 1000～1800 米的山峦、岩缝及沟谷天然林中。浙江、湖北也有分布。因其模式标本采自黄山而命名。

黄山花楸树姿优美，长圆形的奇数羽状复叶，迎风婆娑，恰似飞燕轻舞。初夏时节，开出簇状白花，犹如绣球悬挂于枝头。秋实累累，簇拥枝头，赤如珊瑚，红艳似火，别具风采。是黄山重要的观赏花木之一。

黄山花楸被国家列为三级保护濒危植物，黄山北海附近有一株特大的黄山花楸。歙县清凉峰自然保护区海拔 1460 米处的一株黄山花楸，树高 12 米，胸围 2.4 米，树龄已逾 300 年，仍生机盎然，绚丽可爱。

4. 徽州雪梨

"忽如一夜春风来，千树万树梨花开。"这描写塞外雪景的佳句，用借喻的手法，歌咏了梨花的洁白晶莹，成为千古传诵的佳作。诚然，如果在清明时节漫步梨园，你会看到那千树万树的梨花，像云锦似的漫天铺去，如雪似玉，流光溢彩，不禁令人感到无比地清新舒畅。

清明过后，如果你来到盛产雪梨的歙县梨乡，一定会为这儿特有的景色惊讶不已。你看，平地也好，山坡也好，崖顶也好，到处是一片淡褐色的海洋。原来是那一棵棵透出嫩叶的梨树上，挂满了用柿漆水渍过的毛边纸袋。那淡褐色的纸袋，用棕叶丝绑扎在树枝上，远远望去，萃成束，滚成团，一簇簇，一层层，掩映在一片嫩绿之中，煞是好看。这纸袋一不透水，二不透光，当果实如纽扣般大小时，辛勤的梨农就精心地把它们用纸袋包裹起来，历时四五个月，直到梨子成熟采摘，梨袋才和雪梨一起下树。包梨袋有梨之美名，即由此而得。正如《歙县志》所载："按梨称雪，状其色也。吾邑梨初结实时，用柿漆纸就树上裹之，故色白，不裹则青而皮粗。"

雪梨丰收

据记载，徽州雪梨的栽培始于宋朝，大面积广为种植也有了300多年的历史。《歙县志》称，雪梨"旧产文公舍（按：即今王村东南），今北乡丰源一带及东乡汪岔皆产之"。后来的主要产区是上丰公社和县园艺场，新中国成立初期全县年产量曾达到三百多万斤。"歙县雪梨为上品，色白气香"，一向以果形美观、皮薄汁多、香甜清脆而遐迩闻名，不但畅销浙江、江西等省，而且远销东南亚，1965、1966年两年的出口量达到43万多斤。

雪梨共有30个品种，其中著名的有金花早、细皮、木瓜梨、涩梨等4个品种。此外还有麻合、六月早、银梨、麝香梨、白梨姑、大叶酸、小叶酸、白酸、黄皮等。品质最好的金花早与细皮，是雪梨中之"正色"，其余的统称杂色梨。名为金花早的梨味最甜，果呈扁圆形，果柄四周密布金色斑点，称为金花盖顶；又因它成熟早，"小暑"前后即可采摘，因而得名。名为细皮的，皮薄、汁多、肉细，可以久贮远运，成熟期在"处暑"前后。至于涩梨，吃味虽不及金花早和细皮，但颇有药用价值，取去梨核，放入冰糖，炖熟食用，能治疗呼吸道疾病。用它制成梨汁、梨膏，有去热清痰、止咳润肺等疗效。

说起涩梨的药用价值，还流传着一个有趣的民间传说！清代初期，苏州城里有个神医，名叫叶天士，他只要看了病人的气色，一按脉，不需病人说出病情，就开药方，总是一剂见效，两剂起色，三剂病除。可是这一天来了一个名叫何大的病人，却难住了叶天士。何大是歙县人，在苏州一家茶行当伙计，他面黄肌瘦，气喘难熬。叶天士见他已病入膏肓，摇摇头说："鄙人医术浅陋，望你另请高明。"何大无可奈何，只得回到家乡，凄凄惨惨，准备后事。但母亲告诉他说，本县有一位叫程敬通的名医，就雇人用竹床抬着儿子去求治。程敬通一看就知道何大害的是肺病，便为他开了药方，又对他和蔼地说："我们这里盛产雪梨，你回去后买几担涩梨贮在阴凉处，以梨为食，并服此药，药尽梨完，病也自然好了。"何大回到家里，便遵照程敬通的医嘱调治，果然不到半年，就恢复了健康。当他又回到苏州当茶行伙计时，叶天士见了大吃一惊，待问清了原委，这位闻名苏州的神医，竟然摘下招牌，隐姓埋名，来到歙县程敬通的药铺里，当了一名药倌，决心从程敬通学医，因而传为谦虚好学的佳话。《歙县志》在介绍雪梨时称："其涩者，治肺疾有效。"这正好成了这个美好的民间传说的佐证。

人们品尝着香甜而又滋补的雪梨，不禁想起这一个个汁甜味美的鲜果，全是那一朵朵毫无炫耀之意的小花，在春天接受了花粉，而在秋后奉献给世人的果实。梨花也好，雪梨也好，它们是多么朴实无华，多么真诚实在！而这，不正是值得人们称赞的一种美德吗?

5. 金丝琥珀蜜枣

每年8月下旬，在歙县里方、霞坑、杞梓里、苏村、三阳、高山、金竹、英坑、武阳和中村等地，满山遍野的枣树，枝繁叶茂，枣子累累。待到处暑以后，人们就开始从树上分批采摘青枣，并精心地进行加工，制作金丝琥珀蜜枣了。

金丝琥珀蜜枣是枣家族中备受人们称赞的一员。你瞧，它色泽金黄，光艳透明，核小肉厚，糖分充足，脆酥香甜，缕纹如丝，色似琥珀，所以它获得了金丝琥珀蜜枣的美称。

摘青枣

金丝琥珀蜜枣有悠久的历史。据民间传说，早在三百多年以前，歙县白杨小阜坑有一名聪明贤慧的妇女，将其自产的鲜枣煮熟焙干，寄给在苏州经商的丈夫食用。丈夫觉得"枣子虽好，可惜不甜"。第二年，她在煮枣时放了一些蜜糖，焙干后再寄给丈夫。丈夫尝后，告诉他妻子："今年寄去的枣子比去年的甜，但只甜在外面。"第三年，她就把采下的枣子，先用小刀切了许多缝隙，再用糖煮，然后焙干。经过这样加工的枣子又香又甜，味美可口，丈夫吃了十分满意。这种加蜜糖、煮熟、焙干的枣子，既香甜鲜美，又便于长期保存，所以，后来就取名为蜜枣。于是，这种制作方法，很快传开。明末清初，传入宣城市白马山等地，发展成宣城蜜枣。后来又传到苏州、杭州一带。苏、杭等地所产的蜜枣，一部分青枣由歙县供应，制枣师傅亦从歙县聘请。

大约一百年以前，歙县的里方村有300多户人家，其中就有200多户栽培枣树。那时，这个村子每年产青枣20多万斤，有4家枣行，一般农户年产青枣十几担到二十担，所产青枣用肩挑或用马驮运到深渡枣厂加工成蜜枣。新中国成立前，武阳、深渡、三阳等地有枣厂40多家。新中国成立后，由供销社统一收购青枣，加工成蜜枣，再交外贸部门出口。

在歙县产枣区，不论山丘、平原、河滩，枣树到处可以"安家落户"，而且当年结果，旱涝得收，所以有"桃三杏四梨五年，枣树当年就还钱"的说法，无怪两千多年前《战国策》就记载"枣栗之实，足食于民"了。歙县枣树杆粗枝多，一般高3～5米，最高不过10米，木质坚硬，纹理细密，是制造农具、家具、雕刻的优良用材。其树皮和根皮还可以提取单宁作为化工原料。每年4月底至6月底陆续开花，共开4次，边开花、边结果，花淡黄色。枣花怒放时，清香扑鼻，沁人肺腑。枣花含有大量的花蜜，在枣林旁养蜂，获取的枣花蜂蜜质优香美，是蜂蜜中的上品。

枣的另外一项重大的用途是药用。我国最早的医书《素问》中记载了枣的功能："枣为脾之果，脾病宜食之。"脾，是指中焦脾胃而言，主消化食物，运输津液。《神农本草经》更详细地记述道："安中，养脾气，平胃气，通九窍，助十二经，补少气，少津液，身中不足，大惊四肢重，和百药。"金元时期名医李东垣总结了枣衣临床上的功效曰："和阴阳，调营卫，生津液。"这些都是说枣有营养价值和健脾胃的功效。现在，枣仍然是中医处方里常用的药物。英国有个医药学家在163个虚弱患者中做过试验，凡是连续吃枣子的病人，其健康的恢复速度比单纯吃维生素药剂的快 3 倍以上。因此，他下了一个结论说枣是"活维生素丸"。

用于制作金丝琥珀蜜枣的青枣，必须枣身发白，无虫蛀，无红头。在歙县的马枣、团枣、秤砣枣、蜜蜂汁、针头汁等五个品种中，马枣果径平均为 5～6 厘米，皮薄肉厚，组织疏松，吸糖率达 55%～65%，为加工蜜枣的最好品种，占加工青枣的 80% 以上。由青枣制成蜜枣，必须经过拣选、发切、收切、锅煮、生焙、捏工、老焙、分级等 8 道工序。其中以切枣工艺最为高超，人们根据每个枣子的大小，切 40～100 刀。一个熟练的切枣工每分钟能切十多个枣子，而且刀距均匀，深度适中，使枣子易于煮熟，多吸收糖分。

蜜枣含糖 70% 左右，并含有蛋白质、脂肪、碳水化合物、钙、磷、铁和多种维生素，尤以维生素 C 含量最高，每克枣内含 200～500 毫克，而维生素 D 的含量也是果中之冠，滋补佳品。其中英坑公社舍竹大队所产的蜜枣，皮薄，肉厚、核小、酥松、美观，质量最好。

金丝琥珀蜜枣在国内外市场享有很高声誉。从 1957 年起，外销到美国、日本、加拿大、印度尼西亚、菲律宾、泰国、印度等四十多个国家和地区，受到普遍欢迎。

四、黄山市散记

（二）珍禽异兽话黄山

黄山，峰峦叠嶂，森林茂密，水草丰美，为各种飞禽走兽提供了优越的生活环境，所以绵亘五百余里黄山中珍禽异兽特别多。据统计，全山分布有鸟类 170 种、鱼类 24 种、两栖类 20 种、爬行类 38 种、禽类 48 种等，野生动物资源共计 550 种，其中属于国家一、二类保护动物的有两栖类 1 种、鸟类 12 种、兽类 15 种。

1. 红嘴相思鸟

红嘴相思鸟又叫红嘴玉、红嘴画眉，体态玲珑，羽色鲜艳，鸣声悦耳，安徽省一级保护动物，喜在灌丛中栖息、穿飞，在树丛下层觅食植物果实、种子及白蚁等昆虫。食后喜集群在树顶鸣叫，群体多栖一枝，各个相偎相依。天暖时迁到高山繁殖，在黄山海拔 800～1500 米的丛中可以看见，或听到叫声。秋冬时节逐渐结群聚集，由老年雄鸟带领，白天放飞，夜晚栖息，沿着灌木丛生的山沟，向低山丘陵转移，迁徙期仍保持一夫一妻忠贞于爱情，是世界公认的"十大爱情鸟"之一，被人们看作坚贞纯洁吉祥如意的象征。

2. 白鹇

白鹇又叫银雉，俗名白山鸡，国家二级保护动物。雄鸟自古就是著名的观赏鸟，在黄山及其附近的山中均能看到。雄鸟头上的长冠以及下蓝黑色而有光泽；上体和两翼白色，并布满"V"状的黑纹；尾长，中央尾羽纯白；头的裸出部分和足均红色。雌鸟上体、两翼和尾的表面棕褐色，羽冠黑褐色；下体灰褐带灰白色斑纹，常栖息于阔叶林的山地，从山下直到 1500 米高处，都有它们美丽的身影。雌雄在树上分枝栖息，白天隐匿，晨昏活动。主食植物的嫩叶，浆果、种子及各种昆虫。奔跑迅速，夏季常到溪边洗澡，秋冬季节喜群栖。一雄配多雌。屯溪园林处驯养有白鹇，供游人观赏。

3. 白颈长尾雉

白颈长尾雉为我国特产鸟类。雄鸟头部橄榄褐色,嘴黄褐色。后颈和侧颈灰白色,所以得名白颈长尾雉。它的体羽基本上以栗褐色为主,间以白色斑点,尾羽 16 枚,尾长约 400 毫米,呈橄榄灰色,有宽的栗色横斑。两翼栗色,腹部白色,脚暗灰色。雌鸟体羽棕褐色,上体杂以黑色斑纹,背部有白色矢状斑。栖息于崎岖山地及山谷间丛林中,也见于茂密竹丛和山间农田。性怯懦,不太鸣叫,平时多小群活动,能奔走,善飞翔。主食苹果、浆果、嫩叶,也食谷物、昆虫,为我国一级保护鸟类。

4. 八音鸟

八音鸟即棕噪鹛,又名山乐鸟,郭沫若对此鸟曾写诗赞道:“时闻八音鸟,林间音乐师。鸣声谐琴瑟,伉俪世间稀。”这种鸟体棕色,眼周蓝色裸露皮肤明显,头、胸、背、两翼和尾均为橄榄栗褐色,顶冠略具黑色鳞状斑纹,腹部及初级飞羽羽缘灰色,臀白,栖息于山区阔叶林下植被及竹林层;杂食,以昆虫为主。这种鸟小巧玲珑,活泼可爱,音调尖柔多变,音色清脆悦耳,旋律婉转优美,每天黎明前三四点钟开始鸣叫,声音细长,一声能发出八个音节,故名八音鸟。林中许多小鸟都拜它为师,唱和山林之中,成为“林间音乐师”。游人在后山狮子林一带常可遇见它们,每每闻其纵情放歌,好似弹琴奏乐,丝竹齐鸣,悦耳动听。春末夏初,每逢清晨,当游人在黄山宾馆或后山的北海宾馆酣梦初醒,恰好听到这种“林间音乐师”的演奏,真是美妙异常,美不可言。

5. “痴情”的鸳鸯

鸳鸯是一种小型游禽,国家二级保护动物。雄鸟(鸳)体长约 43 厘米,头部和身上五颜六色,既鲜艳,又和谐。特别是两片橙黄色略有黑边的翅膀帆羽,向上弯成扇形,在上百种的游禽中是绝无仅有的。因此素以“世界上最美的水禽”著称。而雄鸟旁边的雌鸟(鸯)却太不相配了。其背部苍褐,腹部洁白,令人感到好比是一位朴素的村姑娘跟在一个花花公子后面。它们栖息于山地河谷、水田、溪流等处。营巢于树洞或河岩岸穴，活动于多林木的溪流中。主食稻、麦、橡树果等，也食昆虫。"止则相耦，飞则成双"。它们性情温知，又有雌雄同栖，偶居不离的生活习性，所以人们往往用它来形容爱情的深厚，也是千百年来中国文艺作品中坚贞不移的纯洁爱情的化身，备受赞赏。在黄山容溪和大小洋湖中常年有鸳鸯留居。

6. 画眉

画眉是我国著名的笼鸟之一。鸣声嘹亮、悦耳动听，并能仿效很多种鸟类的鸣声，深受人们喜爱。它的上体为橄榄褐色，头和背部的羽毛带有深褐色的轴纹，下体淡棕色，有非常显眼的白色眼圈和眉纹，"画眉"的名称即由此而来。画眉广泛留居于黄山的山林地区，喜在灌丛中穿飞和栖息，常在林下草丛中觅食，不善做远距离飞翔。雄鸟在繁殖期极善鸣啭，声音十分洪亮，古人称其叫声为"如意如意"。画眉为珍贵笼鸟，也是自然界内保护农林的益鸟，为安徽省二级保护动物。

7. 短尾猴

在黄山的走兽中，短尾猴尤为出类拔萃。它是国家二级保护动物。体形比猕猴大而粗壮，体长60～70厘米，但尾短，只有5～9厘米，故名"短尾猴"。成年猴毛呈黑褐色，毛长可达12厘米。有颊囊，可贮存食物。颊须长，好像络腮胡子。《黄山志》所记的"仸猿"即指短尾猴。栖于阔叶林和常绿落叶混交林中，出没于溪流和峭壁的中高山丛林中；冬季向低山丘陵迁徙。从黄山的沟岩至天都峰顶均能见其踪影。每群有20～40只或50～70只不等。以山毛榉科树叶为主食，也取食其他植物的树叶、野果等，有时捕食蟹、蛙等小动物。和黄山的猕猴、金丝猴一样，每群由猴王统帅、保护，各把持几个山头，在猴王指挥下循环觅食。猴群十分机警。如遇有敌来侵，猴王就率先发出声警告，来侵者逼近，猴王便率领猴群，以惊人的速度，穿树林上层，纷纷逃窜，无影无踪。

8. 大灵猫

大灵猫是一种中型哺乳动物。它似猫，但比猫大，体长83厘米，体重5～11千克。头略尖，额部较宽，耳朵较小。体毛灰棕色，沿脊背有一条黑色鬣毛，颈侧有3条黑色月形横纹。尾巴较长，长达40～51厘米，有4～6条黑白相间的色环，人们叫它九节狸。也有人叫它麝香猫，因为它的会阴部有分泌腺，分泌出一种乳白色黏液，这就是灵猫香，为珍贵的高级香料。

大灵猫栖息于灌木丛或草丛间。在地面活动以树洞或土穴为居所，独栖，昼伏夜出。行动敏捷，性凶猛，遇敌时，大量分泌具有特殊恶臭的分泌物以御敌。主食鼠类等小型哺乳动物及大型昆虫，也吃植物果实。

大灵猫的毛皮，特别是冬皮，毛密，绒软丰厚，保温，防湿性强，拔出针毛就是良好的裘皮，可做皮衣、褥垫。针毛、尾巴可制刷子或毛笔，原条尾巴可作戏剧道具。灵猫香主要用于香料工业上，如香水，香精的产生，其次在医药上也很有价值，为国家二级保护动物。

9. 穿山甲

穿山甲是一种奇特的小兽。体长40～50厘米，尾长30厘米，体重2～4千克。身上长满坚硬的棕褐色的复瓦状角质鳞片，如同古代全身披挂胄甲的武士。

穿山甲多栖息于山麓或平野有杂树林的潮湿地带。它头小，尾长，是一种穴居哺乳类动物。多单独活动。昼伏夜出。小穿山甲常"骑"在母亲背上，随母亲外出觅食，遇到危险，便把身体卷成一团，头裹在腹部下面。它善于挖洞，挖时用前爪迅速掘土，土挖松后便钻入土中，把身上的鳞片竖立起来，抵住松土，然后倒退出来，拉出大量泥土，可挖出洞深2～6米。这就是人们叫它穿山甲的原因。

穿山甲主要的食物是侵蚀建筑物的白蚁，也吃其他蚁类和小虫。觅食时，先用爪抓破蚁巢，然后用带黏性的长舌插入蚁穴舔食白蚁，是一种益兽，为国家二级保护动物。

10. 神奇的"天马"

黄山素有"天马"之说。如《黄山志》中就有记载:"天马,常飞腾天
都莲花诸峰。"据考证:"天马属牛科动物,学名鬣羚。"

鬣羚栖息于高山岩崖或森林峭壁区域。体长 140～180 厘米,尾长
8～16 厘米,体重 50～140 千克。颈背至脊背有纵行灰白色鬣
毛,雌雄都有小型角,角尖光滑。性情孤僻,暴躁、胆怯、机警。多单独活动。由于它能
在乱石陡坡壁上奔跃如飞,加上山上云雾缭绕,便增添了脚踏祥云,飞越深
渊的神秘色彩了。

鬣羚晨昏活跃,行动敏捷,能够稳立或跳跃在陡岩上,受惊时迅速奔
跑,攀登到悬崖峭壁上躲避敌害,逃脱后便不会再返回,在被逼无路可逃
时,会直立以前蹄敲击岩石,发出"嘎嘎"的脆响,借以威吓敌害。因为鬣
羚的头似羊,蹄似牛,耳如驴,颈背又像马,当地群众称之为"四不像"。

鬣羚全身是宝。角可清热解毒、平肝息风,骨能祛风、止痛,皮可制
革,肉味鲜美,又有观赏展览价值,为国家一级保护动物。

11. 麂

黄山境内多麂。麂瘦小,轻灵,无角或角不发达,但雄性獠牙发达。其
中以黑麂、黄麂和河麂比较珍稀。

黑麂为国家一级保护动物,我国特产动物。麂属中体型较大的种类,体
长 98～113 厘米,体重 12～29 千克,体毛以黑褐色为主,头部棕色,额部
有长的黄棕色簇毛,背面黑色,腹面白色。角较小,仅一个分叉。栖息山地
丛林中,多在晨昏活动。游走觅食,主食植物嫩枝叶、花果或草本植物。

黄麂为安徽省二级保护动物,体型较小,角小,仅一个分叉,全身栗
色,栖息于山丘林缘或灌丛中。

河麂的俗名叫獐子,为国家三级保护动物。《本草纲目》说:"獐秋冬居
山,春夏居泽,浅草中多有之。似鹿而小,无角,黄黑色,大者不过二三十
斤。雄有牙出口外,其皮细软胜于鹿皮。"

12."神狗"的传说

不少书刊中都提到黄山有斑狗。斑狗学名豺,又名豺狗、豺狼,在黄山古名"绿衣",又叫红狼。有人则称他为"神狗"。相传它最爱吃猴子。成群结队的猴子遇见它,一个个惊恐万状,伏倒地上,乖乖地让它上前选择最肥的猴头。

"神狗"栖息于山林中,多在晨昏活动,白天也常出现。大小似犬而小于狼,体长 88 ～ 113 厘米,尾长 40 ～ 50 厘米。体重,雄性 15 ～ 21 千克,雌性 10 ～ 17 千克,背毛深棕褐色。至红棕色。尾长而蓬松,尾尖毛黑褐色。喜群居生活,5 ～ 12 头组群,集体性极强,结群捕食麂、鹿、麝、鬣羚、野猪等大中型有蹄类动物。无论猎食或战斗都以多取胜,正像狼一样,但它比狼更勇猛、胆大,在奇袭穷追、互相呼应和"配合作战"上,均比狼高出一筹。令人奇怪的是,它从不攻击人,并且经常暗中保护人,不让野兽侵害。据说过去在松谷庵和云谷寺的密林中时有斑狗发现。现在,国际组织已将斑狗定为二级濒危动物。

（三）黄山形成的奥秘

黄山风景如画，它以"震旦国中第一奇山"著称于世。现在的风景游览区，面积约 154 平方千米。全山是安徽南部低山丘陵的中枢，横跨歙县、太平、休宁、黟县，山脉沿东北—西南方向伸展，成为长江水系和钱塘江水系的分水岭。山势大抵以平天矼为界：矼南为前山，矼北为后山。"前山雄伟"，南侧以陡峭的斜坡直插逍遥谷底。"后山秀丽"，北侧悬崖千丈，直落太平低丘盆地，益显其巍峨峭拔。无数的游客在赞美它，多么想知道它的来历啊！

今日黄山，由那"麻石头"——花岗岩构成的高峰已拔出海平面 1800 多米，高于当地最低地面（黄山宾馆）1200 米了，人们在想：黄山花岗岩是在地壳深处形成的火成岩，为什么会跑到地面上来呢？

1.从黄山地质演变的历史谈起

地球自形成以来，风云变幻，几经沧桑，处于永恒的运动和变化之中。地球上气候变化、造山运动、冰川运动、火山爆发、海水入侵等，真是沧海桑田，变化万端。要揭开黄山形成的奥秘，就必须讲一讲黄山花岗岩形成之后的地质演变的历史。

大约在距今两三亿年前，即地质科学上叫作"古生代"的时候，黄山这里是一片汪洋，白浪滔天。到了一亿四千三百万年前，时间老人的脚步已踏入中生代侏罗纪了。这时，黄山覆盖着一层厚厚的主要由沉积岩和变质岩组成的地壳，由于经过多次地壳运动，地层发生褶皱和断裂，岩浆沿着褶皱和断裂所形成的空隙侵入上升，生成花岗岩体，在地壳的数千米处形成了黄山的胚胎。开始，这里地面还比较平坦，只出现一些馒头状的丘陵。那时，地球上还没有人，只有恐龙、始祖鸟等在森林里、草原上活动。

后来，我国大陆上发生了猛烈的地壳运动。由于地层断裂作用，黄山所在的地面被地下岩浆强烈拱起，不少地方裂口，喷出大量花岗岩岩浆，冷却后成了黄山前山的基础。一亿年之后，花岗岩浆又拱出了地面，奠定了黄山后山的基础。

又经过若干万年的风吹、雨淋、冰冻、太阳晒、流水冲刷，把原来覆盖在花岗岩上面的那部分岩石沙土不断剥蚀掉，因而使黄山花岗岩逐渐接近地表。再经过若干万年的上升剥蚀作用之后，黄山花岗岩体终于像竹笋冒尖一样，露出地面，成为幼年的黄山。

以后又经过漫长的岁月，到了距今七百万年到六千五百万年，地球进入了地质科学上叫作"第三纪"时代。我国大陆上发生了"喜马拉雅造山运动"。西藏南部原是大海海底就在这时候逐渐上升，形成了世界屋脊——喜马拉雅山。而华东地区的黄山也趋势上升，覆盖在花岗石上面的顶盖渐渐剥蚀殆尽。也在这时，由于日晒雨淋、水流侵蚀和重力作用等自然力，一齐开始对雄伟、直立的柱状花岗岩体，进行"雕刻""装饰"。山沟沿着花岗岩体内的裂缝发育，并且迅速下切，使黄山峰峦峻峭，悬崖陡壁下临深溪峡谷。这样便逐渐演变成现今看到的 72 峰和无数的深谷山沟，以及无数形态各异的怪石。但是山体内部却有平缓顶面，发育成浅缓的凹地，如平天矼、狮子林等。今日黄山就是这样形成的。

2. 黄山有第四纪冰川活动的铁证

地质学家告诉我们：距今两三百万年前，地球进入了地质科学上叫作"第四纪"时代。第四纪来临，地球上气温大幅度下降，变得非常寒冷。在我国，许多地方出现了"千里冰封，万里雪飘"的景象，出现了四次冰期，每次冰期短则几万年，长则几十万年。黄山在当时也受到了冰期的影响，出现了冰川。山顶上积雪终年不化，呈现出一片悬崖百丈冰的景色，与今日之珠穆朗玛峰、天山的情况很相像。山顶的低洼处积雪愈积愈厚，愈压愈实，逐渐挤压成淡蓝透明的大冰块。由于山洼地势倾斜，冰体在重力和压力作用下，带有一定的柔性，沿着山坡缓慢地下滑，形成运动的冰流，像一条长长的舌头，这就是冰川，或叫冰河。

可是，在一个长时期内，关于我国华东地区是否存在第四纪冰川活动问题，国际地质界的某些学术权威是持否定态度的。德国的探险家李希霍芬、美国的巴博尔教授、法国的德日进牧师、瑞典的专家那林、安迪生顾问等，大都在 19—20 世纪之初到中国进行过"调查"，并以所谓对亚洲与中国地质素有研究而闻名于世。但中国的第四纪冰川的遗迹，他们却一概没有找到过。更有甚者，在美国被誉为亚洲地理专家的葛德士，1944年在其《亚洲之地与人》一书中断然宣称："第四纪中国无冰川发生，因南方太暖，而北方又嫌过干之故。"

事实果真如此吗？否！我国卓越的地质学家李四光，曾来黄山进行实地踏勘和科学考察。1936年，在慈光寺以上的立马桥附近"U"形谷东壁下部，他发现了确凿无疑的冰蚀面和冰川擦痕遗迹（海拔960米）。几条大致平行的擦痕大而深，长度不等，向着冰川槽谷的下方微微倾斜，它指出了当时冰川运动的方向。李四光在论文中，把这些擦痕称为：冰川现象之确据，为论证我国华东确有第四纪冰川提供了无可辩驳的物证，曾轰动了国际地质界。此外，在其下游谷地中，还有许多风化不深的巨大花岗岩漂砾。在黄山南坡，上起汤岭关，向东南延伸，经黄山宾馆前，下至汤口的逍遥溪"U"形谷地及其两侧，都保留有零星的冰碛。在调查研究的基础上，李四光同志发表了《安徽黄山更新世冰川现象之确据》等论文，证实了华东地区确有冰川活动，为中国地质学揭开了光辉的一页。

这里还须指出，过去那些欧美权威们坚持第四纪中国无冰川之说，无非是要证明其"中国文化西来说"的观点。因为第四纪冰川的发生，是与早期人类活动的发展密切相关的，这就涉及亚洲大陆究竟是不是早期人类的起源地问题。而李四光同志能以自己获得的大量实据，圆满地解决关于中国华东地区是否存在第四纪冰川活动问题，不仅揭开了研究中国第四纪地质新的一页，并对探索中国晚近时代的气候演变、生物变迁以及人类发展史等方面，都有极其重要的意义。

3. 冰川使黄山面貌改观

经过第四纪长期寒冷气候的影响，黄山山体受到较大的侵蚀，地形发生了很大变化。就像冰水能冻裂水缸一样，冰水渗进了黄山花岗岩缝隙，经过千万年的寒冻风化，有的岩石就被胀裂，有的岩石就倒下了，于是"丹岩夹石柱""片石挂乾坤"，组成了各种造型，如"十八罗汉朝南海""仙人踩高跷""童子拜观音""丞相观棋""醉仙"和"五老上天都"等。游客从山下到山顶，从东海到西海，能见到无数峰峦怪石，真是嵯峨林立，琳琅满目。那些新鲜而形象的名字，常使人引起丰富的联想；有的怪石太奇特了，还使人想寻根究底，要问它一个"为什么"。

冰川是庞大的运动体，它从山顶向下的速度相当缓慢的滑行中，像一把锉刀，日夜不停地磨损着山峦谷壁，因而后来大地转暖，冰川消融，黄山重新露面时，就呈现出怪石林立、岩壁峥嵘的奇特地貌。立马峰经冰川削刮已薄如刀刃，从侧面看去，像鱼背一样，在地质上称为鱼脊峰。立马峰两边的山谷，原来是泉水谷，剖面呈英文字母"V"形，经冰川铲刮变成了"U"形。由于冰川消融后，山谷又经泉水长期切割，"U"形谷底下端又出现了小型"V"形深沟。

又如百丈潭，原来这里是眉毛峰山谷和逍遥溪山谷相汇合的地方。第四纪冰川活动时，一个冰囤积少，一个冰囤积多，因而使两支冰川谷各自对山谷地基铲刮的深度就不同，久而久之，两者就形成落差，使眉毛峰山谷从数十米悬崖之上直落逍遥溪主谷。冰川消融，山泉喷泻而出，就出现了壮观的飞瀑。其下有冰坎，并堆积花岗岩大漂砾。

更为有趣的是逍遥溪中的"丹井"。古代传说它是轩辕黄帝为炼仙丹开凿的，其实它是第四纪冰川推运下山的漂砾。后来，冰川消融的水流，不断地冲击着掉落在它洼面中的小石头，小石头就在洼面里产生了旋转。天长日久，就钻出了圆洞。

第四纪冰川，同时又像一架巨大的推土机，它能把山上大批岩石和泥土铲刮推送下山。黄山宾馆前面山谷中的大石块，云谷寺后山一带的泥土和砾石相混杂的土坡，都是当年冰川从山上推送下来的。慈光阁和云谷寺等就修建在这泥砾层上。

地球处于永恒的运动和变化之中，现今地球表面所呈现的各种构造现象都是过去地壳运动的产物。黄山经历了发生和发展的漫长过程，而且至今也不是一成不变的。各种自然力对黄山的雕塑改造作用，仍在不间断地进行中，所以山体剥落的现象还时有发生。今日黄山，还在继续发展变化着。

（四）黄山云海美

横跨皖南歙县、太平、休宁、黟县之间的黄山，被划为当今黄山风景区范围的有 154 平方千米，即古称方圆五百里黄山的精华部分。古往今来，黄山怀抱中的那些巍峨奇特的峰石，苍劲多姿的青松，以及那天然美妙的温泉，曾使多少游人叹为观止，流连忘返！而那被誉为黄山"三奇""四绝"之一的云海，澜翻絮涌，浩荡千里，变幻莫测，更使多少身临其境者进入了迷人的神话世界！

人们观赏黄山云海的地点，一般都处在海拔 1600 米左右的风景区。其中尤以玉屏楼观南海、清凉台观北海、白鹅岭观东海、排云亭观西海、平天矼观天海，景象最为雄奇瑰丽。出现云海的机会，以每年 11 月到翌年 5 月为多。在这期间，你选择雨方止、天乍晴的当儿，站在各个观景点眺望，但见云雾在千峰万壑间飞升着，飘拂着，旋绕着，集合着，不断地奔涌，不断地合并，不断地弥漫，迅即聚结成海，缓缓翻滚，波澜壮阔，渺极天际。那冒出银涛飞雾的山峰，犹如大海中的无数岛屿；那时隐时现于海面的巧石、奇松，犹如破浪前进的点点风帆，遨游戏涛的一只只海鲸；那远方，山岭重重，白云浩浩，云天一色，云山相映，又如美丽的海市蜃楼，益显其虚无缥渺，扑朔迷离。

"云以山为体，山以云为衣"。烟云无愧是黄山神奇的美容师。云连山，山连云，云与山的巧妙糅合，显得动中有静，静中有动，天天不同，时时不一；"瞬息万变，万万变，忽隐忽现，或浓或淡，胜似梦境之迷离"（郭沫若语）。登上莲花峰，天都峰或光明顶，如有幸遇上机会，可见茫茫的云海淹没了山间的绿树、石径、幽谷；遮住了远方的峰峦、水坝、电缆房屋。

这云海美景原来是大自然的杰作。

从科学的含义说，云和雾都是由小水滴或冰晶组成的。所以人们常用"云雾霭霭"一词去形容它们。组成云雾的物质来源是水汽，由水汽凝结而成的无数小水滴，飘浮在空中的叫云，悬浮在近地面叫雾。黄山的云雾，全年有 250 多天。从前诗人夸张庐山多云雾，有"不识庐山真面目"的绝句，其实庐山云雾日全年只有 195 天，与黄山相比要差 60 天，岂可同日而语！

"身缠丝绢半遮脸，娇娜异常惹人爱"。这是烟云万状的黄山的真实写照。有时云层越过山峰，受到盛行风的推动，便沿着山坡山谷向下倾泻而去，就像是高山上流下的瀑布一样。有时，气流沿山谷冉冉上升，升到半山腰就凝结成雾，并绕着山坡在同一高度上迷漫开来。那些奇峰就像亭亭玉立的仙女，这些飘动的雾气，就像仙女身上的裙带，在微风中飘忽，实有无穷的诗情画意。当气流在奇峰异岭间穿行时，频繁地遇到山坡的阻挡，既有抬升，也有跌落，云雾就跟着时而上腾，时而下坠。而向阳山坡的水分蒸发速度比背阳坡要快一些，水汽凝成云雾不断地补充上升，于是，会出现云雾时而团聚、时而消散的情景。此外，黄山的三大主峰海拔 1800 多米，一般山峰海拔 1000 米左右，而山麓地带只有 300 多米，相对高差近 1500 米。由于峰峦的高度不一，加上所处的方位也不一致，这样往往会产生一种小的空气环流。云雾在这种环流的牵引下，时而东进，时而西撤，时而回旋，时而舒展，诡谲奇特。

黄山云海

清晨，你登上海拔 1700 多米的清凉台，在那三面临空的危崖上向北海东岸远眺，有时可以看到更美妙的彩色云海，先是湛蓝的天空像是被谁抹了几笔白色油彩，慢慢地，鱼肚色天际由白转红，接着又逐渐变成金黄色，继而在群峰间拉开了红色的天幕。天幕上有万道红光喷射出来，越来越明亮，越来越艳丽。突然，从海空交接处绽露出一个红色光点，映红全天。在燃烧着的火球边缘火花四溅，活像一个载满钢水的炉口，直对着你，耀得你刺眼。也像一条巨龙的大口，喷着红云，吐着金雾。

红日冉冉上升，光照云海，彩霞掩映。浓雾霎时变得稀薄，蔚蓝的天空被阳光射出万道霞光，耀眼的云海赛似倾泻出来的钢水。后来，这云海竟像是沸腾了。随着时间的推移，太阳的升高，整个海面也明显地跟着上升了。这时，"霞缀屏成锦，雾弥谷如涨"，真的像大海一样无垠，像彩锦一样美妙、神奇。而这时露出海面的峰壑松石也闪烁着晶莹的五彩光芒，无比绚丽，使人仿佛坠入梦境，飘飘忽忽，又似到了古代神话传说中的蓬莱仙境，产生了一种尘寰远隔、不知人间何处的幻觉。

五

安徽气象谚语

（一）天气气候谚语 ①

1.冷暖·旱涝

春暖夏雨少

暖春头，冷春尾

春寒多雨水，夏寒井底干

春寒四十天，夏寒地开裂

春寒雨稠稠，夏寒断水流，秋寒雨凄凄，冬寒大日头

春雾当日晴

日暖夜寒，东海也干

热极（暴）生风，闪暴下雨

热生风，冷生雨

热极必雨，冷极必晴

早凉晚凉，晴动重阳

早上闷热，中午打暴

暖后东风雨，霜后东风一日晴

冷得早，暖得早；冷得足，晴得长

该热不热，五谷不结

大热三天必转阴，大热三天必转凉

夏作秋，没有收

六月不热，百谷不得

七月冷，下霜早，不到霜降就下霜

秋（冬）温度反常要下雨

秋夹伏，热得哭

前冬不结冰，后冬冻死人

冬不冷，夏不热

---

① 本节以及本章（二）至（六）节收集于 20 世纪 80 年代。

冬暖春寒夏雨多

夏占冬越多，冬占春越多；春不占冬，冬不占春

冬冷多晴，冬暖多雨

冬季干冷春季寒

冬夜天冷有霜下

旱刮东风不雨，涝刮东风不晴

旱刮西南风，有雨也稀松

久旱西风更不雨，久雨东风莫望晴

久旱青蛙叫，雨要到

天旱不望朵朵云，

久旱雾有雨，久雨有雾晴

旱天无露水，伏天无夜雨

旱天西北闪，有雨没多远

秋干反春

冬早春亦早

冬干伏旱

春旱不算旱，秋旱减（丢）一半

2. 雾·露·霜

迷雾毒（烈）日头

白雾晴，黑雾雨

白茫茫雾晴，灰沉沉雾雨

山罩雨，河罩晴

山顶雾气拉平状，有雨也不大

雾下山，地不干

上升雾主晴，下沉雾主雨

大雾不过晌，过晌听雨响

雾开天晴，雾合天阴（雨）

雾里日头，晒破石头

夜雾伴秋月，来年雷打春

云吃雾下（雨），雾吃云晴

大雾严霜兆晴天

先雾后露晴不久，先露后雾晴更长

日开雾晴，风开雾阴

一日浓雾三日晴，三日雾浓，无雨也要刮大风

三朝雾发西风，若无刮风雨不空

大雾不过三，过三十八天

十雾九晴

早雾晴，晚雾阴

早雾晴，晚雾阴，中午起雾浮云升

早雾晴，晚雾阴，晚雾不收细雨淋

早上地罩雾，尽管洗衣裤

早晨地罩雾，尽管晒稻谷

早起雾露，中午晒破葫芦

清晨浓雾，一日天晴

久晴大雾阴，久雨大雾晴

雾吹南风连夜雨

一日浓雾三日晴，三日浓雾别盼晴

春雾当日晴，夏雾雨来临，秋雾凉风，冬雾雪

春雾一朝天，夏雾晴半年

春雾不过三日雨

春雾三天雨，夏雾三天晴

秋雾干到底，冬雾来还礼

秋雾不收（不散）转阴雨

一场秋雾，一场冬雪

一场冬雾一场雪，十场冬雾下半月

冬雾孵春雷，春雾引黄梅

正月雾，神水过大路

五月迷雾，撑船勿问路

旱天无露水

风大夜无霜，阴天不见雾

露水起（见）青天

一露三日晴

露水闪，来日晴

露水流，风雨来

大露收，晴不久

有露起云，天将下（阴）雨

几天露水停，风雨又来临

春露十日寒

四季有露四季晴，唯独夏露有雨落

霜前冷，雪后寒

霜前暖，霜后寒

霜后暖，雪后寒

轻霜晴，重霜阴

霜重见晴天

霜打红日晒

霜夹雾，旱得井也枯

霜过夜，雨不歇

轻霜浓雾，干得走投无路

霜后东风一日晴，一日春霜十日晴

霜后南风连夜雨，霜后东风一夜晴

霜过南风要变天

春霜不露白，露白要湿鞋

春霜三夜白，晴到割大麦

春霜不出三日雨

春霜不隔夜，隔夜不落雨

春霜东风一日晴，不出三日天要变

冬前霜多来年旱，冬后霜多晚禾宜

春霜多主旱

秋霜三日晴

冬霜猛日头

三月四月不下霜，下霜就有雷声响

九月无霜地也寒

十月八霜，碓杵无糠；十月轻霜，存谷满仓

霜重兆晴天，雪重兆丰年

腊月一场霜，四月一场雨。

3. 云

早晨浮云走，中午晒死狗

早晨乌云盖，不雨也风来

早晨乌云荡，中午晒死老和尚

早怕南云涨，晚怕北云堆

早上起鸡窝云（指积云）要晴；傍晚起红云要落雨

太阳见一见，三天不见面

朝有破絮云，午后雷雨临

早上西看云如山，黄昏雨涟涟

朝起棉絮云，下午雷雨鸣

日出红云开，劝君莫远行；日落红云开，来日是晴天

日出横云担，有雨不过三

日出即遇云，无雨必天阴

日落乌云接，有雨在半夜

日落乌云涨，半夜听雨响

日落云低红，不雨便是风

黄昏有云半夜开，半夜上云雨就来

傍晚鱼鳞斑，明天晒死人

二更上云三更开，三更上云雨就来

今晚花花云，明日晒死人

高云接风，矮云接雨

天低有雨天高旱

云低要雨，云高转晴

天顶溢云，大雨将临

东山放云，不用问神

山中系带，后天雨到

山云起，大雨临

云出山主雨，云回山主晴

云布满山底，连雷带雨滴

一块乌云在天顶，再大风雨也不惊

乌云盖东，不下雨就刮风

乌云在东，来雨不凶；乌云在西，河水满溪；乌云在南，大河水翻

云彩（从）东南涨，下雨不过晌

南云涨，天要变

南涨风，北涨雨

西南发黑，大雨留客

西北黑云生，雷雨必震声

西北来云无好货，不是风灾就下雹

西北红（黄）云现，冰雹到眼前

夏天云彩黑心带红边，下雨必下冰雹

五月云天黄，未来有大水

乌龙打坝，不阴就下

乌云接（遮）落日，不落今日落明日

乌云接驾，今夜不下明天下

乌云接日，半夜雨滴

乌云接日头，半夜闹稠稠

乌云接日接得高，有雨在明朝；乌云接日接得低，有雨在夜里

黑猪过江要变天

云下山顶将有雨，云上高山好晒衣（谷）

云随风雨急，风雨雾时息

天上赶羊，地下落雨不长

云似跑马，无雨必风

云向上，大水涨

云打架，有雨下

云结亲（指积雨云相互合并），雨更猛

乱绞云，淋煞人

云绞云，雨将淋

乌云往东一股风；乌云往西披蓑衣；乌云往南雨绵绵；乌云往北天气热

云行东，车马通；云行西，马溅泥；云行北，好晒麦；云行南，水满潭

云往东，刮股风；云往西，水和泥；云往南，檐水淌；云往北，一片黑

云往祁门天天晴；云往池州水滔滔

乌云上旌德，披蓑衣，戴斗笠；乌云下徽州，晒谷不用收

天外游丝飞，久晴便可期

天上勾勾云，地上雨淋淋

马尾云，吹倒船

鱼鳞天，不雨也风颠

天上宝塔云，地下雨淋淋

炮台云，雨淋淋

棉花云，雨必（来）临

棉絮云，有雷雨

云似棉絮，雨似汗流

瓦块云，晒死人

天上鲤鱼斑，明朝晒谷不用翻

天上豆荚云，地上晒煞人

天上花花云，地上晒死人

馒头云，天气晴

天上扫帚云，三五天内雨淋淋

急云易晴，慢雨不开

云随风急，风雨瞬时息

天际灰布悬，雨丝定连绵

满天一色云，遍地雨淋淋

黑云是风头；白云是雨兆

红云变黑云，必定大雨淋

乌云风，白头雨

火烧乌云盖，大雨来得快

黑吃红，有雨等不到明；红吃黑，有雨等不到晚

云彩吃（上）了火，下得没处躲

五、安徽气象谚语

红云日出升 (生)，劝君莫远行；红云日没起，次日更晴明。

早看东南黑，势必午前雨

暮看西北黑，半夜听风雨

暮看西北明，来日定天晴

东亮西暗，等不到吃饭

西北开天锁，明朝大太阳

早要天顶空，晚要四脚悬

有雨天边亮，无雨顶上光

早起东无云，日出渐光明；暮看西边晴，来日定光明

万里无云一朝天

夜晴没好天，等不到鸡叫唤

夜晴无好天，明天还要雨淋淋

久晴大雾会转雨，久雨大雾将转晴

久晴西风雨，久雨西风晴

早阴阴，午阴晴，半夜天阴不到明

4. 雨·雪

聚雨不 (无) 终日

急雨易晴，慢雨不开

雨落起泡，连夜天就好；二滴一个泡，还有大雨到

一点一个泡，还有大雨未 (来) 到

一滴雨像一颗钉，落到明天也不晴

天 (偏) 东雨，隔堵墙，这边落 (下) 雨那边出太阳

雨打五更，日晒水坑

雨打鸡鸣头，走路大哥莫要愁

鸡鸣时下了雨，有雨不会久

开门雨，关门住，关门不住三天落

开门一筛 (阵)，关门一夜

早雨晚晴，晚雨天明

早晨下雨当日晴，晚上下雨到天明

东面雨不救西面田，西雨霎时到眼前

东面雨不发，一发淹死老鸭

东方的雨上不来，上来就漫锅台

西南起阵，雨落三寸

雨前毛毛有大雨，雨后毛毛天要晴

雨前蒙蒙无大雨，雨后蒙蒙不晴天

雨中亮一亮，还要下一丈

雨夹雪，不肯（停）歇

小雨夹雪，无休无歇

久雨必有久晴

久雨日落明，明天定转晴

久雨夜晴，明日雨淋

雨后西南风，不落（过）三天空

雨后西北风，三天不落空

雨后河水清，天气要转晴

春雨贵似油，不让一滴流

春雨勤，夏雨匀；春雨过多，伏里旱

发尽桃花水，必是旱黄梅

春前有雨花开早，秋后无霜叶落后

一场春雨一场暖，一场秋雨一场寒

春雨日日暖，秋雨日日寒

春后雨过暖，秋后雨过寒

春雨寒，冬雨暖

春雨西南风，不久就要晴

夏雨隔牛背，秋雨隔灰堆

一雨便成秋

秋后雨水多，来年雨水缺

秋雨透地，霜期远离

秋水枯，寒水铺

秋后三层雨，遍地赛黄金

一场秋雨一场寒，十场秋雨一场霜

一场秋雨一场寒，十场秋雨穿棉衣

三月桃花水，四月田干裂

不怕五月涨，只怕五月晌

七月半无雨，十月半无霜

腊月雨多，六月雨少

瑞雪兆丰年

雪水一百二十天回头

雪打山头，霜打洼

下雪不冷化雪冷

雪后天晴

春雪纷纷是旱年

冬雪是个宝，春雪是（像）把刀

冬天的雪，麦子的被

冬雪如浇粪，春雪如刀割

不怕冬雪恶，就怕春雪落

5.霞·晕·华·虹

日出日落胭脂红，不是雨来就是风

日落西北一点（片）红，半夜起来搭雨篷

日出色白兆大风

太阳出山橙白色有风

太阳照黄光，明日风雨狂

太阳反照（指云反射光，为红色），晒得（死）鬼叫

日落射脚（太阳光从云层的空隙中射下来），三天内雨落

日落须向上，岭顶能播秧

久晴天射线，不久有雨见

朝撑日头，暮撑雨

太阳打下撑，明日有雨不用问

日头出得早，天气靠不牢

太阳现一现，三天不见面

日出猫眯眼，有雨不到晚

日落云里走，雨落半夜后

月色胭脂红，不下雨来就刮风

月亮眨眼，下雨不远

闪烁星光，雨下风狂

天上星星跳，有雨小不了

星星眨眼，离（下）雨不远

星儿摇，出风暴；星眨眼，雨不远

满天星星乱夹眼，明天出门要带伞

夜里星光明，明日天气晴

天上星星睡，天气晴得很

满天星，明天晴

伏夜星星稠，明天晒死牛

春季晚上星星多，天要落雨

一颗星（指雨后阴天的夜晚，只见一两颗星），保夜晴

干星照湿土，明天仍旧雨

明星照烂地，半夜雨不歇

（亮）星照烂泥，等不到鸡啼

久雨见星光，来日雨更狂

早霞不出门，晚霞行千里

早烧不出门，晚烧晒死人

早上烧霞，等水烧茶；傍晚烧霞，热得呀呀

早出红霞晴一日，晚出红霞晴一天

晓霞行千里，早霞备雨具

日落暮霞红，风停有夜霜

红霞雨，黄霞风

白霞红霞同时现无雨

红霞早东晚西有雨

红霞变黑云，将有大雨淋

青霞白霞，无水烧茶

早烧三尺水，晚烧一场空

早上火烧不到中，晚上烧一场空

早霞顷刻散，还是大好天

进门看脸色，出门看天色

早看东南，晚看西北

天黄有雨，人黄有病

天黄闷热乌云翻，天河水吼防雪团（指冰雹）

早晨东方出现红、绿、黄、白色，有秋雹

春㿟[①]白㿟，晒死老蚌

青杠白杠，旱死老蚌

一日黄沙三日雨，三日黄沙九天（日）晴

一日黄沙三日晴，三日黄沙雨来临

春沙晴，夏沙雨；黄沙晴，黑沙雨

春季黄沙雨淋淋，夏季黄沙天晴明，秋季黄沙天无雨，冬季黄沙日日晴

春霾不过三日雨，冬霾不过三日霜

东虹晴，西虹雨

东虹日头西虹雨，南虹出来下大雨

东虹萝卜西虹菜，北虹天要旱，南虹遭水灾

早虹雨，晓虹晴

虹吃了雨，下一指；云吃了虹，下一丈

云吃虹，天要下；虹吃雨，天要晴

云吃虹，下一丈；虹吃云，下一指

雨后出虹，天晴可望

虹高日头低，早晚披蓑衣

虹低日头高，明朝晒痛腰

断虹见，风随见

日晕三更雨，月晕午时风

日晕长江水，月晕断水流

日晕江水涨，夜晕断水流

---

① 㿟，音 guǎng，也称光，是日落后天黑前从西方地平线，或天亮后日出前从东方地平线射向天空的一片光带。

日晕雨，月晕风

日枷风，月枷雨

日晕不过晌，过晌算扯谎

日晕不过西，过溪干断溪

月晕过西，车干大溪

大晕风怕急，小晕雨叔忙

东耳晴，西耳淋，南耳晴，北耳雨

月光有担枷，云起雨就下

月亮打伞，晒得井干

月在圈圈中，天变刮大风

月晕过河，雨少风多

月晕有口开，风从口旁来

月晕过河，天落雨

月亮毛茸茸，无雨便有风

月茫茫，水满堂

月亮生毛，大雨滔滔

日月周围有黄圈，下雨就在一天半

日月生毛，雨雪就到

月亮撑红伞，大雨不久来；月亮撑黄伞，小雨在明天；月亮撑蓝伞，风
云多变幻；月亮撑黑伞，大晴有几天

太阳披蓑衣，明朝雨凄凄

大华晴，小华雨

6. 雷·闪电·雹

雷公先唱歌，有雨也不多

先雷后雨一场露

先雷后雨，其雨必小；先雨后雷，其雨必大

未雨先雷，出门即归

疾雷易晴，闷雷难晴

炸雷无大雨，闷雷有大雨

响雷在天顶，大雨即过境

响雷雨不凶，闷雷下满坑

雷声像拉磨，狂雨夹冰雹

闷雷轰天边，大雨水连天

雷声绕圈（环）转，有雨不久远

雷声急，无雨滴；雷声慢，水满畈

雷在头顶吼，午后常遇雹

雷轰天顶，虽雨不猛；雷轰天边，大雨连天（涟涟）

雷打天顶雨不大，雷打天边大雨降

早雷不过午，过午一场空

早雷三尺水，晚雷一场空

雷打（响）中，两头空

一夜（天）雷，七夜雨

雷自夜起，必连阴

春雷怕寒

春雷一百二十天有大雨

雷打秋，没得收

秋后雷声发，大旱一百八

雷打菊花心，白米贵如金

九月打雷空江，十月打雷空仓

孤雷主天旱

迅雷不终日，骤雨不终朝

闪电不闻雷，雷雨不会来

蛇子闪，雷雨来得慢，时间下得长

站（竖）闪要有急风骤雨

闪得低，旱死鸡

闪电弱又多，雨水不停断

电光乱明，无雨天晴

东闪西闪，晒煞（死）泥（鱼）鳅黄鳝

东闪晴（空），西闪雨

东闪空，北闪风

电光西北亮，下雨哗哗响

东闪空，西闪雨，南闪火门开，北闪连夜来

东闪日头红，西闪雨重重，南闪三夜，北闪雨下

7. 风

开门风，关门雨

早西晚东风，晒煞得背臂痛

白天东南风，夜晚湿衣裳

昼息不如夜静

关门风，开门住，开门不住过晌午

夜晚东风掀，明日好晴天

夜里起风夜里住，五更起风刮倒树

夜里风不停，必定有雨淋

四月吹北风，十口鱼塘九口空

五月东风不下雨

五月南风遭大水，六月南风塘塘干

六月北风当时（日）雨

七月秋风雨，八月秋风凉

春东风，雨祖宗

春东风，解冰冻

春季东风急，出门戴斗笠

春东风，雨绵绵；夏东风，断水源

春发东风雨淋淋，夏发东风火烧天，秋发东风禾生耳，冬发东风雪漫天

春南夏北，有风必雨

春风百日雨

夏东风，池塘空

夏西风，雨祖宗

夏雨北风生

秋东风，雨蒙蒙

秋前北风秋后雨，秋后北风干河底

秋后北风紧，夜静有白霜

冬东风，冷得凶

冬东风下雪，冬南风下霜

冬南夏北，转眼雨落

冬季南风不过三，过三天气必转寒

一年四季东风雨，只有夏季东风晴

四季东风四季下，就怕东风刮不大

四季东风是雨娘

东风急溜溜，难过（熬）五更头

东风急，雨打壁

东风吹，云打架，瓦沟流水大雨下

东刮西扯，半夜有雨

东风下雨东风晴，再刮东风就不灵

不得东风不得下，不得西风不得晴

东风阴，西风晴，南风发热，北风冷

东北风，雨太公

东北紧，雪来临

东南风一紧，下雨快得很

东南风，燥烘烘

一日南风三日曝，三日南风狗钻灶

南风刮三天，不雨就（也）阴天

南风吹暖北风寒，东风多湿西风干

南风转北，大水进屋

南风吹到底，北风来还礼

六月西风暂时雨

一年四季西风晴，六月西风送（是）人情（指有雨）

西风日落止，不止刮倒树

西北风，开天锁

西南转西北，还得半个月

北风寒，天气晴

北风不受南风欺

静风明朗夜，来日大晴天

大风夜无露

风多变有阵雨

强风怕落日

8. 月·日

正月初八晴，稻谷好收成

正月十八晴，今年好收成

正二十阴，遍地生黄金；正月二十阴，鲤鱼穿河凌；正月二十下，鲤鱼干死桥底下

正月二十不见星，哩哩啦啦到清明

正月三个卯，麦豆收成好

正月三个巳，必定是旱年

正月逢三亥，必定有水灾

二月二，龙抬头

二月二日雨，土地湿滞滞

二月二湿了场，麦子谷子一把糠

二月初二结冰凌，麦子赛狗绳（指麦粒重）

二月初八，脚发冷，十年秧苗九年剩

二月初八牛声响，十年要烂九年秧

二月二十晴，稻子下两层

二月干一干，三月宽一宽

三月三,九月九，无事不到（往）江边走（溜）

三月怕三七,四月怕初一

三月二十晴，稻田冷水冰

四月初三初四雨，麦从泥里取

四月初八雨绵绵，高山顶上好种田

四月十五大雨来，禾田变成海

丰收不丰收，就看四月十五六

五月初二四季天，秋后必定好收成

大旱不过五月十三

五月二十六下一场，赶到县城买米缸

有钱难买五月旱，六月连阴吃饱饭

六月初一龙落泪，新粮要比陈粮贵

六月初一下一阵，放牛小孩跑成病

六月六日湿雨衣，连阴带晴四十一

有雨无雨，且看六月十二

七月七，雨滴滴，稻秆烂，牛无食

七月十五定旱涝，八月十五定收成

八月初一下一阵，旱到来年五月尽

九月初一难得雨，十月初一难得晴

九月初一下雨，冬天少雨

十月初一落，油（靴）鞋不离脚

十月十五六晴，冬暖雨雪少

十一月十五晴，冬暖

腊月初三晴，来年阴雨到清明

腊七腊八，冻死寒鸦

月初无雨望十三，十三无雨整月干

初一阴，整月昏

初一初二连夜雨，初三初四天不晴

上看初二三，下看十五六

初三月下有横云，初四日里（白天）雨倾盆

初三落雨十三晴，十三不晴路难行

上怕初三雨，下怕十六阴

七落八不晴，逢九放光明

春甲子雨，牛无食；夏甲子雨鸟无食；秋甲子雨人无食；冬甲子雨鱼
无食

（二）春季六节气谚语

一月有两节，一节十五天，立春天气暖，雨水粪送光，惊蛰快耙地，春分犁不闲，清明多栽树，谷雨要种田，立夏点瓜豆，小满不种棉，芒种收新麦，夏至快种田，小暑不算热，大暑是伏天，立秋种白菜，处暑摘新棉，白露要打枣，秋分种麦田，寒露收割罢，霜降把地翻，立冬起菜完，小雪犁耙开，大雪天已冷，冬至换长天，小寒快积肥，大寒过新年。

1. 立春

年逢无春好种田

年逢双春雨水多

立春三日，水热三分

立春晴，雨水匀；立春阴，花倒春

立春下雨到清明

立春之日雨淋淋，阴阴湿湿到清明

交春落雨到清明

立春下雨，麦烂蚕死

立春下雨是反春，立春无雨是丰年

反了春，冻断筋

立春不是春，雨水还结冰

反了春，不用问，非得二月尽

雷打立春节，惊蛰雨不歇

立春一声雷，一月不见天

打了春后莫欢喜，还有四十天冷空气

立春北风雨水多

立春下大雪，百日还大雨

正月春早多雨雪

立春不逢九，米谷般般有

春打立九头，耕牛满地走

立春无后霜，插柳正相当

立春阳气生，草木发新根

2. 雨水

雨水宜雨

雨水落了雨，阴阴沉沉到谷雨

雨打雨水节，二月落不歇

雨水明，夏至晴

雨水有雨庄稼好，大春小春一片宝

雨水东风起，伏天必有雨

雨水不落，下秧无着

雨水草萌动，嫩芽往上拱，大雁往北飞，农夫备春耕

雨水落雨三大碗，大河小河都要满

雨水前雷，雨雪霏霏

雨水有雨，一年多水

雨水甘蔗节节长

3. 惊蛰

冷惊蛰，暖春分

惊蛰过，暖和和，蛤蟆老角唱山歌

惊蛰一犁土，春分地气通

惊蛰不耙地，就像蒸馍走了气

惊蛰至，雷声起

惊蛰闻雷，小满发水

未到惊蛰雷声响，四十八天无太阳

惊蛰雷雨大，谷米无高价

雷打惊蛰前，往后雨连绵

雷打惊蛰前，三四月少晴天

未到惊蛰先闻雷，四十五日天不开

雷打惊蛰前，二月雨淋淋，三月四月无秧水

惊蛰不过不下种

雷打惊蛰前，高山好种田；雷打惊蛰后，低田种干豆

惊蛰高粱春分秧

惊蛰不冻虫，寒到五月中

惊蛰早，清明迟，春分插秧正适时

惊蛰不藏牛

惊蛰牛打颤，谷子秫秫种两遍

惊蛰刮大风，冷到五月中

惊蛰黄莺叫，春分地冻干

4. 春分

春分秋分，昼夜平分（均）

春分过了墙，夜短白日长

春分春分，百草起身

时到春分昼夜忙，清沟排涝第一桩

春分里，把树接，园树佬，没空歇

春分不暖，秋分不凉

春不分不暖，夏不至不热，秋不立不凉，冬不至不寒

春分麦起牙，一刻值千金

春分有雨是丰年

春分有雨到清明

春分日，植树木

春分有雨家家忙，先种豆后插秧

春分有雨病人稀，五谷稻作处处宜

春分前青蛙叫，春分后狗钻灶

春分刮大风，刮到四月中

春分阴雨天，春季雨不歇

5. 清明

清明断雪，谷雨断霜

清明要明，谷雨要雨，立夏要下

清明断雪不断雪，谷雨断霜不断霜

清明有霜梅雨少

光清明，暗谷雨

清明难得晴，谷雨难得阴

清明刮动土，要刮四十五

清明无雨少黄梅

清明晒干柳，馍馍噎死狗

清明晒死柳，一撮麦打一斗

清明要明，谷雨就淋；清明不明，谷雨不淋

清明湿了乌鸦毛，麦子要从水里捞

清明夜雨，连到谷雨

清明有雾，夏季有水

清明南风起，收成好无比

清明刮了坟头土，沥沥拉拉四十五

二月清明一片青，三月清明草末生

二月清明不见青，三月清明满山青

清明种瓜，船装车拉

清明十天种高粱

清明去播种，早五天不早，晚五天不晚

清明喂个饱 (上肥)，瘦苗能长好

清明晴，六畜兴；清明雨，损百果

三月清明秧如草，二月清明秧如宝

三月清明麦勿秀，二月清明麦秀齐

麦子不怕四季水，只怕清明一夜雨

麦惊清明雨，稻惊白露风

不用问爹娘，清明要下秧

清明雨纷纷，植树又造林

清明不戴柳，红颜变白首

清明一尺笋，谷雨一丈竹

6. 谷雨

谷雨西风没小桥

谷雨雪，唤黄梅

谷雨栽秧 (红薯)，一棵一筐

谷雨到，布谷叫，前三天叫干，后三天叫淹

谷雨阴沉沉，立夏雨淋

谷雨下秧，立夏栽

谷雨下谷种，不敢往后等

谷雨有雨棉苗肥

谷雨不种花，心头像蟹爬

谷雨种棉花，能长好疙瘩

谷雨三朝看牡丹

清明谷雨两相连，浸种耕田莫迟延

谷雨有雨兆雨多，谷雨无雨水来迟

早稻播谷雨，收成没够饲老鼠

谷雨三天便孵蚕，谷雨十天也不晚

谷雨三朝蚕白头

棉花种在谷雨前，开得利索苗儿全

谷雨在月头，秧多不要愁

谷雨在月尾，寻秧不知归

谷雨前后，安瓜点豆

谷雨麦挑旗，立夏麦头齐

谷雨麦怀胎，立夏长胡须

谷雨麦结穗，快把豆瓜种；桑女忙采撷，蚕儿肉咚咚

过了谷雨种花生

谷雨前后栽地瓜，最好不要过立夏

（三）夏季六节气谚语

1. 立夏

上午立了夏，下午把扇拿

立夏不热，五谷不结

立夏不下，无水洗耙

立夏雨，涨大水

立夏无雨要防旱，立夏落雨要买伞

立夏无雷声，粮食少几斤

立夏小满田水满，芒种夏至火烧天

立夏起东风，鲤鱼哭祖宗

立夏雨少，立冬雪好

立夏南风夏雨多

立夏蛇出洞，准备快防洪

立夏起西风，田禾收割丰

立夏日鸣雷，早稻害虫多

2. 小满

小满无雨，芒种无水

小满动三车 (指水车、丝车、油车)，忙得不知他

小满不下，黄梅偏少

小满打火夜插田，芒种插田分上下

小满沟不满，芒种秧水短

小满不满，无水洗衣衫

立夏小满正栽秧

小满不满，麦有一险

小满不满，芒种不管；小满要满，芒种就管

小满要满，芒种不旱

小满不下，黄梅偏少；小满无雨，芒种无水

小满阴沉沉，麦压十八遍

小满满池塘，芒种满大江

小满前后，种瓜种豆

小满暖洋洋，锄麦种杂粮

过了小满十日种，十日不种一场空

小满见三新（樱桃、青梅、麦）

小满不种花，种花不回家

小满三天遍地锄

小满谷，打满屋

小满青粒硬，收成方可定

小满割不得，芒种割不及

大麦不过水满，小麦不过芒种

3. 芒种

芒种不下雨，夏至十八河

芒种无雨空种田

芒种雨涟涟，夏至火烧天

芒种夏至天，走路要人牵（阴雨天多，行路容易滑倒）

芒种滴滴答，蓑衣墙上挂

芒种栽秧日管日，夏至栽秧时管时

芒种忙两头，忙收又忙种

芒种不开镰，不过三五天

芒种忙，下晚秋

芒种西南风，夏至雨连天

芒种麦登场，龙口夺粮忙

芒种麦登场，秋耕紧跟上

芒种忙收，日夜不休

芒种怕雷公，夏至怕北风

4. 夏至

夏至无云三伏热

不至夏至不热，不到冬至不寒

夏至大烂，梅雨当饭

夏至不雨天要旱

夏至响雷三伏热，夏至无雨晒死人

夏至无雨，碓臼无糠

夏至雨绵绵，高山好种田

夏至未过莫道热，冬至未过莫道寒

日长长到夏至，日短短到冬至

夏至东风摇，麦子水里捞

夏至东南风，必定收洼坑

夏至西南风，十八天水来冲

夏至西北风，十八天水来冲

夏至东北风，芝麻种洼坑

夏至端午前，庄稼闻半年；夏至端午后，庄稼吃酒肉

夏至端午同一日，麦贵一千天

夏至一场雨，一滴值千金

夏至杨梅满山红，小暑杨梅要生虫

夏至伏天到，中耕很重要。伏里锄一遍，赛过水浇田

5. 小暑

小暑不见日头，大暑晒开石头

淋了小暑头，四十五天不使牛

小暑节，筑塘缺

小暑一声雷，倒转作黄梅

小暑打雷，大暑破圩

小暑雨如银，大暑雨如金

小暑热得透，大暑冷飕飕

小暑过，一日热三分

小暑热，果豆结；大暑不热，五谷不结

小暑东南风必主大旱

小暑东南河水干

小暑南风四十天旱

小暑南风十八天，大暑南风到秋边

小暑无雨席，饿死老鼠

小暑东北风，大水淹地头

小暑起燥风，日日夜夜好天空

大暑前，小暑后，庄稼老汉种绿豆

6. 大暑

大暑小暑，灌死老鼠

大暑热不透，大热在秋后

大暑前后，衣裳湿透

大暑热，田头歇；大暑凉，水满塘

大暑连天阴，遍地出黄金

大暑不浇苗，到老无好稻

大暑闷热当时雨

大暑无酷热，五谷多不结

禾到大暑日夜黄

大暑不暑，五谷不起

伏天深耕加一寸，胜过来年上层粪

小暑大暑七月间，追肥授粉种菜园

大暑早，处暑迟，三秋荞麦正当时

大暑不割禾，一天少一箩

大暑大雨，百日见霜

大暑老鸭胜补药

（四）秋季六节气谚语

1. 立秋

早立秋，凉飕飕；晚立秋，热到头
立了秋，把扇丢
立秋十天遍地黄
立秋无雨，万人忧愁
立秋无雨人发愁，庄稼顶多一半收
八月秋，及早收；七月秋，慢慢收
立秋无雨上街游，万物种子一半收
立秋下雨人欢乐，处暑下雨万人愁
秋前北风马上雨，秋后北风无滴水
立秋三场雨，遍地金银子
立秋下雨不干秋
立秋雨三场，家家吃猪羊
雷打秋，冬丰收
立秋打雷秋雨多
立秋打雷不旱秋
立秋三天满地红

2. 处暑

处暑难得十天阴
处暑天还暑，好似秋老虎
处暑天不暑，炎热在中午
处暑东北风，大路做河通
处暑落了雨，秋季雨水多
处暑雷唱歌，阴雨天气多

处暑去暑，灌死老鼠

处暑雨，粒粒皆是米

处暑高粱，遍地红

处暑收黍，白露收谷

处暑好晴天，家家摘新棉

处暑若逢天下雨，纵然结实也难留

处暑不下雨，干到白露底

3. 白露

白露秋风夜，一夜冷一夜

过了白露节，夜寒日里热

白露身不露，寒露脚不露

白露晴到晚，荞麦种到秋社边

白露要打枣，秋分种麦田

白露早，寒露迟，秋分种麦正当时

白露大晴天，荞麦种到秋分边

白露无雨，百日无霜

白露宽一宽，寒露干一干

白露下雨，路一白就下

白露不出头，拔的喂了牛

喝了白露水，蚊子闭了嘴

蚕豆不要粪，只要白露种

4. 秋分

秋分西北风，下年多雨

秋分有雨来年丰

一场秋雨一场寒

秋分四忙，割打晒藏

秋分天晴必久旱

五、安徽气象谚语

303

热至秋分，冷至春分

秋分刮北风，腊月雨水多

白露核桃，秋分栗子

5. 寒露

寒露前后有雷，来年多雨

寒露时节人人忙，种麦、摘花、打豆场

寒露三日无青豆

时到寒露天，捕成鱼，采藕茨

寒露百草枯，霜降见麦茬

寒露前头播油菜，霜降前头种萝卜

禾怕寒露风，人怕老来穷

寒露有雨，以后多雨

寒露有霜，晚稻受伤

寒露不出头，割草喂老牛

寒露柿子红了皮

吃了寒露饭，单衣汉少见

寒露到立冬，翻土冻死虫

6. 霜降

霜降晴，风雪少

霜降雨，风雪多

几时霜降几时冬，四十五天就打春

霜降东南风，冬天暖烘烘

霜降无霜，碓头无糠

霜降霜降，移花进房

霜降腌白菜

霜降无霜一冬干

霜降无霜，主来岁饥荒

（五）冬季六节气谚语

1. 立冬

立冬晴干冬，立冬落烂冬

立冬无雨一冬晴

立冬下，多雨雪；立冬干，一冬干

雷打冬，十个牛栏九个空

立冬打雷要返春

立冬打雷三蹚雪

立冬雷隆隆，立春雨蒙蒙

立冬一片寒霜白，晴到来年割大麦

立冬雪花飞，一冬烂泥堆

立冬之日起大雾，冬水田里点萝卜

立冬补冬，补嘴空

立冬不使牛

2. 小雪

小雪封地，大雪封河

小雪晴天，雨至年边

小雪西北风，当夜要打霜

立冬北风冰雪多，立冬南风无雨雪

小雪大雪不见雪，小麦大麦粒要瘪

小雪大雪不见雪，来年灭虫忙不撤

小雪不下雪，旱到来年五月节

小雪收葱，不收就空

小雪雪满天，来年必（是）丰年

小雪无云大旱

3. 大雪

大雪下雪，来年雨不缺

大雪河封冻，冬至不行船

大雪不冻倒春寒

寒风迎大雪，三九天气暖

大雪下雪，来年雨不缺

大雪不冻，惊蛰不开

小雪不耕地，大雪不上山

大雪不寒明年寒

大雪兆丰年，无雪要遭殃

4. 冬至

冬至晴，春节阴

冬至不离十一月

阴过冬至晴过年

晴到冬至落到年，干到冬至邋遢年

冬至有风冷半冬

冬至晴一天，春节雨雪连

冬至晴，一冬晴；冬至雨，一冬雨

冬至天晴无日色，来年好唱太平歌

干净冬至邋遢年，邋遢冬至干净年

干冬至，邋遢年

冬至无雨一冬晴

冬至不下到立春

冬至响雷雷赶雷，正月二月落不歇

冬至无雨三伏热

霜打冬至前，来年雨涟涟；霜降被雨打，来年踩泥巴

冬至不过不寒，夏至不过不热

冬至西南百日阴，半晴半阴到清明

冬至一场风，夏至一场暴

冬至月头，卖被卖牛；冬至月中，无被过冬；冬至月尾，冻死老鼠

5. 小寒

小寒大寒，冷成冰团

小寒冻土，大寒冻河

小寒暖，春多寒；小寒寒，六畜安

小寒大寒冷，小暑大暑热

小寒小寒，无风也寒

小寒大寒寒得透，来年春天天暖和

小寒寒，惊蛰暖

小寒暖，春多寒；小寒寒，六畜安

小寒雨蒙蒙，雨水惊蛰冻死秧

小寒无雨，小暑必旱

小寒不寒，清明泥潭

6. 大寒

大寒不冻，冷到芒种

交了大寒就是雪，明年又是丰收年

寒冬不过九九

大寒天气暖，寒到二月满

大寒不寒，人马不安

大寒不寒春耕寒

过了大寒，又是一年

（六）民间其他气象谚语

1. 节日杂节气

正月初一起东风，雨水调匀

正月初一刮南风，屋檐底下躲（捞）虾公

百年难逢岁朝春，夏至难逢端阳日

上元无雨多春旱

正月十五雪打灯，八月十五雨星星

正月十五雹打灯，今年一定好收成

青蛙社前叫，种谷备两套

青蛙社前叫，秧子撒两道

寒食下雨雨水多

端阳有雨是丰年

吃了端午粽，才把寒（棉）衣送

黄梅只怕西北黄

黄梅只怕北裂天

梅里不（勿）落莳里落

梅雾不过中，过中水断流

梅里西南，莳里满潭

梅里有雷主大雨

黄梅寒，井底干

莳未到，蝉儿叫，晒得犁头翘

莳里无雷，秕谷成堆

莳里三雷，稻谷成堆

分龙下雨十天雨，分龙天晴十天晴

三伏要把透雨下，一亩能顶八亩八

伏里雨多，田里谷多

淋伏头，晒伏脚，七八月里断水喝

九里无雨伏里旱　.

九里无大雪，伏天无大水

头九雨雪对二月

三九雨不尽，三伏就要旱

雨雪年年有，不在三九在四九

九九雨雪多，夏天雨水少

九九三场雨，遍地都是米

头九下，九九下；头九晴，九九晴

头九二九下了雪，头伏二伏雨不缺

雪送九九,十塘九裂

入九树叶光，来年好收粮

冻破头九九九暖

头九二九，冻破臼

头九冻河二九开，三九冻河等春开

冷在三九，热在三伏

三九四九天气冷，明年必是好收成

九九南风伏内旱(干)

南风送九九，干死荷花气死藕

北风送九九，船儿停(靠)在后门口

送九西风伏天旱

九九有风，伏伏有雨

一九二九，在家孤守；三九四九，门缝叫狗；五九六九，沿河看柳；七九六十三，行人把衣担；八九连九九，春耕就动手

冬至属一九，两手藏衣袖；二九一十八，口中如吃辣；三九二十七，见火亲如蜜；四九三十六，关门把炉守；五九四十五，杨柳吐芽子；七九六十三，行人脱衣袒；八九七十二，农具要准备，九九八十一，春耕要早起

2. 禽·畜

鸡早宿，天必晴；鸡晚宿，天必雨

鸡进巢迟主阴，进巢早主晴

家鸡宿迟主阴雨

鸡随鸭走天落雨

鸡晒衣，旱断溪

鸡在高处鸣，雨止天要晴

雄鸡高处叫，晴天快要到

雨中鸡鸣，大雨快停

鸡愁雨，鸭愁风

母鸡斗，天要漏

鸡斗水，鸭斗旱

睡猫面朝天，连日雨绵绵

猫儿吃青草，不久雨要到

狗吃草，雨要到

狗吃水，鸡晒翅，主雨

猪御草，寒潮到

母猪叼草要变天

雨后猪乱跑，天气要转好

黄牛叫，要落雨

3. 鸟·兽·虫·鱼

久雨闻鸟声，不久天转晴

鸟儿拼命叫，天要转好

晨鸟乱鸣天主晴

雨天早晨鸟死叫，预兆天晴好

燕低飞，披蓑衣

燕子高飞天气好，燕子低飞有雨淋

小燕来，催撒秧；小燕去，米汤香

燕子低飞蛇过道，大雨不久要来到

雁过十八天有霜

群雁南飞天将冷，群雁北飞天转暖

大雁北飞不再寒，燕子飞来天气暖

鹊噪早报晴

早晨喜鹊叫，天气定晴好

喜鹊洗澡大雨到

喜鹊洗澡忙，不雨就是风

喜鹊做窝，做得低风大，做得高水大

鹭鹚一叫晴，二鸣雨

猫头鹰三声叫，插田的哥哥去睡觉

鸦叫早，主雨多

乌鸦成群过，明日天必阴

乌鸦空中转，太阳不见面

乌鸦成群飞叫，寒潮快来到

赤老鸦含水叫，雨则不晴，晴则主雨

久雨乌鸦高飞，天将晴

久晴雀噪雨，久雨雀噪晴

寒冬麻雀喳喳叫，不久将有雪花飘

麻雀洗澡雨要到

麻雀囤食要落雨雪

久晴鸠鸣天将雨，久雨鸠鸣天将晴

斑鸠春天叫落雨，立夏后叫天晴

鹧鸪夜啼天将雨

早上鹁鸪鸣，中午大雨淋

颧鸟仰鸣则晴，俯鸣则雨

大蛇出洞，两三天内有雨

蛇拦道，大雨到

蛇在水中游，天晴定不久

蛇晒太阳有雨落

蛇过道，鱼翻花，天将有雨下

龟背潮，雨来到

蛤蟆哇哇叫，大雨就来到

绿蛙爬到高处叫，明天雨来到

蛙声密而大，不久有雨下；蛙声疏而清，天气要转晴

青蛙叫得早，糠多粮食少

八月青蛙叫，干得犁头跳

癞蛤蟆白天出洞，下雨靠稳

鱼跳水，有雨来

河里鱼打花，天上有雨下

鱼起浮有雨

泥鳅跳，风雨到

泥鳅暴跳，风雨要到

泥鳅漂水面，风雨不久见

泥鳅静，天气晴

蚂蚁搬家天将雨

蚂蚁换（垒）巢，有雨在明朝

蚂蚁作坝连阴雨

蚂蚁找高天下雨，月围圈儿必刮风

蚂蚁成群，大雨将临

白蚁扑晚灯，明天大雨临

蚂蚁搬家蛇过道，不久将有大雨到

蚂蚁垒窝蛇过道，燕子低飞雨来到

蜘蛛张网，久雨必晴

蜘蛛结网雨必停

蜜蜂带雨采蜜天将晴

蜜蜂窝里叫，大雨要来到

蜜蜂出窝天气晴，蜜蜂在窝天要变

蜜蜂飞翔窝上空，不久就要刮大风

蜜蜂绕窝转，大风大雨快来临

蜜蜂采粉早归雨，迟归晴

雨中蝉声叫，预示晴天到

雨中知了叫，预报天晴了

蝉齐鸣，天转晴

蝉鸣不止，无阴雨

蚊子嗡嗡叫，当天有雨到

今晚蚊子恶，明天有雨落

蚊聚堂中，明朝穿蓑蓬

蚊子堂中嗡，明朝无晴空

蜻蜓飞屋檐，风雨在眼前

蜻蜓群飞防大水

千百蜻蜓闹天空，不下雨也刮风

蜻蜓高，晒得焦；蜻蜓低，一坝泥

火虫（指萤火虫）往家飞，天要落雨

蜢虫到处飞，不久雷雨追

蟑螂夜飞行，明后天雨淋

春天跳蚤多，夏天雨水多

春天牛虻多，要落雨

牛虻叮人，大雨欲临

早上蚯蚓出洞，有雨必凶

蚯蚓路上爬，雨水乱如麻

蚯蚓滚塘灰，行人把家归

雨后蚯蚓叫，明朝天发笑

蚯蚓唱山歌，有雨落不多

蚯蚓出来拦住路，不到三天雨就到

蚯蚓出洞蝼蛄叫，蜢虫打脸，有雨不远

蚂蟥沉水天气晴，蚂蟥浮水天下雨

蚂蟥飘，鱼吐泡，天上有雨要来到

田螺上坝有大水

螃蟹爬高发大水

4. 树木花草

苦楝子未掉光，雪天还要到

柳树萌芽早，幼春湿度高

桃花落在烂泥里，麦子收在干土里；桃花落在干土里，麦子收在烂泥里

山核桃春天落叶，夏天要发大水

黄豆叶翻白要下雨

苎叶无风翻白背，有冰雹

手触含羞草，晴雨知分晓：播得快天晴，播得慢有雨

巴根草生霉① 天将雨

野蔷薇花开在立夏前，不久大雨即绵绵

5. 其他

早晚烟扑地，苍天有雨意

屋里不出烟，有雨在眼前

烟囱不出烟，定是阴雨天

灶烟绕屋雨将来

烟成篷，天气晴

炊烟直上，晴天连晴天

烟灰湿结块，定有大雨来

木门紧有雨，门松天晴

铜器发绿，天将下雨

若要晴，望山青；若要落，望山白

山光翠欲滴，不久雨滴沥；山色蒙如雾，连日和煦煦

远山看得近，天气总难晴；远山看得清，下雨就要停

山戴帽，蛇出洞，眼前就有大雨淋

有雨山戴帽，无雨起河罩

有雨山戴帽，无雨云缠（拦）腰

缸穿裙，山戴帽，不久大雨到

地返潮，要下雨

石壁汗淋淋，外面雨不停

橱柜脚发潮要下雨

础润而雨

---

① 生霉指叶与根的交叉处出现白色、灰色、黄褐色的小"毛团"。

久晴石板出汗，大雨不过今晚

老屋石阶出水要下雨

咸物返潮天将雨

盐钵回潮，阴雨难逃

咸肉滴水天要变

盐出水，铁出汗，雨水不少见

盐器返潮，水缸穿裙，磨石淌汗，将有雨下

菜坛子鼓水，大雨纷飞

天气阴不阴，摸摸老烟筋

烟杆出油，大雨淋头

井翻底，定下雨

晴干鼓响，雨落钟鸣

远来钟声，明天下雨

汽笛声明亮，离雨期不长

远处车声听得清，不是下雨就是阴

河水声大，定把雨下

江水浪响晚有雨

空山回声响，天气晴又爽

河里泛青苔，必有大雨来

河翻水泡，雨水将到

水边闻水腥，一定雨淋淋